U0187005

类石墨烯低维纳米材料的性能调控及新型二维材料的预测研究

王志勇　戴学琼　著

西北工业大学出版社
西　安

【内容简介】 本书主要利用基于密度泛函理论的第一性原理，对类石墨烯的硅烯、锗烯、磷烯和锡烯等二维材料的性能进行调控，对新型二维材料进行预测和性能研究，并预测类 C_3N 的三种二维材料，研究结果可为半导体电子器件、自旋电子器件和光学器件的设计与应用提供理论指导。

本书可供从事低维纳米材料理论和实验研究的研究者及其他科研人员阅读参考。

图书在版编目(CIP)数据

类石墨烯低维纳米材料的性能调控及新型二维材料的预测研究 / 王志男，戴学琼著. — 西安：西北工业大学出版社，2022.2

ISBN 978-7-5612-8091-1

Ⅰ. ①类… Ⅱ. ①王… ②戴… Ⅲ. ①石墨－纳米材料－研究 Ⅳ. ①TB383

中国版本图书馆 CIP 数据核字（2022）第 030108 号

LEISHIMOXI DIWEI NAMI CAILIAO DE XINGNENG TIAOKONG JI XINXING ERWEI CAILIAO DE YUCE YANJIU

类石墨烯低维纳米材料的性能调控及新型二维材料的预测研究

责任编辑：曹 江

责任校对：王玉玲　　装帧设计：马静静

出版发行：西北工业大学出版社

通信地址：西安市友谊西路 127 号　　邮编：71002

电　　话：（029）88491757，88493844

网　　址：www.nwpup.com

印 刷 者：北京亚吉飞数码科技有限公司

开　　本：710 mm × 1000 mm　　1/16

印　　张：14

字　　数：255 千字

版　　次：2023 年 3 月第 1 版　2023 年 3 月第 1 次印刷

书　　号：ISBN 978-7-5612-8091-1

定　　价：158.00 元

前　言

石墨烯是一种具有独特物理结构和优越电子性质的二维纳米材料，首次通过机械剥离方法制备出来，因为优秀的性能，科研人员争相研究其各方面性质。但是，大量研究发现石墨烯的带隙为零，且电流开关比极低，这些缺陷限制了它成功应用于现代电子工业中。因此，新型材料的研究迫在眉睫。

硅烯、锗烯、磷烯和锡烯等新型二维材料与石墨烯相比，具有更好的带隙调控性以及和硅基半导体的良好兼容性。硅烯具有一定的能隙，锗烯具有和硅烯相似的结构与性能，与现在的硅基半导体技术的兼容性是其另外一个优点。因此，研究基于硅烯 / 锗烯的微电子功能器件对于在下一代集成电路领域占领制高点意义重大。

因此，本书主要利用基于密度泛函理论的第一性原理，对类石墨烯的硅烯、锗烯、磷烯和锡烯等二维材料的性能进行调控，并对新型二维材料进行预测和性能研究。主要内容如下：

（1）研究了拓扑缺陷（48 缺陷）对硅烯纳米带电子性质的影响。研究发现，金属特性的硅烯在引入缺陷后，锯齿型硅烯纳米带显示为直接带隙半导体特性，而扶手椅型硅烯纳米带为间接带隙半导体。增加缺陷浓度，发现锯齿型硅烯纳米带又由半导体特性转变为金属特性。当沿 X 轴方向外加电场时，理想和含缺陷的硅烯纳米带的带隙都发生了明显的变化。系统研究了异质原子（硼或氮原子）掺杂对扶手椅型硅纳米带的电子和输运性能的影响，其中硼 / 氮共掺杂的 ASiNRs 的输运性质、微分电导表现出振荡性。同时，系统研究了磷掺杂对锗烯性能的调控。

（2）研究了磷烯双分子层吸附有机分子苯的电子性质。通过计算发现，AA 堆叠磷烯双分子吸附苯分子的带隙为 1.10 eV 左右，AB 堆叠的带隙为 1.57 eV 左右，而 AC 堆叠的带隙为 1.13 eV 左右，这说明吸附体系的带隙主要取决于自身的堆叠方式。并对小分子吸附进行了系统研究，研究发现，磷烯双分子层上物理吸附气体分子可以产生显著的电荷转移，这不仅可以使磷烯有希望应用于气体传感器上，而且还给改变磷烯的极性这一问题提供了有效途径。本书也对单层磷烯吸附小分子的体系进行了深入研究。

（3）探讨了带宽变化对氧原子钝化锯齿形磷烯纳米带的电子结构和输运性质呈现出的变化。研究表明，不同的带宽对输运性能的影响非常明显。系统研究了过渡金属钝化的磷烯纳米带的磁性以及电子性质。对于锰钝化的情况，这个体系表现出半金属性，磁矩不随带宽变化而变化，研究表明，磷烯在自旋电子器件方面具有潜在的应用前景。并构建了硼烯 / 磷烯构成的异质结体系，研究了不同层间距和不同电极对异质结输运性能的影响。

（4）探索了吸附 12 种过渡金属原子对锡烯电子结构和磁性的影响。当 Ni、Ru 和 Pd 原子吸附在锡烯上，锡烯的狄拉克锥被打开。并且锡烯对外来原子的吸附能高达 6.241 eV，优于磷烯和石墨烯。此外，吸附了 Fe、Co、Ru、Rh 和 Os 等原子的锡烯，诱发了不同的磁矩。有趣的是，当 Rh 和 Os 原子吸附在锡烯上时，体系显示出半金属特性。这为基于锡烯自旋电子器件的设计与应用提供了参考。

（5）系统地研究了四种空位缺陷和六种杂原子掺杂对蓝磷烯的电子结构和磁性的影响。研究结果表明，缺陷和杂原子掺杂都可以调控蓝磷烯的带隙，并且能使蓝磷烯发生从间接带隙到直接带隙的转变。通过在蓝磷烯中引入缺陷和掺杂，可以诱导磁性。有望为基于蓝磷烯的电子器件设计提供理论参考。

（6）构建了锡烯和蓝磷烯异质结的两种模型，研究发现，A 构型是锡烯 / 蓝磷烯异质结最稳定的构型，并且当层间距离为 3.75 Å 时，异质结构最稳定。最后对层间距离为 3.75 Å 的 A 构型异质结施加双轴应变和电场，能有效调控异质结的电子结构。期望异质结能够在纳米电子和光电子器件方面得以应用。

（7）以单层 C_3N 为原型，构建了 C_3P、Si_3N、Si_3P 三种新型的二维材料。对应的声子谱研究表明体系的动力学和热稳定性较高。研究结果表明 C_3P、Si_3N 和 Si_3P 在可见光范围内表现出优异的光学吸收。并且双轴拉伸和压缩应变能有效调控它们的光学性质，研究结果可能为半导体电子和光学器件的设计与应用提供理论指导。

写作本书曾参阅了相关文献、资料，在此，谨向作者深致谢忱。

由于笔者水平有限，书中疏漏之处在所难免，恳请同行专家以及广大读者批评指正。

著　者

2021 年 10 月

目 录

第1章 绪 论

1.1 引 言

纳米材料从维度上大致可分为二维、一维和零维。其中,低维纳米材料由于其独特的量子局域效应,在发光二极管、集成电路、室温场效应管和柔性电子器件等各方面具有潜在的应用,因此在物理学、材料学等领域受到独特的关注。然而,自 2014 年,硅材料的芯片设计即将达到极限,当立方体相硅的尺寸小于 10 nm 时,量子间的量子效应会非常显著,整个器件将无法工作。因此,寻找一种效果更好的低维材料是微电子器件不断发展的关键。

碳、硅和锗等都是Ⅳ族的元素,也是非金属向金属过渡的典型元素族。它们最外层都是 4 个电子,并且原子半径逐渐增大。在自然界中,碳和硅占着相当大的比例,在单晶硅中掺杂所制成的半导体被普遍应用于集成电路中,而且持续影响着人们的生活。随着科学技术的不断发展,人们对材料的要求,包括性能和尺寸,越来越严格,需求也越来越大,制作的半导体晶体管尺寸也越来越小。因此,当材料的尺寸达到一定程度的时候,现有的一些理论不再适用。同时,研究人员在探索中发现,当材料达到纳米级别的时候,会出现一些新奇的特性,这也将是未来科技的风向标。直到 2004 年,科研人员通过机械剥离的方法首次在实验室制备出石墨烯,其独特而优异的性质使得它成为科学界的热点,掀起了研究的热潮。但石墨烯固有带隙为零,而且在施加外电场、取代掺杂和引入缺陷等情况下,其打开的带隙很有限,寄希望于用石墨烯代替传统硅基半导体成为新一代半导体纳米材料,这变得非常困难。于是,硅烯(Silicene)成为继石墨烯之后的又一个研究热点。作为同是Ⅳ族而且结构和石墨烯相似的二维纳米材料,硅烯具有石墨烯的大部分独特性质。和石墨烯相比,硅烯同样是零带隙材料,但它可打开的能隙更大,易于调控,并且能够更好地和传统使用的硅基半导体材料兼容。硅烯的独特性质,使其在各方面都具有良好的潜在应用,因此对硅烯纳米带的研究也将变得极为有意义。另外,随着研究的推进,新型二维纳米材料锗烯(Germanene)、二硫化钼(MoS_2)和磷烯(Phosphorene)、锡烯(Stanene)等也吸引了人们的注意。本书对类石墨烯二维纳米材料的独特性能进行系统的研究,通过掺杂、吸附、空位缺陷和构建异质结来改善已有类石墨烯二维材料的性能,并对未研究过的新型二维材料进行预测。

1.2 二维材料的研究进展

1.2.1 石墨烯

石墨烯是由 sp^2 杂化而成的碳家族成员,包括零维富勒烯、一维碳纳米管、二维石墨烯,如图 1-1 所示。石墨烯具有 D6h 对称性,因其新奇的电子特性、2.3% 的白光光谱吸收率、高比表面积、高杨氏模量、优异的导热性能等备受关注。石墨烯最有趣的特性之一是狄拉克费米子的无质量的低能激发。狄拉克费米子在受到磁场作用时表现出与普通电子不一样的行为,从而导致新的物理现象,如量子霍尔效应(Quantum Hall effect, QHE)。二维石墨烯的电子结构表明,能带在布里渊区的 K 点有一个狄拉克锥,表现线性的能量色散关系[5-77]。

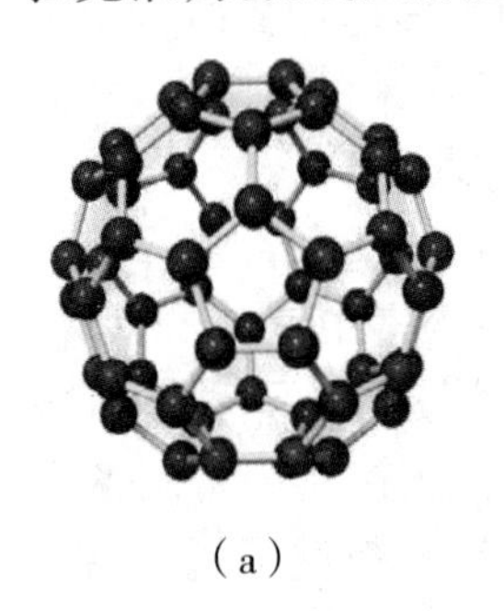
(a)

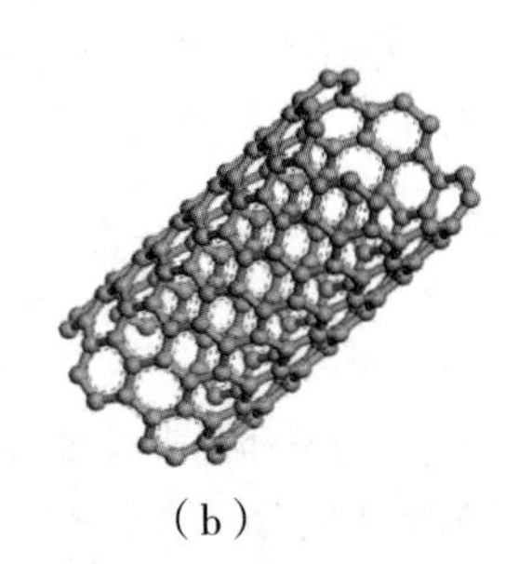
(b)

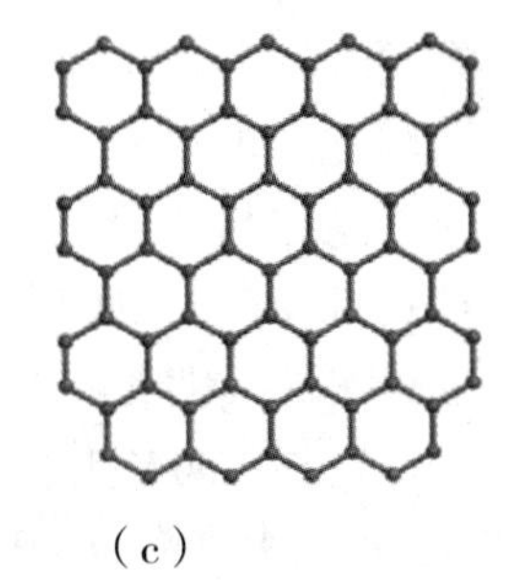
(c)

图 1-1 碳家族成员

(a)富勒烯;(b)碳纳米管;(c)石墨烯

近年来,实验技术的进步和人们对纳米技术应用的兴趣不断提高,使石墨烯受到了相当大的关注。石墨烯本身优秀的导电性能和高稳定性,使其在纳米电子器件方面具有巨大的应用前景,其性能优于传统半导体[8-10]。然而，石墨烯的准金属性质，其特点是没有带隙，这对于需要半导体特性的电子电路元件的实际应用来说是一个严重的缺陷。因此，调谐石墨烯的带隙是一个非常热门的研究方向，人们采取了不同的方法，包括掺杂、吸附和构建双层石墨烯等。其中 Padilha 等人构建了石墨烯和磷烯异质结，不仅保留了两者的特性，还在某种程度上调整了石墨烯和磷烯带状结构的位置。

1.2.2 硅烯

硅烯作为一种新型二维纳米材料，得到人们广泛的关注。硅烯是由硅原子排列成二维蜂窝状晶格的单原子层的硅薄片，单层硅烯以 Si 原子形成与石墨烯对应的二维材料，以低波纹蜂窝状结构形成混合 sp^2-sp^3 杂化状态，如图 1-2 所示。作为同族元素形成的类似结构，硅烯同样是六元环结构，由于 Si-Si 键比 C-C 键弱，键长也更长，它最稳定的结构是以 sp^3 杂化的 Si-Si 键连接构成的正四面体金刚石结构。而 sp^2 杂化构成的二维平面结构并不存在，因此，硅烯是由 sp^2 和 sp^3 混合杂化的，具有一定翘曲度的稳定结构，其六元环结构中有 3 个硅原子向上翘曲，翘曲度约 0.4Å，如图 1-2 所示。但理论计算表明，硅烯的 σ 和 σ^* 能带在布里渊区的 k 和 k' 点费米能级处交叉，在交叉处附近，能带表现为线性色散，费米速度为 10^6 m/s，这与石墨烯能带结构相似。相同结构的狄拉克电子系统，使得硅烯具有和石墨烯一样优异的物理、化学、光学、电学和磁性等性质，如量子反常霍尔态、谷极化金属态、拓扑相变。而硅烯的翘曲结构使得硅烯具有更强的自旋轨道耦合，自旋轨道耦合会导致硅烯在狄拉克点处打开一个大小为 1.55 MeV 的能隙，因此可在其 Dirac 点打开更大的能隙，从而实现实验温度下可观测的量子自旋霍尔效应（Quantum Spin Hall Effect，QSHE）。

硅烯有着高于石墨烯的开关比，很容易与日益发展的硅基半导体科技结合，并且自身产生的自旋极化电子比例很高，几乎达到百分之百。因此，在半导体电子器件方面具有很光明的前景，而且硅烯的翘曲结构使得它的表面活性更好，更容易调控其能带结构和电子性质。通过应力的作用控制翘曲结构的变化，可以获得对能隙大小的调控[17]。施加电场或在偏振光的照射下，也可以对硅烯的能带结构进行调控，实现许多新奇的量子效应，如量子化反常霍尔绝缘体（Quantum Anomalous Hall Insulator）、谷极化金属（Valley Polarized Metal）等。通过对硅烯表面进行功能化的修饰，可以改变硅烯的性质，比如在硅烯双侧加氢能够打开带隙，在硅烯一侧加氢会使它出现磁性，O.TH 等人验证：随着加氢的浓度的变化，硅烯会在金属、半导体和绝缘体之间转化。硅烯独特的优异性质使它在二次电池、超级电容器、储氢材料等储能领域有着广阔的应用前景，有助于纳米材料相关研究的推进以及新型材料在生活中的应用。

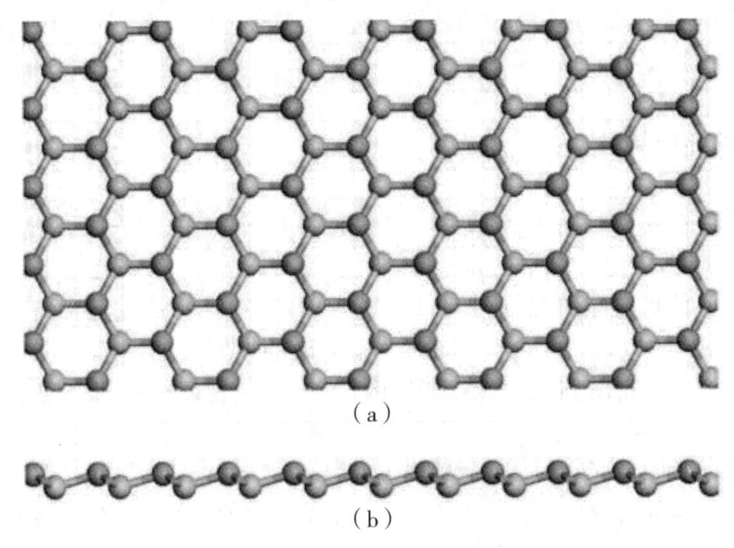

（a）

（b）

图 1–2　单层硅烯的结构示意图

（a）俯视图；（b）侧视图

1.2.3 氮化硼

氮化硼（BN）是由氮原子和硼原子化合组成的共价半导体材料，其中氮原子和硼原子所占比例分别为 56.4% 和 43.6%。氮化硼最早发现于 1842 年，随后进入了对氮化硼的大量的研究和探索阶段，直到解决了其制备问题后，得到大量的生产和应用。氮化硼不溶于水，但长时间置于沸水中会缓慢分解为氨气和硼酸，并且可以溶解在酸性液体中；900℃以内，BN 能保持很好的稳定性，温度过高时会分解（不同环境下分解的物质不一样），BN 在氧气条件下被氧化为氧化硼和氮气，在氢气中会分解出氨气。晶体状态下的氮化硼有六方氮化硼（h-BN）、立方氮化硼（c-BN）、菱方氮化硼（r-BN）和纤锌矿氮化硼（w-BN）4 种。其中六方氮化硼（h-BN）最早被应用，其结构和石墨烯类似，通常我们所说的二维纳米材料 BN 就是这种六方氮化硼（h-BN）。由于具有和石墨烯相似的结构，因此 BN 具有和石墨烯类似的一些独特的物理和化学性质。由于 BN 看上去比较白，结构又与石墨烯类似，故有“白石墨烯”之名。和石墨烯相比，

BN 具有更好的层间对称性,它较低的膨胀系数和高温绝缘性,使得其成为良好的陶瓷材料。另外 BN 还具有较低的摩擦系数、良好的高温稳定性以及仅次于石墨烯的强度,在润滑材料、机械材料、高温耐火材料和航天材料中都具有良好的应用前景。

由于氮化硼的应用比较广泛,科研人员早已探索发现了多种制备氮化硼的方法。目前工业上主要用硼砂 - 氯化铵法和三氯化硼法等来制备氮化硼粉末。具体的实验室制备方法和前述二维纳米材料"自上而下"和"自下而上"的方法一致。

1.2.4 过渡金属硫族化合物

石墨烯的发现激发了科研人员探索二维材料的热情。过渡金属硫族化合物(Transition Metal Dichalcogenides, TMDs)是一个非常有趣的大家族,它具有超导、电荷密度波等奇特的物理性质,可以广泛应用于光伏设备、超导器件和润滑剂等领域。MX_2(M 和 X 分别为金属原子和硫族元素)是 TMDs 的通用结构式,不同的配位方式和氧化态有不一样的表现。MoS_2 是 TMDs 研究范围比较广的材料,它有两个相,分别为 1T 和 2H 相,室温下 2H 相比 1T 相更稳定,并且 1T 相在室温下会自发转化成 2H 相。更令人震惊的是,1T 和 2H 相的电子结构完全不一样,1T 相呈现的是金属性质,但是 2H 相是一种价带顶和导带底都在 Γ 点的直接带隙半导体,带隙为 1.90 eV。直接带隙的电子可以直接从价带受激发跃迁到导带上,而间接带隙从导带跃迁到价带上还需要一个弛豫的过程。这会导致一部分能量以声子的形式浪费掉,因此,直接带隙比间接带隙的半导体更适合应用于光学器件中。

1.2.5 锡烯

自石墨烯发现以来,各种二维材料的预测和合成,特别是 14 族(Si、Ge、Sn)单原子层二维材料,被成功制备出来。近年来,类石墨烯二维材料因其新颖的性能,以及在微电子学、自旋电子学、储氢材料等方面的应用潜力,也引起了人们的关注。

锡烯是由锡原子组成的二维蜂窝层状结构,通过分子束外延实验进行了合成,在结构上类似于石墨烯、硅烯和锗烯,但是锡烯较高的屈曲参数削弱了 Sn 原子之间的 π-π 轨道相互作用,增强了 π 和 σ 轨道的叠加,从而导致单层锡烯具有较高的动力学稳定性。自旋轨道耦合的掺入,证实了单层锡烯在室温下存在量子反常霍尔（Quantum Anomalous Hall, QAH）效应。此外，锡烯的狄拉克锥和 72 MeV 带隙的共存表明，锡烯有可能成为纳米电器件的潜在候选者。然而，零带隙是锡烯在晶体管和光伏电池等纳米电子实际应用方面的主要障碍，并且锡烯还具有非磁性态的特征，但磁性在低维量子和自旋电子器件中起着重要作用。因此研究人员通过利用吸附、掺杂和构建异质结等方法来解决这些问题。Xu 等人发现，可以通过构建异质结来改变基底条件 AB（111），其中 A=Pb, Sr, Ba, B=Se, Te，以调控锡烯的电子性质。最近，Kadioglo 等人发现了锡烯的电子和磁性受到碱金属和碱土元素的影响。Xiong 等人也发现了将过渡金属嵌入单层锡烯可诱导锡烯的磁性。

1.2.6 磷烯

研究人员利用机械剥离的方法成功分离出单层黑磷烯。黑磷烯是直接带隙半导体，具有优异的半导体电子特性，载流子迁移率高达 10^3 $cm^2 \cdot V^{-1} \cdot s^{-1}$，在应用于场效应晶体管时，电流开 / 关比超过 10^4。这些优势使得黑磷烯在纳米电子学和自旋电子学器件方面得到了应用。作为黑磷烯最常见的同素异形体，蓝磷烯在理论上被预测为几乎和黑磷烯一样稳定。此外，蓝磷烯很容易从原子上剥落。单层蓝磷烯的带隙约为 2eV，是一种间接带隙半导体。蓝磷烯的六角蜂窝状结构类似于硅烯、石墨烯。此外，蓝磷烯的电子和磁性对吸附和掺杂等外来因素特别敏感。例如，蓝磷烯吸附 B、N、P、Fe、Co、Cu、Ag 和 Au 等外来原子，非磁性的蓝磷烯表现出磁性。这表明蓝磷烯是一种有望应用于自旋电子器件的二维材料。通过吸附 Co、Ag 和 Au 等外来原子，蓝磷烯成为没有自旋的半导体。蓝磷烯通过吸附 N 和 P 原子，获得半金属性质。更重要的是，近年来，单层蓝磷烯通过在 Au（111）和 GaN（001）基底外延生长被制备出来。蓝磷烯自身优良的性能和研究水平的提升，大大拓展了蓝磷烯在纳米电子器件中的应用。

1.2.7 C_3N

Yang 等通过对三盐酸盐六氨基苯（Hexaaminoben-zene, HAB）单晶的直接热解，成功制备了二维 C_3N 材料，引起了研究者的广泛关注。这种新型材料有望在许多领域取得良好的应用前景。研究人员预测，C_3N 可用于太阳能电池器件、电解质门控、晶体管和阳极的掺杂等。Zhou 等人通过进行第一性原理计算,研究了单层 C_3N 的力学和电子性能,揭示了其高刚度和优异的稳定性。Chandra 等人研究了 C_3N 对金属和非金属原子的吸附行为,并且探索了单分子层 C_3N 的本征声子热输运,经计算,得到的热导率高达 380 W · mk^{-1},远高于其他类型的二维材料。Feng 等人提出单层 C_3N 可能在未来的电子和光电子器件上有很大的应用潜力。上述所有研究结果表明,C_3N 可用于构建原子层状的热电能量转换、电气和光学器件的材料。此外,C_3N 可作为锂电池的负极材料,具有高容量、低电压滞后、高效的工作电压窗口和良好的循环稳定性的特点。将 2 个 N 原子替换到 2×2 的石墨烯超胞上,可以得到含有 6 个 C 原子和 2 个 N 原子的 C_3N 单分子层,呈平面蜂窝结构,晶格常数为 4.9 Å。由于 N 的取代,C_3N 单分子层具有较强的化学活性和较高的载流子迁移率,但结构稳定性与石墨烯相似,这些优异的性能使其成为一种很有前途的纳米级气体传感材料。从上述阐述来看,C_3N 是一种很具应用前景的材料,因此除了研究已有的二维材料,还应加强对新型二维材料的研究。对主族材料原子进行组合研究,可能会探索出新的且性能尚可的二维材料。

1.2.8 硼烯

一维的硼烯纳米材料主要包括硼烯纳米管、硼烯纳米线等。其中,对于硼烯纳米线,主要以研究实验方法为主。目前,已经有研究者通过一些方法在银基底上生长出有序、均一的硼烯纳米线,在复合材料、场发射显示器等光学器件中具有潜在应用。对硼烯纳米管的研究与全硼富勒烯的研究类似,都是从理论架构开始的。1997 年 Boustani 等人提出"Aufbau 原则"。高稳定性的硼纳米团簇、平面和网络可以由五棱锥和六棱锥基本结构单元构建而成: 五棱锥具有开口的球形团簇特征; 六棱锥具有凸面单元和准平面硼团簇特征。任意一种新的结构都可以从一个六棱锥开始构建,可以增加原子数目构建仅含六棱锥的二维平面,也可以构建包含五棱锥和六棱锥的三维球状结构。Boustani 等人研究的带褶皱的三角形结构的硼烯结构,就是遵循"Aufbau 原则"搭建的。随后,研究者提出了很多不同结构的硼烯纳米管,并对它们的性质进行了研究。

1998 年, Gindulyte 等人利用 B_{32} 和碳富勒烯之间的对偶关系,将碳纳米管的结构单元做对偶变换,得到一系列具有三角形结构的硼烯纳米管。1999 年, Boustani 等人的研究表明,六边形硼平面结构的稳定性低于三角形结构的平面及纳米管的稳定性,所以更倾向于形成三角形结构的平面及纳米管,且都表现出金属性。2007 年, Tang 等人提出,由六边形和三角形基元组成硼烯混合平面，而后，研究者将各种类型的 MTH 硼平面卷曲得到许多不同类型的 MTH 型硼纳米管，理论计算表明其稳定性高于三角形结构的硼烯纳米管。

实验方面，2004 年，Ciuparu 等人首次利用 BCl_3 和氢气，在催化剂作用下，在介孔分子筛模板中生长出直径约为 3 nm 的单壁硼纳米管（SWBNTs），但该研究没有表征出其精细结构，只是确认了其具有管状形貌。2010 年，许宁生等人采用热蒸发的方法，成功制备出直径在 10 ~ 40 nm 的多壁硼纳米管（MWBNTs），他们的研究结果表明，所合成的硼纳米管具有金属性，电导率达到了 40 s/m。此外，它还具有优良的场发射性能，单独的硼烯纳米管能够承载 80 μA 的电流，电流密度可达 2.04×10^{11} A · m^2。他们还首次将其整合到原型的荧光管器件中，测试结果表明其荧光效率和稳定性较高，表明硼烯纳米管在场发射领域具有潜在的应用。作为一种新型的一维材料，硼烯的合成及性能还有待进一步研究。

1.3　本书研究的主要内容及小结

低维纳米材料作为最新的研究热点，在各个领域中具有极其广泛的应用前景。本书主要利用基于密度泛函理论的第一性原理，对类石墨烯的硅烯、锗烯、硼烯、磷烯和锡烯等二维材料的性能进行调控，并对新型二维材料进行预测和性能研究。主要内容包括：第一部分，研究背景，介绍二维材料的发展前景，硅烯、硼烯、硼烯、磷烯和锡烯的性质及其应用；第二部分，介绍第一性原理的基本理论，包括一些常用的模型、公式、基本定理，为以后的计算打下基础；第三部分，主要包括掺杂和缺陷可以调控硅烯、磷烯和锡烯等的带隙和电子输运性能，气体分子的吸附能够调控单层和双层磷烯纳米带的带隙和自旋特性，层间距、应变和外场可以调控硼烯 / 磷烯和锡烯 / 磷烯等异质结的电子结构和电子输运特性。预测类 C_3N 的三种二维材料，计算结果表明 C_3P、Si_3N 和 Si_3P 在可见光范围内表现出优异的光学吸收能力，并且通过双轴拉伸和压缩应变，能有效调控它们的光学性质。研究不同边缘钝化的硼烯纳米带的电子特性和输运性能，揭示其负微分电阻效应；第四部分，对研究内容进行总结和展望。本书的研究结果可为半导体电子器件、自旋电子器件和光学器件的设计与应用提供理论指导。

第2章 理论背景和计算方法

2.1 引 言

量子力学理论早在20世纪就已经初步建立,经过漫长的发展,它的理论框架愈发完善。薛定谔方程(Schrödinger Equation)作为量子力学的核心方程,对其求解至关重要,但是目前对Schrödinger Equation进行精确计算仍存在很大困难。计算机技术的发展,使得对量子力学的系统的基本方程求解成为可能。因此对薛定谔方程的简化或者对数值近似的处理是极为关键的一步。为了简化Schrödinger Equation,绝热近似和单电子近似等方法被提出。Hartree-Fock方程以波函数为变量,大大提高了求解薛定谔方程的精度。Kohn-Sham方程以电子密度为变量,在速度上展示出无可比拟的优势。虽然这两种近似简化了薛定谔方程,但是Hartree-Fock和Kohn-Sham方程仍需要进一步改良。在此基础上密度泛函理论被提出并且在很大程度上减少了计算量,使得薛定谔方程能够以Hartree-Fock和Kohn-Sham方程的形式在计算机技术上体现出来。本章将从薛定谔方程出发,简要介绍绝热近似和单电子近似,接着阐述密度泛函和交换关联的理论框架,最后对本书使用的计算软件包进行概述。

2.2 波函数方法

2.2.1 Born–Oppenheimer 近似

多粒子体系的薛定谔方程为

$$\left(H_{\mathrm{e}}+H_{\mathrm{N}}+H_{\mathrm{e-N}}\right)\psi(r,R)=E\psi(r,R) \tag{2-1}$$

式中：r、R 分别代表体系中电子和原子核坐标的集合，H_e，H_N，H_{e-N} 分别代表体系中电子、原子核、电子与原子核相互作用的哈密顿量。式（2-1）中 H_e 的表达为

$$H_e = -\sum_i \frac{\hbar^2}{2m_e}\nabla_i^2 + \frac{1}{2}\sum_{i,i'}\frac{e^2}{|r_i - r_{i'}|} \tag{2-2}$$

式（2-2）中第一个式子为体系中电子的动能，第二个式子为电子间的库仑排斥能。

式（2-1）H_N 的表达式为

$$H_N = -\sum_j \frac{\check{z}^2}{2M_j}\nabla_j^2 + \frac{1}{2}\sum_{j,j'}\frac{Z_j Z_{j'}}{|r_j - r_{j'}|} \tag{2-3}$$

式（2-3）中第一个式子为体系中原子核的动能，第二个式子为不同原子核间的库仑排斥能。M_j，Z_j，$Z_{j'}$ 分别表示第 j 个原子核的质量、第 j 和 j' 个原子核所带的电荷量。

式（2-1）中 H_{e-N} 的表达式为

$$H_{e-N} = -\sum_{i,j}\frac{Z_j e}{|r_i - R_j|} \tag{2-4}$$

因为在实际情况中，电子的质量比原子核小得多，但它的运动速度比原子核快得多，所以电子和原子核的这种耦合导致直接求解多粒子体系的薛定谔方程较为困难。基于上述理由，本书引入玻恩－奥本海默近似，即假设体系中的电子运动和原子核运动可以分开。电子波函数取决于原子核的位置，但不取决于其速度，也就是说，原子核运动比电子运动慢得多，它们可以被认为是固定的。把薛定谔方程简化为

$$\left(-\sum_i \frac{\hbar^2}{2m_e}\nabla_{r_i}^2 + \frac{1}{2}\sum_{i\neq i'}\frac{e^2}{|r_i - r_{i'}|} - \sum_{i,j}\frac{Ze^2}{|r_i - R_j|}\right)\psi(r,R) = E\psi(r,R) \tag{2-5}$$

2.2.2 Hartree-Fock 近似

Hartree-Fock 方法试图近似地解决电子薛定谔方程，它假设波函数可以由每个电子的自旋轨道组成的单一斯莱特行列式来近似。由于能量表达式是对称的，对于假定的单一斯莱特行列式的函数形式来说，能量最低的斯莱特行列式是最接近真实波函数的。Hartree-Fock 方法确定了一套自旋轨道，它能使能量最小化。因此，体系的波函数为

$$\psi(r,R) = \psi(r_1)\psi(r_2)\psi(r_3)\cdots\psi(r_N) \tag{2-6}$$

单电子满足 Hartree 方程，即

$$H_i\psi_i(r)=E_i\psi_i(r) \tag{2-7}$$

则第 i 个电子的哈密顿量可表达为

$$H_i=-\frac{\check{z}^2}{2m_e}\nabla_{r_i}^2+V(r_i)+\sum_{i'(i\neq i')}\int \mathrm{d}r_{i'}\frac{\left|\psi_{i'}(r_{i'})\right|^2}{\left|r_i-r_{i'}\right|} \tag{2-8}$$

式（2-8）中第一、二项分别为电子和原子核的相互作用势，第三项为平均势。波函数用斯莱特行列式描述为

$$\boldsymbol{\psi}(r,R)=\frac{1}{\sqrt{N!}}\begin{pmatrix}\psi_1(r_1) & \psi_2(r_1) & \cdots & \psi_N(r_1)\\ \psi_1(r_2) & \psi_2(r_2) & \cdots & \psi_N(r_2)\\ \cdots & \cdots & \cdots & \cdots\\ \psi_1(r_N) & \psi_2(r_N) & \cdots & \psi_N(r_N)\end{pmatrix} \tag{2-9}$$

体系的总能为

$$E=\langle\boldsymbol{\psi}|H|\boldsymbol{\psi}\rangle=\sum_i \mathrm{d}r_i\psi_i^*(r_i)H_i\psi_i(r)-\frac{1}{2}\sum_{i,i'}\mathrm{d}r_i\mathrm{d}r_{i'}\frac{\psi_i^*(r_i)\psi_i(r_{i'})\psi_{i'}^*(r_{i'})\psi_{i'}(r_i)}{\left|r_i-r_{i'}\right|} \tag{2-10}$$

进一步得到 Hartree-Fock 方程，即

$$\left[-\frac{\check{z}^2}{2m}\nabla^2+V(r_i)\right]\psi_i(r_i)+\sum_{i'(i\neq i')}\int \mathrm{d}r_i\frac{\left|\psi_{i'}(r_{i'})\right|^2}{\left|r_i-r_{i'}\right|}\psi_i(r_i)-\sum_{i'(i\neq i')}\int \mathrm{d}r_{i'}\frac{\psi_{i'}^*(r_{i'})\psi_i(r_{i'})}{\left|r_i-r_{i'}\right|}\psi_{i'}(r_i)=\sum_{i'}\lambda_{ii'}\psi_{i'}(r_i) \tag{2-11}$$

式（2-11）为 Hartree-Fock（HK）方程，一个多粒子体系的薛定谔方程转换为单电子有效势方程。

2.3　密度泛函理论

2.3.1 Thomas-Fermi-Dirac 模型

Thomas-Fermi 模型提供了非相互作用的电子气体在某种已知外势 $V_{ext}(r)$（通常是由于杂质）中的动能，作为密度函数的函数形式。它是一个局部密度函数，是基于半经典近似的。该公式对于均匀的电子气体来说是精确的，然而计算的结果不太令人满意。于是，经过不断探索和改

进，狄拉克于1930年提出了最新的Thomas-Fermi-Dirac方程，修正了Thomas-Fermi理论，给出了在外势中 $V_{\text{ext}}(r)$ 电子能量泛函的表达式为

$$E_{\text{TF}}(n)=C_1\int \mathrm{d}^3 r n^{\frac{5}{3}}(r)+\int \mathrm{d}^3 r V_{\text{ext}}(r)n(r)+\int \mathrm{d}^3 r n^{\frac{4}{3}}(r)+\frac{1}{2}\int \mathrm{d}^3 r \mathrm{d}^3 r' \frac{n(r)n(r')}{|r_i-r_{i'}|} \tag{2-12}$$

然而，这个模型仍旧太过单薄，它有两个主要的缺陷：①没有正确考虑电子之间的相互作用；②电子不可避免地与自身的场效应发生相互作用，因此没有在后续的密度泛函理论中得到应用。

2.3.2 Hohenberg–Kohn 定理

Hohenberg-Kohn定理适用于任何由电子在外势影响下运动的系统。密度泛函理论的基础是非均匀电子气体理论，可以总结为Hohenberg-Kohn两个基本的理论。

定理一：粒子数密度函数 $\rho(r)$ 的唯一泛函是不考虑自旋的全同费米子系统的基态能量。

定理二：能量泛函在粒子数不变的条件下，对正确的粒子数密度函数 $\rho(r)$ 取极小值，并等于基态能量。

Hohenberg-Kohn定理的表达式为

$$E(\rho)=T(\rho)+U(\rho)+V(\rho)=T(\rho)+\frac{1}{2}\iint \mathrm{d}r\mathrm{d}r' \frac{\rho(r)\rho(r')}{|r_i-r_{i'}|}+E_{XC}(\rho)+\int \mathrm{d}r v(r)\rho(r) \tag{2-13}$$

2.3.3 Kohn–Sham 方程

虽然Hohenberg-Kohn定理比较完善，但仍有几个未解决的问题，比如粒子数密度、动能泛函、交换关联泛函的确定，因此在Hohenberg-Kohn定理提出将近一年之后，Kohn和Sham提出了一种使密度泛函理论可行的方法。Kohn-Sham理论是把确切的基态密度写成一个虚构的非相互作用粒子系统的基态密度。这样就给出一组独立的粒子方程，可以用数值求解。基于Hohenberg-Kohn定理，这些独立的粒子方程有了自身的基态能量泛函。

将虚构的S体系的电子密度定义为

$$\rho(r)=\sum_{i=1}^{N}|\psi_i(r)|^2 \tag{2-14}$$

设定的非相互作用体系的动能为

$$T_{\mathrm{S}}=-\frac{\check{z}^{2}}{2m}\sum_{i=1}^{N}\int \mathrm{d}^{3}r\psi_{i}^{*}(r)\nabla^{2}\psi_{i}(r) \tag{2-15}$$

考虑库仑相互作用项

$$U_{\mathrm{S}}=U_{\mathrm{H}}=\frac{e^{2}}{2}\iint \mathrm{d}^{3}r\mathrm{d}^{3}r'\frac{\rho(r)\rho(r')}{|r_{i}-r_{i'}|} \tag{2-16}$$

相互作用体系真实能量为

$$E_{\mathrm{HK}}=T+U+V_{\mathrm{ext}}=E_{\mathrm{S}}=T_{\mathrm{S}}+U_{\mathrm{H}}+V_{\mathrm{ext}}+E_{\mathrm{XC}} \tag{2-17}$$

可得到

$$E_{\mathrm{XC}}=T-T_{\mathrm{S}}=U-U_{\mathrm{H}} \tag{2-18}$$

对能量泛函进行变分,即

$$\left[-\frac{\check{z}^{2}}{2m}\nabla^{2}+V_{\mathrm{ext}}(r)+V_{\mathrm{H}}(r)+V_{\mathrm{XC}}(r)\right]\psi_{i}(r)=\varepsilon_{i}\psi_{i}(r) \tag{2-19}$$

式中:$V_{\mathrm{ext}}(r)$, $V_{\mathrm{H}}(r)$, $V_{\mathrm{XC}}(r)$ 分别为外势、Hartree 势和交换相关势。以上的方程就是 Kohn-Sham 方程,体系由多电子问题转换为单电子问题。

2.4　交换关联能量泛函

2.4.1 局域密度近似(Local Density Approximation, LDA)

假定局域的密度可以看作是均匀的电子气,系统中每一点的交换相关能与密度相同的均匀电子气的交换相关能相同。这种近似最初是由 Kohn 和 Sham 引入的,并且适用于缓慢变化的密度。根据这个近似,密度 $\rho(r)$ 的交换相关能为

$$E_{\mathrm{XC}}^{\mathrm{LDA}}=\int \mathrm{d}^{3}r\rho(r)\epsilon_{\mathrm{XC}}\left[\rho(r)\right] \tag{2-20}$$

如果考虑自旋,局域自旋密度近似的表达式为

$$\begin{aligned}E_{\mathrm{XC}}^{\mathrm{LSDA}}(\rho^{\uparrow},\rho^{\downarrow})&=\int \mathrm{d}^{3}r\rho(r)\epsilon_{\mathrm{XC}}\left[\rho^{\uparrow}(r),\rho^{\downarrow}(r)\right]=\\&\int \mathrm{d}^{3}r\rho(r)\left\{\epsilon_{\mathrm{X}}\left[\rho^{\uparrow}(r),\rho^{\downarrow}(r)\right]+\epsilon_{\mathrm{C}}\left[\rho^{\uparrow}(r),\rho^{\downarrow}(r)\right]\right\}\end{aligned} \tag{2-21}$$

式中：$\rho^{\uparrow}(r)$、$\rho^{\downarrow}(r)$分别代表两种不同自旋的电子密度。在大多数情况下，局域密度近似可以应用于材料计算。首先是因为交换相关能在总能量中所占比例较小，其次是因为局域密度近似在电子密度空间变化范围不大的体系中，结果值得信任。但是，对于一些强相互关联的体系，比如含有过渡金属等原子的化合物，局域密度近似在计算过程会出现较大误差。

2.4.2 广义梯度近似（General Gradient Approximation，GGA）

局域密度近似是通过局部恒定密度的能量来逼近真实密度的能量的，因此在密度快速发生变化的情况下，例如在分子中，局域密度近似是失效的。通过考虑电子密度的梯度，即 GGA，即可以对此进行改进。广义梯度近似可以写成

$$E_{\mathrm{XC}}^{\mathrm{GGA}}\left(\rho^{\uparrow},\rho^{\downarrow}\right)=\int \mathrm{d}^3 r\rho(r)\epsilon_{\mathrm{XC}}\left[\rho^{\uparrow}(r),\rho^{\downarrow}(r)\left|\nabla\rho^{\uparrow}(r)\right|,\left|\nabla\rho^{\downarrow}(r)\right|,\cdots\right] \tag{2-22}$$

与局域密度近似相比，广义梯度近似可以在一定程度上提高系统的准确性。局域自旋密度近似在分子和固体中被高估的结合能也得到很好的修正，常用的交换关联泛函（比如 PW91、PBE 等）在计算化学方面被广泛应用。

2.4.3 杂化密度泛函（Hybrid Density Functional）

密度泛函理论不能给出精确的交换能，但是 Hartree-Fock 提供的交换能就较为精确。因此，研究者产生了一个想法，即将 Hartree-Fock 交换能与近似交换相关能密度泛函按一定比例线性组合，以提高计算精确度，这就是杂化泛函的起源。其表达式为

$$E_{\mathrm{XC}}=c_1E_{\mathrm{XC}}^{\mathrm{HF}}+c_2E_{\mathrm{XC}}^{\mathrm{DFT}} \tag{2-23}$$

式中：c_1 和 c_2 是交换系数，对不同的杂化泛函，有不同的系数。通过杂化密度泛函，可以比较准确地计算出材料的能带结构、光学性质、带边对齐等。但是，杂化密度泛函具有计算耗时较长的缺点，有待进一步研究。

2.5　基组和赝势

量子化学中，当方程不能直接求解出分子轨道时，需要将分子轨道向已知的一组函数展开，把求解分子轨道转变成求解展开系数，而这组已知的函数即基组。基组是计算物理的基础，在量子化学计算方面至关重要。对于不同的体系，选择基组要慎重，本书使用的计算软件 SIESTA 使用原子基组。其他基组包括高斯型原子轨道基组、混合原子轨道基组和平面波基组。

平面波基组由于芯电子波函数的强烈振荡，需要引入大量的基组函数，但基组函数太多会导致计算量太大，因此提出一个虚拟的势，即赝势。赝势就是用一个相对平稳的势来替换芯区振荡较大的势，让有效势作用于价电子上。

2.6　本书使用的计算软件包

SIESTA 是一种可以在网站上免费索取使用的计算开源软件，可以用于计算材料的电子结构、光学、声子谱和模拟分子动力学，此外 SIESTA 还引入了材料的输运性质的计算。SIESTA 基于标准守恒赝势的 Kohn-Sham 近似，基组采用的是数值原子轨道的线性组合。

当前，第一性原理方面常用的商业软件包有 Vienna Ab initio Simularion Package（VASP），可用于计算材料的电子结构、磁性、光学和分子动力模拟等。

2.7　本章小结

本章以薛定谔方程为起点，简要介绍了绝热近似、Hartree-Fock 近似，接着对 Hartree-Fock 方程、Kohn-Sham 方程进行了介绍，阐述了密度泛函理论的理论框架，概述了基组和赝势，最后介绍了常见的学术计算软件包。

第3章　拓扑缺陷对硅烯纳米带电子性质的影响

3.1　引　言

石墨烯的成功制备以及它独特性质的发现，使得其成为新型纳米材料发展的热点。石墨烯优异的机械性能、光学、电学和化学等性能，使它在pH传感器（通常用于溶液和水等物质的工业测量）和气体分子传感器以及储氧/氢材料、药物控制释放、离子筛、替代硅生产超级计算机和电池电极材料上具有良好的应用前景。并且，通过对石墨烯施加外电场、应力或者引入缺陷杂质以及通过官能团修饰，可以打开石墨烯的带隙，但是打开的带隙有限。因此，科研人员将研究方向转向具有一定翘曲度的类石墨烯结构——硅烯。由于结构与石墨烯类似，硅烯具有石墨烯的大部分优异性能，另外硅烯的翘曲度使其具有更好的表面活性，硅烯在缺陷、掺杂等情况下可以打开较大的带隙，顺应了日益发展的硅基半导体科技的要求。本章将重点介绍拓扑缺陷对硅烯电子结构和性质的影响。

3.2　硅烯拓扑缺陷的结构和性质

随着二维纳米材料的崛起，科研人员对石墨烯以及类石墨烯材料的研究也在不断加快。硅烯作为具有翘曲结构的二维纳米材料倍受关注，目前已有研究人员进行了大量关于硅烯的研究。根据裁剪方向的不同，存在两种不同边缘的硅烯纳米带——扶手椅型（Armchair）和锯齿型

(Zigzag)纳米带(它们分别可以简写为“ASiNRs”和“ZSiNRs”),如图 3-1 所示。引入杂质、缺陷或者外加电场、应力和化学修饰等成为调控硅烯带隙的主要方法,而更好的带隙调控对于硅烯场效应晶体管具有重要的作用。其中,关于硅烯的 stone-wales 缺陷和空位缺陷对硅烯纳米带电子性质、热学性质、输运性质的影响也被大量报道。

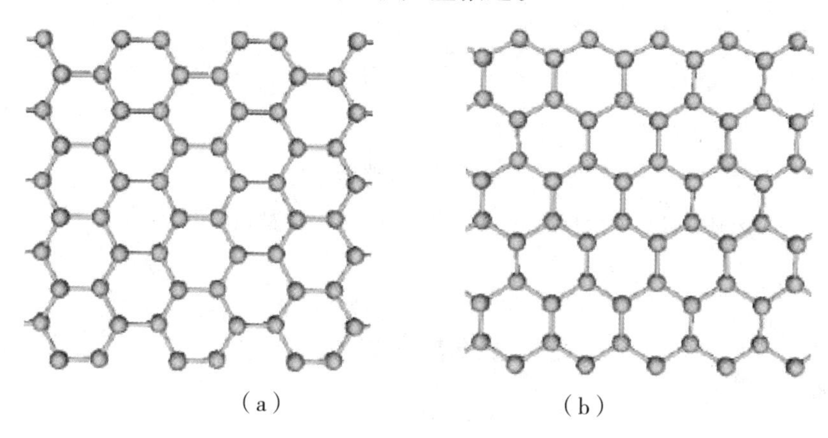

(a)　　　　　　(b)

图 3-1　硅烯纳米带

(a) 扶手椅型; (b) 锯齿型

根据 Lin Xiang 对有关硅烯和硅纳米管同素异形体的研究,可以看到类似的拓扑缺陷,如图 3-2 (a) 所示。图 3-2 (a) 是 48 缺陷的硅烯纳米片的正 / 侧视图,其中最外围的的球是边缘钝化的氢原子,此外围和内部的球是硅原子。缺陷结构由硅的四元环和八元环组成,因此将该拓扑缺陷称为 48 缺陷。从图 3-2 (a) 中 48 缺陷硅烯的侧视图可以看出,它是完美的平面结构,和石墨烯类似,进而让人联想到引入缺陷或其他情况时,完美平面结构硅烯存在的可能性。Xiao HongJun 在其研究硅烯的域边界时,提到了该硅烯 48 缺陷的形成过程,图 3-2 (b) 显示了 48 缺陷硅烯的形成过程,它类似于硅的多空位缺陷优化后的结构。在此基础上,对该 48 缺陷的硅烯纳米带的电子结构和性质进行研究,然后探讨缺陷浓度对纳米带电子性质的影响,最后对比理想硅烯纳米带和 Z 型 48 缺陷硅烯纳米带在 x 轴方向外加横向电场时对纳米带带隙的调控情况。

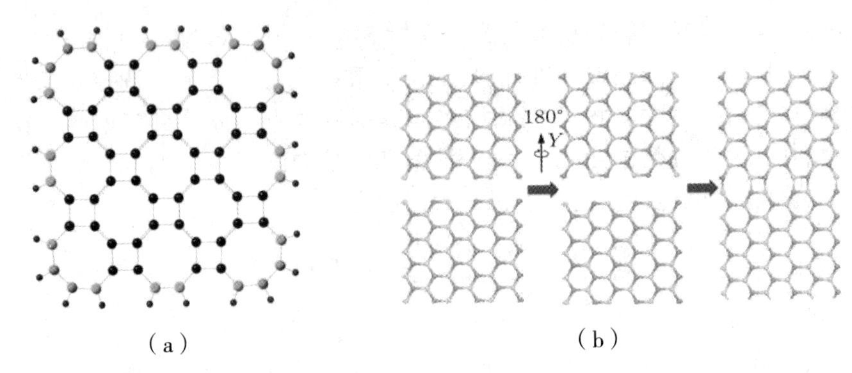

图 3–2　纳米带

(a)48 缺陷硅烯纳米片的正 / 侧视图;(b)48 缺陷硅烯的形成过程

3.3　计算模型和方法

本章使用基于密度泛函理论(Density Functional Theory, DFT)的第一性原理,通过 SIESTA 软件包计算了硅烯拓扑缺陷的电子结构性质。采用 GGA 来处理交换关联势能,选取 Perdew、Burke、ErnZerhof(PBE)交换关联函数,使用基组 DZP(double- ζ plus one polarization function),截断能取 200 Ry。选取带宽为 6 的 A 型和 Z 型硅烯纳米带,周期边界沿着 Y 轴方向;为了避免硅烯层间的相互作用,在垂直于硅烯平面方向选取不小于 10 Å 的真空层。对于体系的结构弛豫,保证作用在每个原子上的 Hellman-Feynman 力小于 0.01 eV/Å,并且模型是优化结构后再计算的。在 1 × 15 × 1 倒空间的第一布里渊区,形式为 Monkhorst-Pack 的网格上进行积分。所有纳米带边缘的硅原子都用氢钝化,以保证纳米带的边缘稳定。为了研究缺陷硅烯的稳定性,将其形成能 E_F 定义为

$$E_F = \frac{E_T - nE_{Si} - mE_H}{n + m} \tag{3-1}$$

式中:E_T 是缺陷硅烯体系的总能量;E_{Si} 是理想硅烯中单个硅原子的能量;E_H 是氢气中单个氢原子的能量;n 和 m 则是单周期纳米带中硅原子和氢原子的数量。

3.3.1 缺陷对硅烯电子性质的影响

研究表明，理想的硅烯纳米带在费米能级处导带底和价带顶交于零点，呈现和石墨烯类似的狄拉克锥，其带隙为零，表现为金属特性。为了研究 48 缺陷对理想 Z 型和 A 型纳米带电子结构的影响，建立相应的模型，如图 3-3(a)(b)所示。对于图 3-3(a)中 48 缺陷的 Z 型硅烯纳米带，其 Y 轴方向是纳米带周期延伸的方向，上、下是模型的侧视图和正视图。图 3-3 (b)中 48 缺陷的 A 型硅烯纳米带和 3-3 (a)图纳米带延伸方向相同。理想硅烯纳米带在引入 48 缺陷的结构优化后，其 Si—Si 键由原来的 2.352 Å 变为 2.306 Å。Si—H 键由 1.540 Å 变为 1.524 Å。即 48 缺陷使得 Si—Si 键和 Si—H 键变短，共价键的强度增加，这是缺陷使纳米带压缩造成的。用形成能的公式计算相同晶胞的理想硅烯以及 48 缺陷的 Z 型硅烯和 A 型硅烯纳米带，见表 3-1。

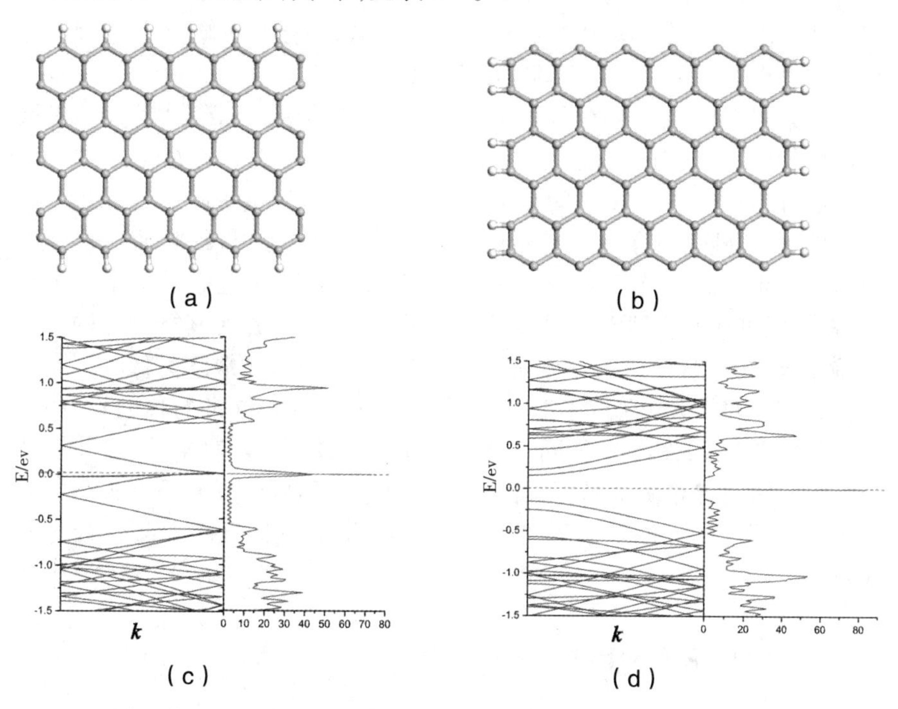

图 3-3　48 缺陷硅烯纳米带的能带图和态密度(波矢 K 从 Γ 到 X)

(a)E 型；(b)A 型；(c)能带；(d)态密度

表 3.1　理想硅烯和 48 缺陷下 A 型和 Z 型两种硅烯纳米带的能隙以及形成能

	E_g/eV	E_F/eV
6Z–SiNRs	0	−4.631
48D–6ZSiNRs	0.17	−4.658
48D–6ASiNRs	0.07	−2.166

表 3.1 中 3 种硅烯纳米带的形成能都是负值，可以看出它们都是结构稳定的，与理想的 Z 型硅烯纳米带相比，48 缺陷的 Z 型硅烯纳米带稳定性更好，A 型硅烯纳米带稍差一点。图 3-3（c）（d）分别对应的是图 3-3（a）（b）模型计算后的能带和态密度。对于图 3-3（c）中的能带，可以看出 48 缺陷使 Z 型硅烯纳米带明显具有一定的带隙，即 48 缺陷的作用使 Z 型硅烯纳米带显示为具有一定带隙的半导体，并且带隙大小为 0.17 eV。而根据其态密度中费米能级附近峰值的距离和尖锐程度可以判断，48 缺陷的 Z 型硅烯纳米带离域性较弱，相对于理想的硅烯纳米带，其硅硅共价键更强。由图 3-3（d）的能带，可以看到 48 缺陷的 Z 型硅烯纳米带也具有一个较小的带隙，大小为 0.07 eV。

观察图 3-3（c）和图 3-3（d）中两个纳米带的能带，根据费米能级附近导带底与价带顶的位置可以判断出：48 缺陷的 Z 型硅烯纳米带其导带底和价带顶位于 k 空间中的同一点，表现为直接带隙半导体，而 48 缺陷的 A 型硅烯纳米为间接带隙半导体，这可能是 48 缺陷使得费米能级附近产生了缺陷能级所造成的；缺陷的引入破坏了理想硅烯中六边形的对称性，即破坏了理想硅烯纳米带的晶格对称性，并使其能带结构中的狄拉克点消失，从而使其产生带隙，这与石墨烯的 SW 缺陷类似。不同类型的缺陷，可能导致在费米能级附近上、下的价带和导带的移动不一样，从而使得带隙的性质也不同。从光学角度上来说，Z 型 48 缺陷硅烯纳米带由于其直接带隙的特征，光子在上面的跃迁是垂直的，需要较小的能量即可完成，因此比 A 型的具有更好的光利用率，因此可以被设计为光学器件。

3.3.2 缺陷浓度对硅烯纳米带的影响

上节内容表明，48 缺陷能打开硅烯纳米带的能隙，根据以往对石墨烯以及硅烯有关缺陷的研究，发现缺陷浓度会对其电子结构产生影响。因此，本书进而研究该 48 缺陷浓度对电子性质的影响。为了方便，将八元环在晶胞中占的比例定义为 48 缺陷的缺陷浓度。对其相应的模型，通过计算后整理得到的态密度如图 3-4 所示。

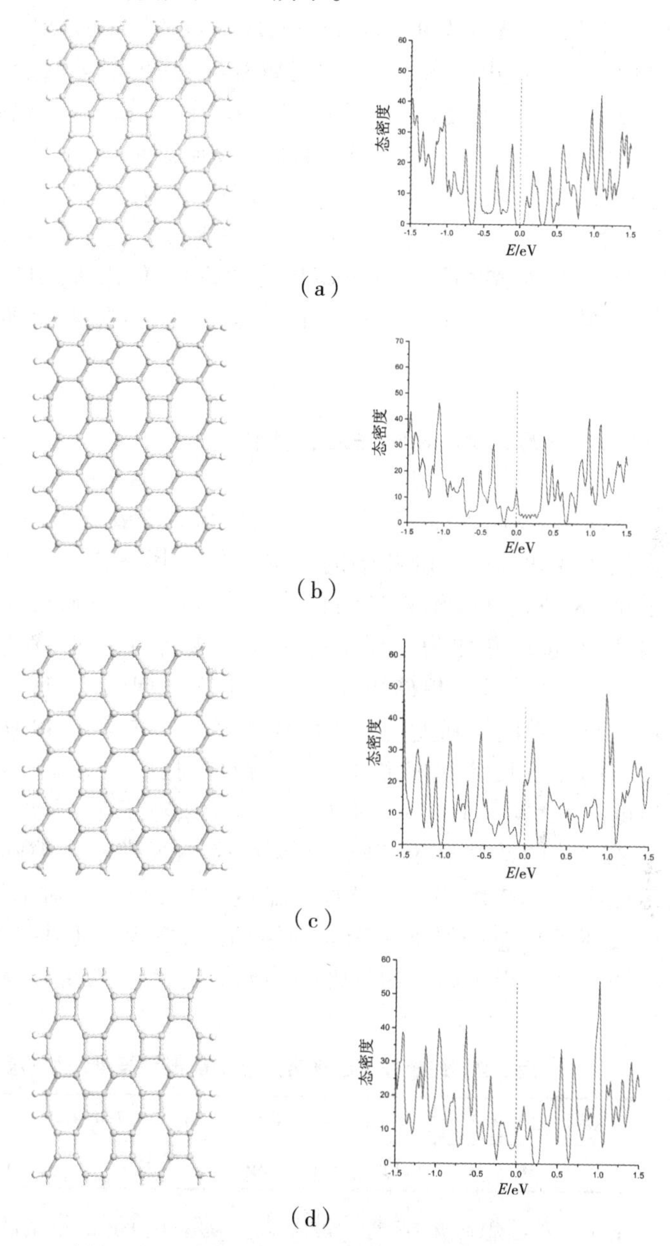

图 3.4　硅烯不同 48 缺陷浓度模型以及对应的态密度

(a)6.06%;(b)9.38%;(c)20.69;(d)48.15%

由图 3-4(左边是不同缺陷浓度的模型,右边是态密度)可以看到,对于 Z 型硅烯纳米带而言,当 48 缺陷浓度从 6.06% 增加到 40% 时,带隙将关闭,系统呈现金属特性。并且从4个态密度图可以看出,随着缺陷浓度的增加,原先在费米能级处态密度为零的区域逐渐向右移动,而波峰也更加尖锐,说明电子相对比较局域,硅硅共价键更强,与此同时其金属性也更强。这可能是因为,和理想硅烯相比,引入48缺陷,破坏了晶胞对称性而产生能隙,但在此基础上增加缺陷的浓度,会使缺陷与缺陷之间产生相互作用,从而减弱了对体系的相互作用,使得晶胞达到了一种缺陷对称性,纳米带又表现出理想硅烯纳米带所显示的金属特性。另外,对A型的48硅烯纳米带进行了相关的研究,但由于其自身的带隙较小,增加48缺陷的缺陷浓度对其电子结构的影响不大,因此本书不作进一步分析。

3.3.3 电场对48缺陷硅烯的影响

理论和实验已经证实石墨烯的带隙可以随着所施加的外加电场强度的变化而变化,那么48缺陷的硅烯在外电场的作用下结果会如何?由于Z型48缺陷硅烯纳米带的带隙更明显一些,方便观察电场对带隙的影响,因此选取它作为主要研究对象。我们知道,硅烯的电子结构会受电场的影响,并且理想硅烯在垂直于平面方向(Z方向)外加电场时,其带隙打开并随电场强度的变大而线性增加。选取与48缺陷Z型硅烯纳米带相同晶胞尺寸的理想硅烯纳米带作对比,沿X轴方向外加电场,电场强度从0.1 ~ 1.1 V/Å变化(共11组数据),计算得到的带隙大小见表3.2。表3.2的数据显示,理想Z型硅烯纳米带的带隙随电场强度先增加后减小直到带隙为零。外加一定的电场,相当于对纳米带施加外力,电场破坏了理想硅烯纳米带晶胞结构的对称性,使其打开一定的带隙,而电场强度会影响导带和价带的移动情况,从而使带隙大小随电场强度变化。

表3.2 理想硅烯纳米带的能隙随电场强度增加的变化

E/(V·Å^{-1})	0.1	0.2	0.3	0.4	0.5	0.6	0.7	0.8	0.9	1.0	1.1
E_g/eV	0	0	0.12	0.26	0.39	0.43	0.42	0.37	0.3	0.07	0

图3-5为理想硅烯纳米带带隙大小随着电场强度增加而变化的曲线,从图中可以看出,随电场强度增加其相应变化的曲线成倒U形。并且电场强度在0.2 V/Å附近时带隙打开,在1.1 V/Å左右时能带又关闭,即理想硅烯纳米带在外电场的作用下先由金属变为半导体,再变回金属。并且在0.6 V/Å附近时,打开的最大带隙为0.43 eV。

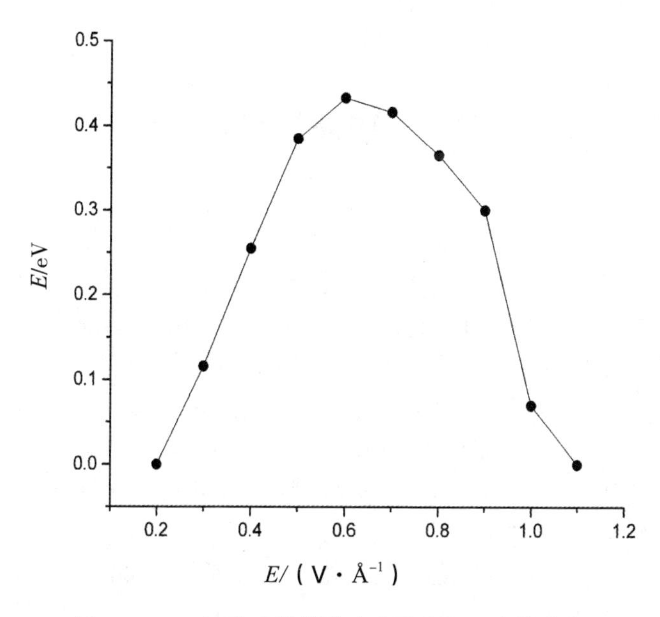

图 3–5　48 缺陷硅烯带隙大小随电场强度的变化

48 缺陷 Z 型硅烯纳米带在 X 轴方向外加电场(即横向电场)时,其能带属性由半导体特性变为和理想硅烯纳米带一样的金属特性。对于理想的硅烯纳米带,在单独引入缺陷时(例如 48 缺陷),会破坏晶胞结构的对称性,使其在费米能级附近产生缺陷能级,而导带底和价带顶分别上、下平移,远离费米能级,原有的狄拉克锥消失,从而使纳米带产生一定的带隙。而在单独施加横向电场时,相当于沿硅烯纳米带的 X 方向施加一个压力,力的作用同样破坏了理想硅烯的晶格对称性,导带价带的移动使狄拉克锥消失,从而使其产生一定的带隙。对于理想硅烯纳米带,在 48 缺陷和横向电场同时作用下却显示为金属特性。首先,48 缺陷的形成过程是在沿 X 轴方向平行的多个硅原子空位缺陷后优化形成,这使得纳米带沿 Y 轴方向有一定的压缩,也就是说,48 缺陷的 Z 型硅烯纳米带相当于在理想 Z 型硅烯纳米带的 Y 轴方向施加一个压力。而外加的横向电场相当于沿硅烯纳米带的 X 方向施加一个压力。因此,48 缺陷和横向电场同时引入相当于在理想硅烯纳米带的 X 和 Y 方向同时施加一个压力,从而保持了原来晶胞的对称性,表现为 48 缺陷和外加横向电场的相互作用削弱了对理想硅烯纳米带的影响,因此使得 Z 型 48 缺陷硅烯纳米带打开的带隙在外加横向电场时又重新关闭,显示出和理想硅烯纳米带一样的金属特性。

3.4 结果与讨论

本章主要研究了 A 型和 Z 型理想硅烯纳米带在引入 48 缺陷后对其电子结构和性质的影响。计算相应系统的形成能,结果显示:两种类型的硅烯纳米带在引入 48 缺陷时其形成能都为负值,即缺陷的引入都能使纳米带保持良好的结构稳定性,并且和理想硅烯纳米带相比,Z 型 48 缺陷的硅烯纳米带具有更好的稳定性,而 A 型 48 缺陷的硅烯纳米带稳定性相对要差一些。从能带结构以及态密度可以看出:48 缺陷使得 Z 型硅烯纳米带打开一个大小为 0.17 eV 的带隙,并且是直接带隙。而 A 型硅烯纳米带在 48 缺陷的作用下将变成一个带隙大小约为 0.07 eV 的间接带隙半导体,即 48 缺陷会使理想的硅烯纳米带由金属特性转变为半导体特性。

在此基础上,本章还研究了缺陷的浓度对硅烯纳米带电子结构的影响。由于 Z 型的 48 缺陷硅烯纳米带有较明显的带隙,因此将它作为主要的研究对象,并将八元环在晶胞中占的比例定义为 48 缺陷的缺陷浓度,结果显示:对于 Z 型硅烯纳米带,在初始模型缺陷浓度为 6.06% 时,纳米带具有一定带隙,显示出半导体特性,而增加缺陷浓度时,纳米带原本打开的带隙消失,呈现出金属特性,随缺陷浓度的增加其金属性也更强,这就说明 48 缺陷浓度对 Z 型硅烯纳米带的电子性质具有很大的影响,适当的缺陷浓度可以打开理想 Z 型硅烯纳米带的带隙。对于 A 型 48 缺陷的硅烯纳米带,由于其带隙较小,增加 48 缺陷的缺陷浓度对其影响较小。

本章还探讨了横向电场对 48 缺陷 Z 型硅烯纳米带电子性质的影响。作为对比,先对相同晶胞尺寸的理想硅烯纳米带外加横向电场进行了研究,选取了从 0.1 ~ 1.1 eV 共 11 组电场进行计算,电场方向沿 X 轴方向,结果表明,理想硅烯纳米带在电场强度逐渐增加的过程中,将打开带隙,并且带隙的大小随电场强度的增强而增加,在 0.6 V/Å 左右时其带隙达到最大,约为 0.43 eV。然后,随电场强度的增加带隙逐渐减小,直到在 1.1 V/Å 时带隙消失,整体上来看,带隙随电场强度变化的曲线呈一个倒 U 形。而在 48 缺陷硅烯纳米沿 X 轴方向带外加电场时,缺陷和外电场对纳米带相互作用的削弱,使其呈现出和理想硅烯纳米带类似的特性,电场强度在 0.1 ~ 1.1 eV 变化时,引入 48 缺陷的硅烯纳米带都保持为零带隙的金属特性。

第4章　碳链取代掺杂对BN纳米带电子性质的影响

4.1　碳链取代掺杂对氮化硼纳米带性能的影响

4.1.1 研究背景

一维单原子层纳米带由于其在纳米电子学和自旋电子学领域的巨大潜在应用而引起了人们的高度关注。其中，单层氮化硼纳米带（Boron Nitride Nano Ribbon，BNNR）由于其独特的性质，在纳米级器件中显示出巨大的应用前景，其带隙较宽，被预测为下一代电子设备的潜在候选者，由于具有新颖的电子特性和在纳米器件中的潜在应用，BNNR 和 GNR 的混合体系引起了研究人员的浓厚兴趣。由单独的 BN 和石墨烯组成的混合石墨烯 BN 单层材料已经被成功地制造出来了，这意味着通过一些物理方法，调整、混合 C-BN 单层材料，来制备具有更均匀 BN 和石墨烯的杂化 C-BN 纳米带是可行的。并且单层石墨烯 -BN 异质结构在钌上的生长和界面形成也已经被研究了。

许多科研人员通过理论研究已经发现，通过施加平面电场、化学功能化边缘和通过掺杂控制边缘状态，或者通过氢化，GNRs 和 BNNRs 会出现半金属特性，从而实现在自旋电子上的应用。本章通过密度泛函原理计算，研究沿周期方向 BN 纳米带的碳链取代掺杂。

4.1.2 计算方法

本章计算使用的计算模拟软件是 SIESTA。在基于密度泛函理论的第一性原理框架下，采用 GGA 来处理交换关联势能，选取 Perdew、

Burke, ErnZerhof（PBE）作为交换关联函数。原子轨道基组为 DZP，数值积分是在真实的空间网格上进行的，截止值为 200Ry。沿 y 方向的周期边界条件被应用于 8 zigzag BN chains（8Z-BNNR）和 6A-BNNRs。由于层间的相互作用，沿 x 和 z 方向的真空层大于 10Å。对于体系的结构弛豫，保证作用在每个原子上的 Hellman-Feynman 力小于 0.01 eV/Å；锯齿和扶手椅纳米带的 k 点网格是，边缘被氢钝化，形成 C—H、N—H 或 B—H 键以达到边缘稳定。模型如图 4-1 所示。其中，图 4-1（a）是 Z 型 BN 纳米带，箭头方向是纳米带周期延伸的方向，掺杂的扶手型碳链与周期延伸方向垂直；图 4-1（b）是 A 型 BN 纳米带，其掺杂的锯齿型碳链同样与纳米带周期延伸方向垂直。

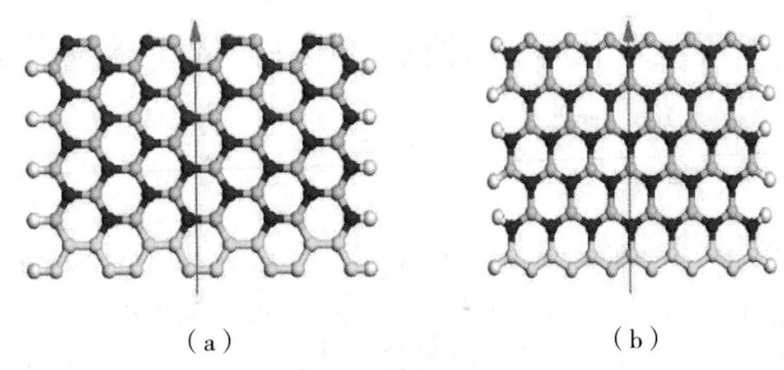

图 4-1　碳链取代掺杂模型

（a）8Z-BNNRs；（b）6A-BNNRs

4.1.3 结果与讨论

1. 对于 8Z-BNNRs 的碳链取代掺杂

图 4-1（a）中的 8Z-BNNRs，用一条扶手型碳链沿周期方向取代掺杂，命名为 8Z-BN1，类似地，用 2、3、4 和 5 条碳链掺杂的分别是 8Z-BN2、8Z-BN3、8Z-BN4 和 8Z-BN5，同理 8Z-BN 表示没有掺杂碳链的理想 Z 型 BN 纳米带，其中箭头方向表示周期方向。通过公式计算纳米带的形成能，发现随着碳链的增加，8Z-BN5 结构是最稳定的。

图 4-2 是 8Z-BNNRs 在没有碳链掺杂和随掺杂碳链数增加的能带，计算结果显示，理想 8Z-BN 纳米带在 Γ 点的能带为 4.38 eV，表现为绝缘体特性。对于 8Z-BN1 而言，由于一条 BN 链被碳链取代，在费米能级附

近的简并度消失，其带隙大小减小到 1.3 eV。对于 8Z-BN2，与 8Z-BN1 比较，由于掺杂的碳链数的增加，它的能带进一步减小到 0.2 eV。对 8Z-BN3，由于 GNRs 和 BN 纳米带混合的影响，带隙为 0.06 eV。对于 8Z-BN4，由于 GNRs 对称性的影响，它在费米能级附近的对称性能带结构消失，带隙为 0.03 eV。对于 8Z-BN5，即全部碳链取代的 8Z-GNRs，其带隙为零，表现为金属特性。由此可以看出，随着取代的碳链数的增加，8Z-BNNRs 将经历一个绝缘体 – 半导体 – 金属特性的过渡，这与原来沿不同方向掺杂所研究的现象符合。我们发现，杂化纳米带的带隙主要由取代碳链的数量决定，随着掺杂碳链的增加，导带底和价带顶逐渐向费米能级处移动，并且在被碳链完全取代掺杂时表现为金属特性，相反其带隙对 BN 链的尺寸不敏感。

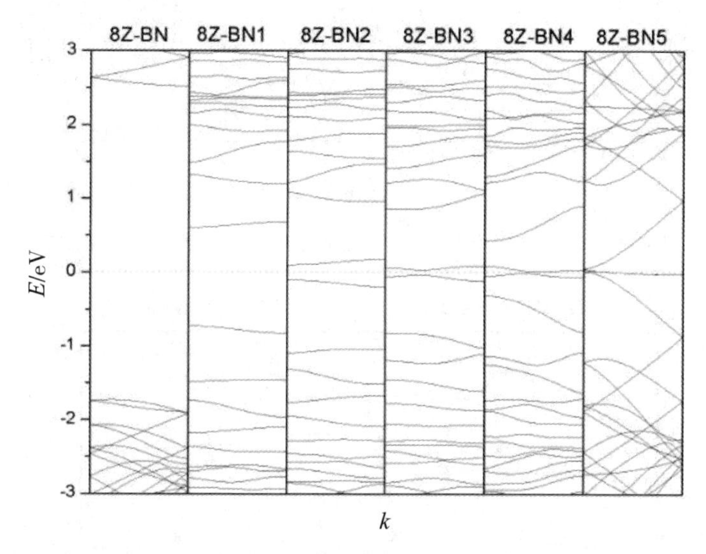

图 4–2　8Z–BNNRs 在没有碳链掺杂和随着碳链掺杂数增加的能带

波矢 K 从 Γ 到 X

考虑自旋极化的计算，图 4-3 所示为 8Z-BNNRs 在没有沿周期方向掺杂和有掺杂时的自旋态密度。计算发现，理想 BN 纳米带的自旋能隙都是 4.16 eV，呈现绝缘特性。当掺杂一条碳链时，其自旋能隙都是 1.73 eV。对于 8Z-BN2，值得注意的是，和 8Z-BN1 相比，其中一个自旋能隙减小到 1.16 eV，另一个减小到 1.39 eV。有意思的是，对于 8Z-BN3，通过计算它自旋极化的能带结构，如图 4-4 所示，发现其自旋向下和自旋向上的带隙分别减小到 0.78 eV 和 0.07 eV。8Z-BN4 和 8Z-BN3 相比，其中一个自旋能隙减小到 0.65 eV，另一个增加到 0.32 eV。8Z-

BN5 和 8Z-BN4 相比，其中一个自旋能隙减小到 0.43 eV，另一个增加到 0.43 eV，这与原来的结果相吻合。

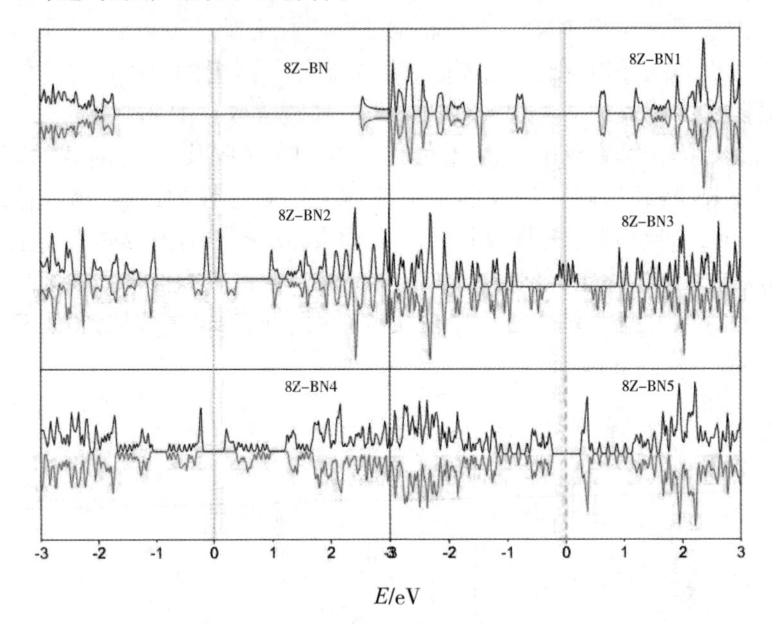

图 4-3　8Z-BNNRs 在没有碳链掺杂和随着碳链掺杂数增加的自旋态密度

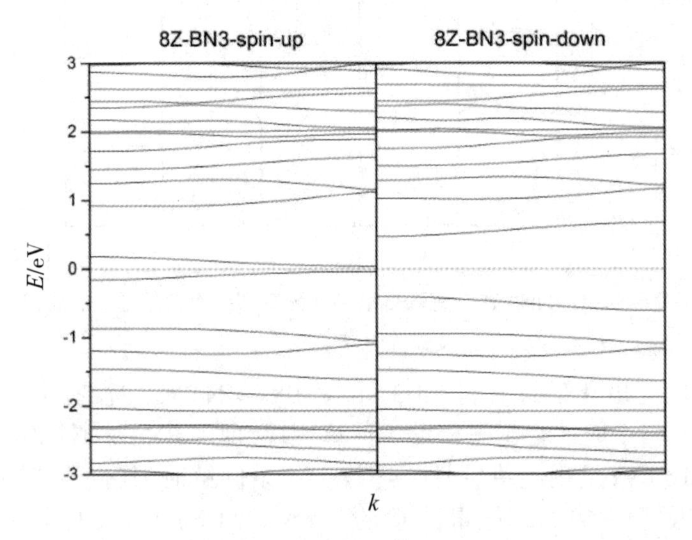

图 4-4　8Z-BN3 的自旋能带结构，波矢 K 从 Γ 到 X；费米能级的能量设置为零

2. 对于 6A-BNNRs 的碳链取代掺杂

图 4-1（b）中的 6A-BNNRs，用一条锯齿型碳链沿周期方向取代掺杂，命名为 6A-BN1，类似的用 2、3、4 和 5 条碳链掺杂的分别是 6A-BN2、6A-BN3、6A-BN4 和 6A-BN5，而 6A-BN 则表示未掺杂碳链的理想 A 型 BN 纳米带，图中箭头方向即周期方向。通过公式计算纳米带的形成能，发现随着碳链的增加，6A-BN6 是结构最稳定的。

图 4-5 所示为 6A-BNNRs 在没有碳链掺杂和有碳链掺杂不同情况下的能带结构，计算结果显示 6A-BN 结构在 *T* 点的带隙为 4.58eV，呈现绝缘特性。对于 6A-BN1 来说，在费米能级处出现了一个掺杂的子带，最高价带向费米能级处移动，并且在 *X* 点处，能带的简并消失，由于掺杂碳链的限制状态，最高价带和最低导带几乎平坦。对于 6A-BN2，带隙为 1.05 eV，并且也出现定域态，最高价带向费米能级处移动，最低导带远离费米能级。对于 6A-BN3，在费米能级处也出现了一个掺杂子带，和 6A-BN1 相比，由于取代的掺杂碳链数的增加，最高价带和最低导带都位于费米能级附近。对于 6A-BN4，其带隙为 0.72 eV，和 6A-BN2 相比，最高价带和最低导带出现分散，并且移向费米能级。对于 6A-BN5，与 6A-BN4 相比，费米能级向上移动，所以导带的一个子带穿过费米能级，表现出金属特性。对于 6A-BN6，带隙为 0.95 eV，和 6A-BN4 相比，导带底和价带顶远离费米能级，从而表现为半导体特性。由于所有的 B 和 N 原子被 C 原子全部取代，所以在费米能级附近的子带是对称的。可以看到，对于 6A-BN1、6A-BN3 和 6A-BN5，由于这些系统的填充电子数是奇数的，一个子带将出现或穿过费米能级。对于 6A-BN2、6A-BN4 和 6A-BN6，可以通过碳链掺杂数来控制其带隙。本章也研究了 6A-BN 的自旋态密度，但并未出现半金属特性，因此这里不作进一步的讨论。

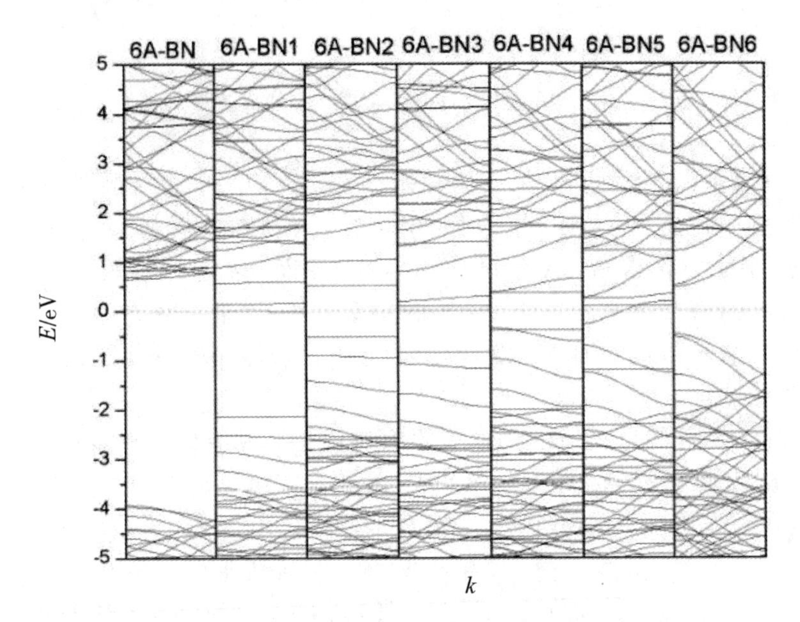

图 4-5　6A-BNNRs 在没有碳链掺杂和随碳链掺杂数增加时的能带

波矢 K 从 Γ 到 X

4.2　锗烯线性磷取代掺杂电子结构的研究

4.2.1 研究背景

锗烯是石墨烯的锗基类似物，和石墨烯、硅烯是同族的单质二维纳米材料，具有类石墨烯的六元环结构和类硅烯的翘曲度，在机械性质上来说有所差异，这对于评价纳米电磁系统的可行性是极为重要的。和石墨烯相比，由于自旋 - 轨道作用更加明显，锗烯在自旋量子霍尔效应等方面物性更加优秀，另外它能够较好地衔接现代半导体工艺，所以在半导体纳米材料方面有良好的应用前景。2012 年，科研人员在金属衬底上成功制备了硅烯，两年后，通过相同的方法，锗烯也被成功制得。如图 4-6 所示，左边是锗烯纳米带的俯视图和侧视图，右边是对应的能带图，可以看到，锗烯和硅烯极为相似，具有比硅烯更大的翘曲度。从对应的能带图可以得知，理想锗烯纳米带和石墨烯、硅烯一样，呈金属特性，并且金属性更强。硅烯一直是科研人员重点研究的对象，但研究人员并不局限于对石墨烯或者硅烯的研究，锗烯的制备和性能同样值得研究，这对于锗基纳米半导体，甚至相关晶体管和传感器等众多方面的应用具有重要意义。因此，本节主要对磷在锗烯纳米带中线性取代掺杂电子结构的性质进行研究。

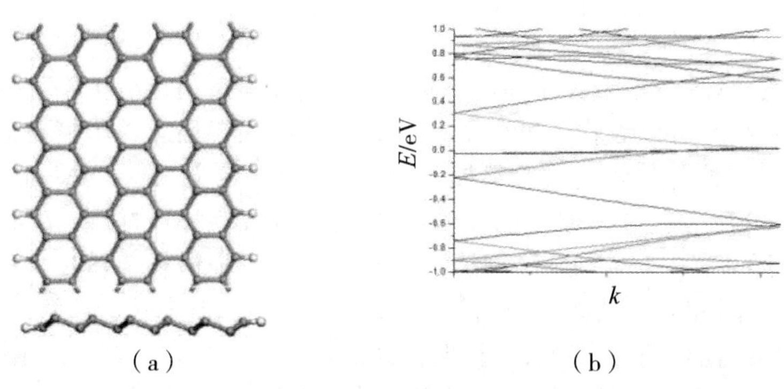

（a）　　　　　　　　（b）

图 4-6　锗烯纳米带

（a）俯视图和侧视图；（b）能带

4.2.2 研究方法

本节使用的计算模拟软件依旧是 SIESTA，采用基于密度泛函理论第一性原理的研究方法，参数与上面研究 BN 碳链取代掺杂一样，采用沿 Y 方向的周期边界条件，选取晶胞尺寸为 4×6 的理想锗烯纳米带，并且边缘被氢钝化，所形成的 Ge–H、P–H 键使其达到边缘稳定，如图 4-7 所示。图 4-7 中（a）和（b）分别表示锗烯横向的 P 线性取代掺杂和纵向取代掺杂，另外，X 是带宽方向，Y 是纳米带延伸方向。

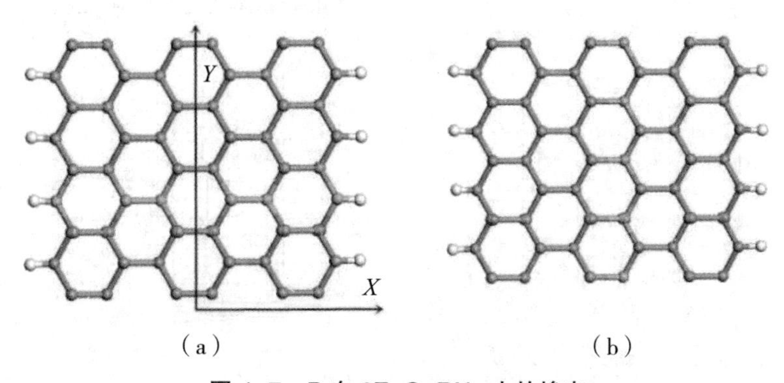

（a）　　　　　　　　（b）

图 4-7　P 在 6Z-GeRNs 中的掺杂

（a）横向掺杂；（b）纵向掺杂

4.2.3 结果与讨论

1. 对 6Z-GeNRs 关于磷的横向取代掺杂

对于锗烯纳米带关于磷的横向取代掺杂,其掺杂是沿 Y 轴平行方向的磷的掺杂,可以看作是特殊的多磷原子的取代掺杂。这里横向掺杂分为两种,一种是包含最边缘锗原子的横向掺杂(定义为 A 型横向掺杂),一种是包含次边缘锗原子的横向掺杂(定义为 B 型横向掺杂),如图 4-8 所示。图 4-8 中(a)(b)分别是锗烯纳米带 A 型横向掺杂和 B 型横向掺杂的俯视图和对应的能带图、态密度图。通过形成能公式计算发现,两种横向掺杂的形成能都为负值,说明掺杂体系结构的稳定性良好。由图 4-8 中(a)(b)的能带图和态密度图可以看出,磷的 A 型横向掺杂和 B 型横向掺杂并没有改变纳米带的金属特性。但对比理想锗烯的能带图可以看出,杂质的引入破坏了理想锗烯晶胞的简并度,在费米能级附近产生了杂质能级,导带和价带背离费米能级方向有一定幅度的移动,带隙几乎打开,可以预见的是,当锗烯纳米带晶胞尺寸一定时,磷的两种横向掺杂可以打开纳米带的带隙。

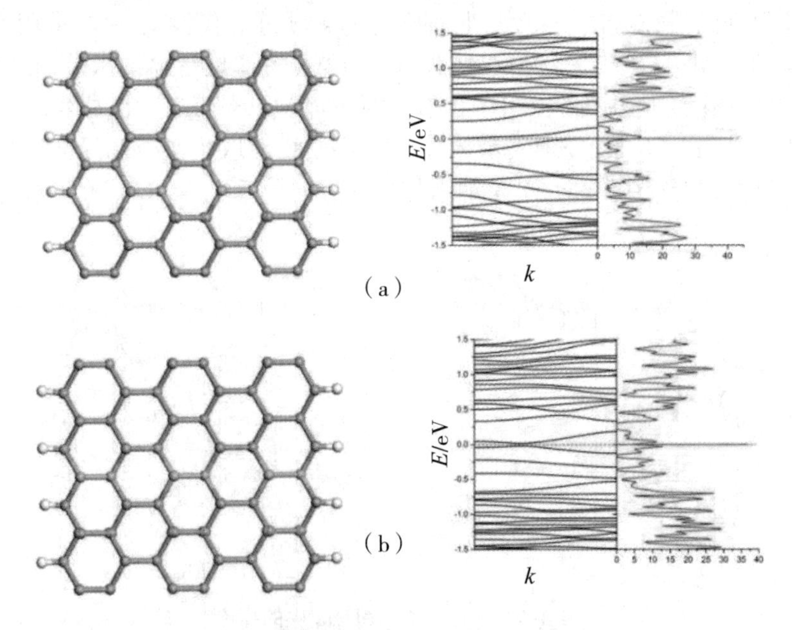

图 4-8 俯视图和对应的能带图、态密度图

(a)锗烯纳米带 A 型横向掺杂;(b)锗烯纳米带 B 型横向掺杂

2. 对 6Z-GeNRs 关于磷的纵向取代掺杂

对于 6Z-GeNRs 关于磷的纵向取代掺杂，即沿着纳米带延伸方向的线性掺杂。这里主要研究了 3 种纵向掺杂：①位于纳米带中心处翘曲向上锗原子的磷取代掺杂的纵向掺杂；②翘曲向下的取代纵向掺杂；③纵向的磷链掺杂，如图 4-9 所示。

图 4-9（a）是第一种纵向掺杂的俯视图和对应的能带图和态密度图，从能带图中可以很明显地看到，磷在锗烯纳米带中的纵向掺杂打开了纳米带的带隙，并且呈现为直接带隙半导体特性，带隙大小为 0.128 eV；图 4-9（b）是第二种纵向掺杂的俯视图和对应的能带图和态密度图，我们看到，该纵向的磷掺杂同样打开了纳米带的带隙，带隙大小为 0.262 eV，几乎是第一种纵向掺杂后带隙的两倍，且表现为直接带隙半导体特性。

图 4-9（c）是锗烯纳米带中心处磷链取代掺杂的俯视图和对应的能带图和态密度图，通过俯视图的对比可以看出，优化后纳米带横向收缩，P—P 和 Ge—P 键长改变，并且掺杂附近的纳米带翘曲度增加，这与理论相符合，与硅烯碳链掺杂类似。

从能带图和态密度图可以看出，磷链掺杂使锗烯纳米带出现一个 0.284 eV 的带隙，并且为直接带隙。这是因为磷在锗烯中的纵向掺杂破坏了锗烯的晶格对称性，和上述的横向掺杂类似，杂质原子使锗烯纳米带导带向上平移，价带向下平移，并且平移的距离足够大，从而使其由金属特性转变为直接带隙的半导体特性。并且，3 种纵向掺杂，随着翘曲向上、向下和链的取代掺杂的变化，导带和价带的平移距离逐渐增加，表现为带隙的大小逐渐增加。预计纵向掺杂位置的变化——中心到边缘，甚至是纵向掺杂数量的变化，会改变其电子结构，调节带隙大小；而随着磷原子掺杂数目的增加，纳米带带隙会逐渐增加。这不仅是对锗烯到磷烯过渡的探索，也是对锗烯带隙调控的研究，对于它们在纳米材料中的应用具有重要的意义。

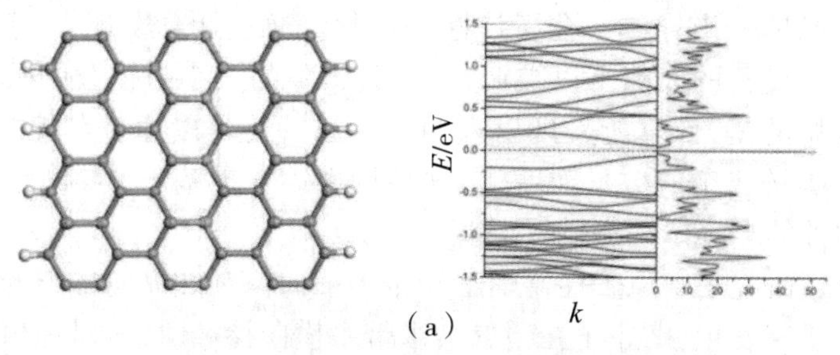

（a）

图 4-9　俯视图和对应的能带图、态密度图

（a）位于纳米带中心处翘曲向上锗原子的磷取代、掺杂的纵向掺杂；

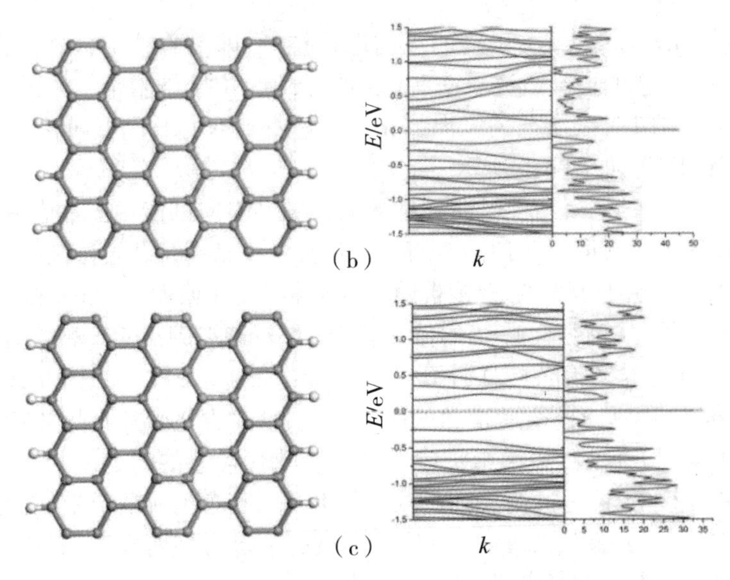

续图 4–9　俯视图和对应的能带图、态密度图

(b)翘曲向下的取代纵向掺杂；(c)纵向的磷链掺杂

4.3　本章小结

本章通过基于密度泛函的第一性原理，比较系统地研究了8Z-BNNRs和6A-BNNRs在没有掺杂和沿周期方向碳链掺杂这两种情况下的电子结构性质。计算结果显示，对于8Z-BNNRs，随着掺杂碳链数的增加，它将经历绝缘体—半导体—金属三种特性，这就意味着，可以通过控制8Z-BNNRs的带隙而设计不同的电子设备。对于6A-BNNRs，它将呈现绝缘体—半导体—金属特性的过程。通过计算发现，基于BN纳米带的电子设备的能隙可以被调控，并且带隙的大小由掺杂的碳链数决定。有意思的是，计算所呈现出来的半金属特性可以通过调控Z型BN纳米带中碳链掺杂的数量而变化，这种特性为实现基于BN纳米带的自旋电子器件的自旋调控提供了可能。

本章还研究了磷原子在锗烯纳米带中横向掺杂和纵向掺杂的电子结构性质。研究发现，磷原子在锗烯纳米带中横向掺杂时，相对理想锗烯而言，导带和价带分别为原理费米能级，但纳米带依然呈现金属特性；而纵向的翘曲向上和向下以及磷链的取代掺杂都使得锗烯打开了带隙，带隙大小分别为 0.128 eV、0.264 eV 和 0.284 eV，且都为直接带隙，这对于锗烯在纳米材料器件上的应用具有重要的意义。

第 5 章　杂原子掺杂对扶手型硅烯纳米带电子和传输性质的影响

5.1　引　言

石墨烯是由盖姆等于 2004 年制备的，由于其优异的电子性能和基于石墨烯电子器件应用的巨大潜力，国内外许多研究人员都将目光投向了石墨烯纳米带。然而，零带隙特性成为石墨烯器件实现的阻碍。硅烯是一种新型的单原子层类石墨烯材料，近年来已在理论和实验合成中被广泛研究，它可能与硅基半导体兼容。

硅烯纳米带也分别在 Ag（001）和 Ag（110）表面上被合成。研究人员已经在许多领域对硅烯展开了研究。硅基自旋滤波器可以通过外场的调谐来实现，塔希尔等人研究了一种谷极化量子霍尔效应和拓扑绝缘子相变，对拓扑态的实验调谐有一定的参考价值。通过改变锯齿型硅烯纳米带的边缘自旋方向，可以发现锯齿型硅烯纳米带中存在的巨大磁阻效应，这表明硅在自旋阀器件中的应用是可能的。外加电场的出现可以产生交错亚晶格势和两种自旋轨道耦合，对未来自旋电子学器件的应用有一定的指导意义。通过对硅烯和锗烯不同程度地加氢，可以调节带隙。通过向锯齿型硅烯纳米带添加垂直的外场，可以调制自旋极化边缘态的能量并打开其相应的带隙。当扶手椅硅烯纳米带边缘使用氮或者硼取代掺杂时，带隙闭合，不同的是，使用氮取代掺杂可以诱导锯齿型硅烯纳米带展示出半金属属性。

当前，对于在不同位置掺杂杂原子（硼 / 氮原子）的 7- 扶手型硅烯纳米带（7 个扶手椅硅原子链）的电子和输运性质的研究较少。本书利用离散傅里叶变换和非平衡格林函数研究在有限偏置电压作用下连接两个半无限硅烯电极的扶手型硅烯纳米带电子结构和输运性质。然后,继续研究杂原子(硼原子或氮原子)掺杂对扶手型硅烯纳米带电子和输运性质的影响。

5.2　计算模型和方法

本章通过 SIESTA-3.2 研究弛豫结构的电子和传输性质,其中基于 PBE 的 GGA 用于描述交换相关势。选择双 ξ 加极化函数(DZP)作为原子轨道的基础集,数值积分是在具有 200Ry 等效截止值的真实空间网格上执行的。在优化几何结构和计算电子性能时,使用 1 × 1 × 15 的 K 点网格,并使用 1 × 1 × 30 的 K 点网格来计算电子传输特性。力容限为 0.01 eVÅ^{-1}。定义 7-ASiNRs 沿 z 方向的周期性边界条件,并设置了沿 x 和 y 方向大于 10 Å 的真空区域,以清除相邻 7-ASiNRs 之间的相互作用。研究中的 7-ASiNRs 的超原胞包含 102 个硅原子。所有结构在计算中均已优化。边缘被氢原子饱和以形成 Si—H 键,以中和硅原子。模型如图 5-1 所示。通过结构弛豫,设计两个探针模型,其中中心区域由相应的优化超级电池组成,左、右电极均由与中心区域相同的晶胞组成(102 个硅原子),在周期性边界条件下扩展到 Z= ± 8,如图 5-1 所示。传输特性是在双探针模型中计算的,该模型是实空间非平衡格林函数技术结合基于密度泛函理论的模拟。

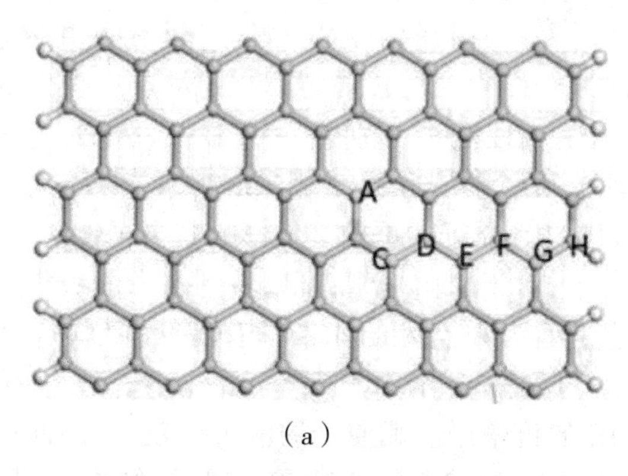

(a)

图 5-1　扶手椅型硅烯纳米带结构图

(a)7-ASiNRs 中杂原子(B 或 N)掺杂的模型描述。A 位点代表取代的 N- 掺杂剂,C、D、E、F、G 和 H 位点代表取代的 B- 掺杂剂;

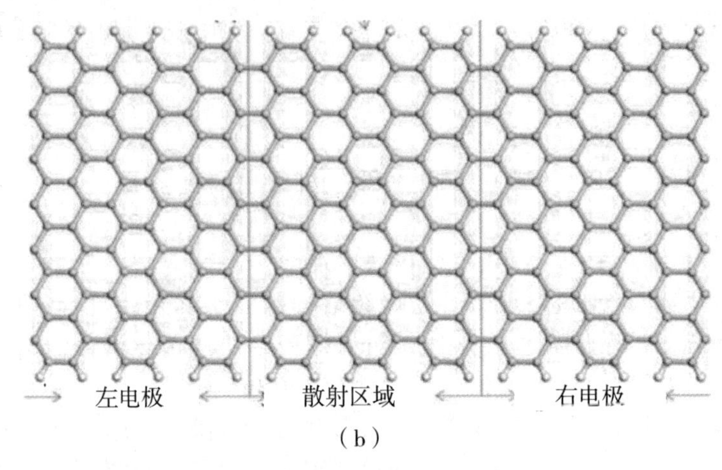

（b）

续图 5-1 扶手椅型硅烯纳米带结构图

（b）两探针模型。左、右电极是完美的 7-ASiNR。输运的方向是从左到右

5.3 结果与讨论

5.3.1 7-ASiNRs 杂原子掺杂的能带结构

本书研究了有或没有杂原子（硼、氮）掺杂的 7-ASiNRs 的电子和输运性质。Per 结构表示原始的 7-ASiNR。对于 B/N 共掺杂构型，A 位点代表取代的氮掺杂，而 C、D、E、F、G 和 H 位点代表硼取代掺杂。AC、AD、AE、AF、AG、AH 配置分别表示为 BN1、BN2、BN3、BN4、BN5、BN6 配置。类似地，两个掺杂位点是硼（或氮）原子，标记为 BB(NN)构型。对于弛豫的 7-ASiNR，原子的重构必然影响其电子性能。

如图 5-2 所示，对于原始构型，可以看到费米能级附近的能带结构呈现高对称性，这是因为 X 点处的能带具有高简并度，这可以归因于原始 7-ASiNR 的良好对称性。当用硼原子代替硅原子时，将费米能级诱导进入原始 7-ASiNR 的价带中。硼原子的电负性较小，因此可以将掺有硼原子的 7-ASiNR 视为 p 型掺杂的 ASiNRs。计算结果表明，在费米能级上有两个半充满子带，它们位于硼掺杂的 7-ASiNR 价带附近。此外，可以发现，由于破坏了镜像对称性，能带的简并性在 X 点消失了，这可以归因于硼取代掺杂。计算结果与先前的结果一致。可以发现，由于有杂化带，

7-ASiNR 从半导体变化到准金属,这可能归因于两个硼原子和 7-ASiNR 的边缘态之间的相互作用。

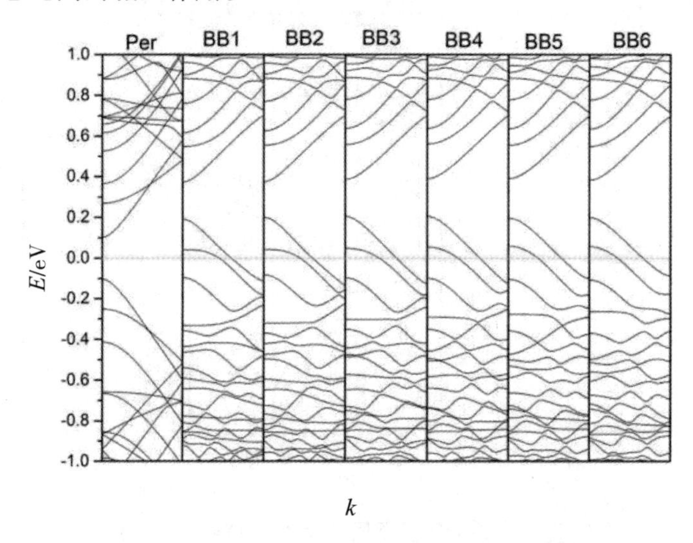

图 5-2　7-ASiNR 和 B/B 掺杂结构的能带结构

如图 5-3 所示,可以看出,通常当两个氮原子之间的距离增加时,两个氮原子的掺杂构型会导致 7-ASiNR 中从半导体态转变为准金属态。这可能归因于费米能级附近出现半满杂质带。两个氮原子的掺杂,破坏了 7-ASiNR 的镜像对称性,并且在 X 点的能带简并度降低。此外,费米能级由于较大的电负性而向上移动并进入导带,这导致 7-ASiNR 的一些色散传导带被部分占据,特别是对于 NN4、NN5 和 NN6 的构型,这些氮掺杂杂质态更靠近导带。因此,可以发现在氮原子和相邻的硅原子之间出现电荷转移,这导致 7-ASiNR 体系的金属态。这可以归因于 7-ASiNR 的杂质态和现有的未占据态之间的复杂杂化。

如图 5-4 所示,计算结果表明,由于硼 / 氮共掺杂构型中镜像对称性的破坏,费米能级附近的能带简并度在 X 点处消失。可以发现,硼 / 氮共掺杂结构表现出半导体特性,并且带隙小于每个结构对应的带隙,这与先前的研究结论一致。随着硼原子和氮原子之间距离的增加,硼 / 氮共掺杂构型的带隙逐渐减小而没有振荡。杂质子带分别被标记为 α 子带和 β 子带。为了识别杂质子带,计算硼和氮原子的部分态密度(Partial Density of State, PDOS),发现它与相应的能带结构一致。BN6 的 PDOS 可以在图 5-4 中找到。原始结构的带隙为 0.2 eV,并且这些共掺杂结构的带隙从 0.124 eV 降低至 0.059 eV (见表 5.1),可以看出,7-ASiNRs 的带隙可以通过改变硼原子和氮原子之间的距离来调节。这可能归因于杂质态和边缘态之间的相互作用。

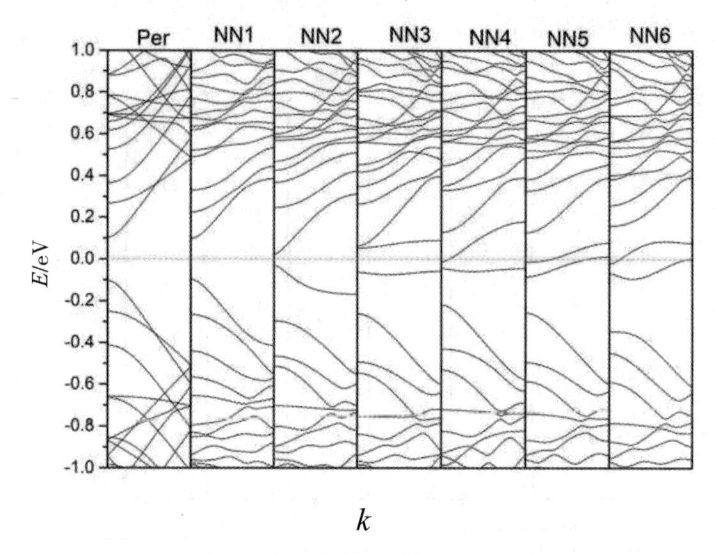

图 5-3　7-ASiNR 和不同位置 N/N 掺杂的能带结构

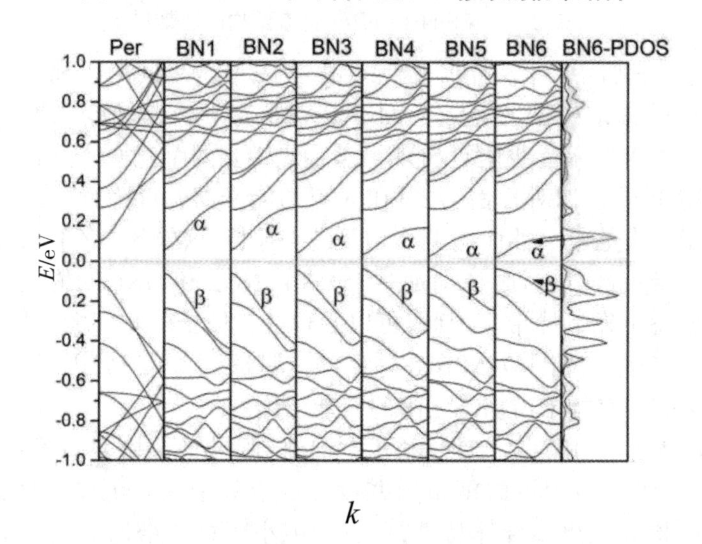

图 5-4　7-ASiNR 和 B/N 共掺杂结构的能带结构和 BN6 配置的 PDOS

表 5.1　B/N 共掺杂的 7-ASiNR 在不同位点的带隙　　单位：eV

BN1	BN2	BN3	BN4	BN5	BN6
0.124	0.118	0.089	0.074	0.064	0.059

5.3.2 B/N 共掺杂 7-ASiNRs 的输运性质

为了了解不同分布的硼 / 氮共掺杂对 7-ASiNRs 电子输运性能的影响，图 5-5 给出了有或没有硼 / 氮共掺杂的 7-ASiNRs 的 *I-V* 特性。可以发现，随着硼和氮原子之间距离的增加，7-ASiNRs 仍保持半导体特性。这可以归因于费米能级附近的杂质带以及硼和氮原子之间的电荷补偿效应。

可以看出，当施加的偏置电压在 −0.2 ~ 0.2 V 时，没有电流，而当 V_{bias}= ± 0.5 V 时，电流明显增加。有趣的是，计算结果表明，硼 / 氮共掺杂的 7-ASiNRs 的输运性质除 BN5 构型外，得到改善，这可能是由于最低导带与杂质子带之间的距离大于其他掺杂构型，即当硼原子靠近边缘或在边缘时，杂质态将与边缘态相互作用。计算结果表明，杂质态对 7-ASiNRs 的电子输运性质有影响。有或没有硼 / 氮共掺杂的 7-ASiNRs 的差分电导可以在图 5-6 中找到，这表明差分电导出现了振荡性。BN5 配置的差分电导的幅度大于其他配置，这与图 5-5 显示的结果一致。

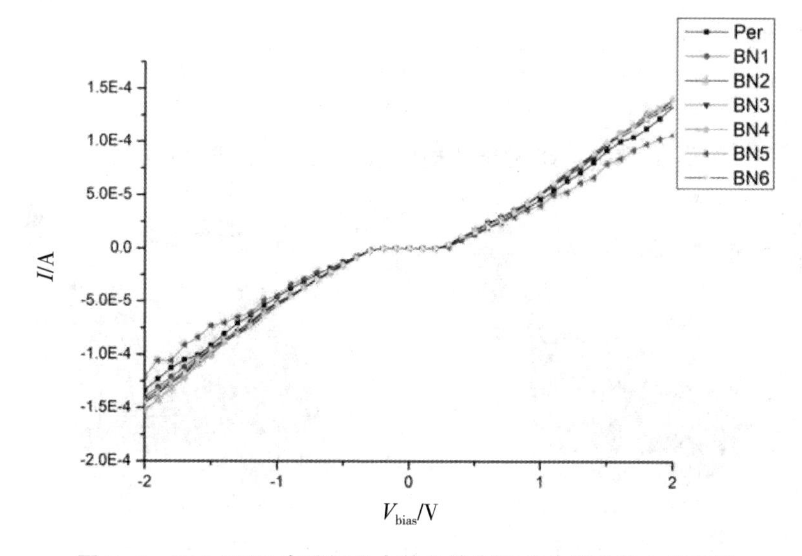

图 5-5　7-ASiNR 在不同位点的共掺杂和非共掺杂的 *I–V* 特性

现在继续研究带有或无硼 / 氮共掺杂的 7-ASiNR 的总透射率。图 5-7 分别给出了 7-ASiNRs 的总透射率与偏置电压和电子能量的关系。计算结果表明，具有硼 / 氮共掺杂的 7-ASiNRs 的半导体特性与原始构型保持相同，但是硼 / 氮共掺杂改变了原始对应物的量子透射性质。可以发现,对于所有硼/氮共掺杂配置,传输曲线呈现出从阶梯状到波形状的过渡。硼/氮共掺杂使原始配置的蓝色透射区域出现两个传输通道,这可能归因于两种杂质态。此外,BN5 构型在硼原子附近引起局部几何结构变形,从而导致在杂质位点附近发生强电子定位。可以将 BN5 的定位视为透射不同的原因,这与图 5-5 和图 5-6 所显示的结果一致。

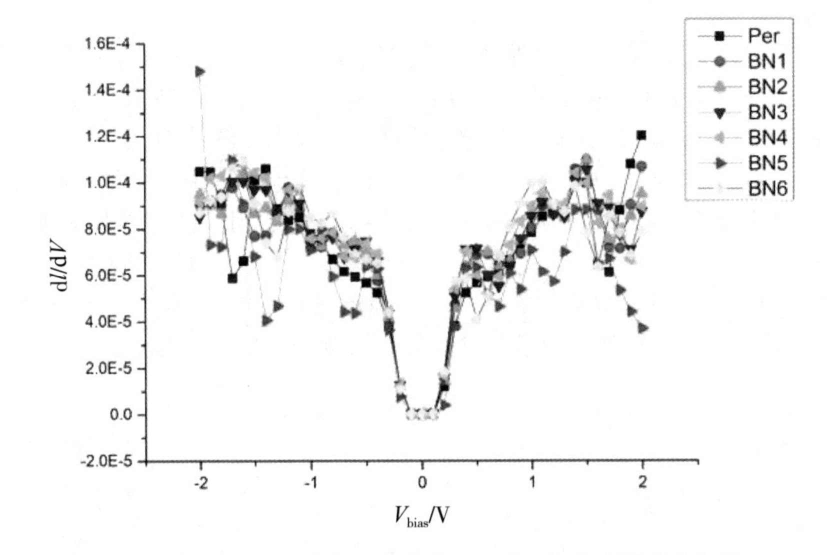

图 5-6　7-ASiNR 掺杂或未掺杂 B/N 在不同位点的差分电导

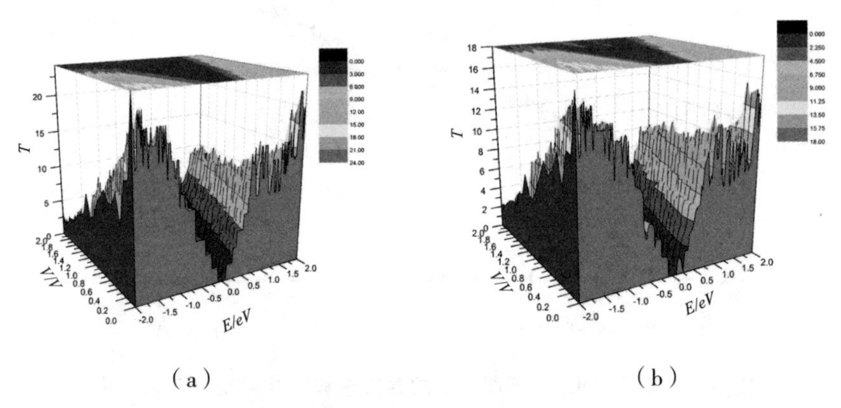

图 5-7　7-ASiNR 在不同位点有、无 B/N 共掺杂时的总透射率

(a)Per;(b)BN1;

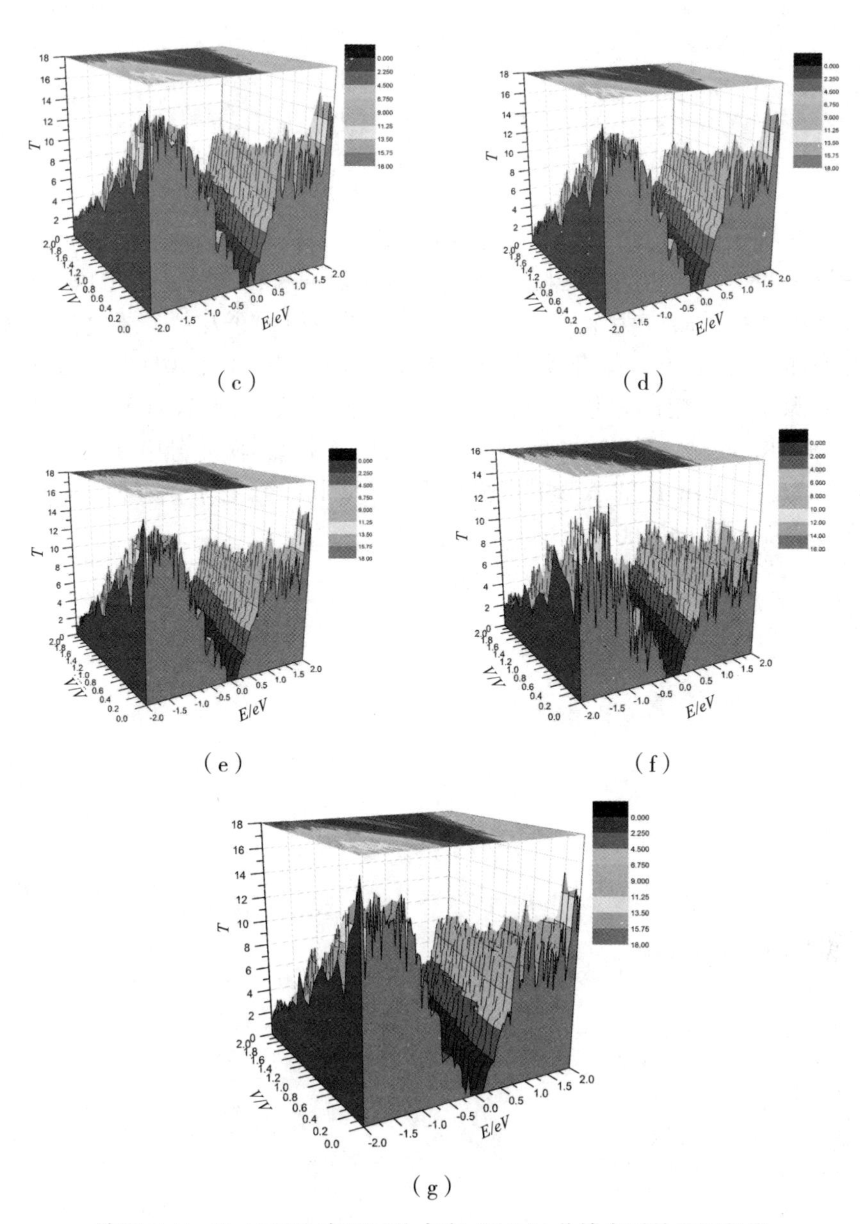

续图 5-7　7-ASiNR 在不同位点有、无 B/N 共掺杂时的总透射率

(c)BN2;(e)BN3;(e)BN4;(f)BN5;(g)BN6

5.4 总 结

杂原子掺杂显著影响 7-ASiNRs 的电子结构和传输性质。两个硼原子掺杂的 7-ASiNRs 出现半金属性,而两个氮原子掺杂的 7-ASiNRs 从具有半导体性质转变为金属性。可以看出,随着硼原子和氮原子之间距离的增加,具有 B/N 共掺杂的 7-ASiNRs 的带隙减小,并且 B/N 共掺杂构型的带隙小于相应的理想构型的带隙。*I-V* 曲线表明,具有 B/N 共掺杂的 7-ASiNRs 的输运性能得到了改善,除了 BN5 构型外,差分电导表现为振荡行为。7-ASiNR 的总透射率符合 *I-V* 曲线和差分电导。这对于设计基于硅的电子设备可能有帮助。

第6章 对磷烯双分子层吸附苯分子电子性质的研究

6.1 研究背景

石墨烯被发现以来，其独特的电学、光学、磁学等性质以及自身结构的优势，使得类石墨烯二维纳米材料如硅烯、锗烯、BN、MoS_2和磷烯受到科研人员的广泛关注。石墨烯所具有的独特性质在诸多领域都展现了很好的应用前景，但石墨烯是零带隙的半金属材料，带隙的存在是电子器件应用的关键。因此，相对于传统的硅基半导体材料，石墨烯难以与之很好地兼容，所以在光电器件方面的应用具有一定的局限性。虽然，通过缺陷、掺杂、外加电场、施加应力或者化学修饰等方法可以打开石墨烯的带隙，但打开的带隙有限，在半导体和光学领域并不具备更好的应用前景。硅烯是类石墨烯的二维纳米材料，理想的硅烯同石墨烯一样是零带隙，可以通过其他的方法打开一个较合适的带隙，并且容易与硅基半导体材料兼容，因此硅烯有望成为下一代新型的半导体材料，但是硅烯在空气中容易被氧化，不稳定，并且必须依附特殊的基质生长，比如通常制备硅烯的方法是在以 Ag 为衬底的表面生长，这使得硅烯的实际应用遇到了阻碍。过渡金属二硫化物这类二维纳米材料，以MoS_2为代表，单层的MoS_2是直接带隙半导体，因此在光学元件上具有较好的应用前景。但MoS_2各方面性质一般，其电子迁移率也不是很大。磷烯作为结构和石墨烯类似，并且具有和MoS_2一样直接带隙半导体的特殊二维纳米材料，它具有半导体最主要的两个特点：①直接带隙；②相对较高的电子迁移率。另外，可以改变磷烯的层数从而达到控制其带隙大小的目的，这些独特的性质使磷烯在晶体管、传感器、电池等众多领域有着广泛的应用前景。人们对磷烯也进行了大量的研究，包括掺杂、吸附等，并对磷烯的导电性能、输运性能和热学性能等进行了研究。单层的黑磷、蓝磷等很多性质已经被大量研究,另外考虑到层数可以调节磷烯的带隙,而吸附对单层磷烯具有一定的影响,因此联想到对双分子层磷烯吸附小分子气体的电子结构性质进行研究。

当前,磷烯作为新型的二维纳米材料,研究人员对单层磷烯吸附小分子如 H_2、NH_3、NO 和 CO,吸附碱金属 Na 和金属 Co 等都已经取得了研究成果,以及对双分子层堆叠方式的研究。石墨烯具有各种独特的、优异的性质并在很多方面都有很好的应用前景,但其固有的零带隙限制了它在光电器件等领域的应用。对于磷烯而言,在其他方面的性质并没有石墨烯出色,但作为天生优质的半导体,磷烯在半导体领域具有重要的地位,是石墨烯无法企及的。如果能综合石墨烯和磷烯的各方面优势,是值得人们去探索和尝试的。苯分子从结构上来说可以看成是尺寸很小(单平面的碳六元环)的石墨烯纳米片。另外,苯分子是不溶于水的有毒物质,研究苯分子在磷烯双分子层上的吸附,或许对苯分子的检测以及吸收具有一定参考意义与价值。因此,综上考虑,本书选择磷烯双分子层吸附苯分子作为研究方向,本章将重点研究苯分子在磷烯双分子层上吸附的电子结构和性质。

6.2 计算方法

本章使用的计算模拟软件是 SIESTA,运用基于密度泛函理论第一性原理的研究方法,通过 GGA 来处理交换关联势能,选取 PBE(Perdew、Burke、ErnZerhof)作为交换关联函数。为了确保层与层之间相互作用可以被忽略,计算所采用的超晶胞的真空层为 20 Å。使用基组 DZP,计算截断值选 200Ry。在几何优化过程中所有的原子位置都是弛豫的,并且保证其相应的 Hellman-Feynman 力不超过 0.01 eV/Å,K 空间网点设为 $1\times15\times1$,并且所有纳米带的边缘都通过氢原子钝化,模型经过结构优化后计算。为了研究吸附体系的稳定性,所用到吸附能公式为

$$E_{ads}=E_T-\left(E_P+E_M\right) \tag{6-1}$$

式中:E_T 是系统的总能量;E_P 是吸附前体系的能量;E_M 是吸附分子的能量。

6.3　结果与分析

6.3.1 理想磷烯双分子层

对于单层磷烯的研究已经有大量的文献报道,其中有对其电子结构、输运性能、机械性能以及热导率等相关的研究。作为 P 型半导体材料,磷烯可以通过层数来调节其带隙在 0.3 ~ 1.5 eV,并且对于半导体,带隙的调控是其应用的很重要的一个因素。DaiJun 和 ZengXiaoCheng 在其发表的论文《磷烯双分子层:堆叠对带隙的影响以及它在薄膜太阳能电池上的潜在应用》中,研究了 3 种不同磷烯双分子层堆叠对磷烯带隙的调节,包括 AA 堆叠、AB 堆叠和 AC 堆叠,如图 6-1 所示。图 6-1(a)(b)(c)是理想磷烯双分子层三种不同堆叠方式的俯视图,图 6-1(d)(e)(f)是对应堆叠方式的侧视图,其中 a 和 b 是磷烯双分子层的水平面晶格参数,c 是磷烯的翘曲高度,d_{int} 是双分子层之间的层间距,R_1,R_2 和 R_2' 分别是磷烯六元环内 3 种不同的磷 – 磷键长。

因此,鉴于磷烯双分子层自身有 3 种不同的堆叠方式,磷烯双分子层对苯分子的吸附包含 3 种堆叠方式的吸附。目前对于双分子层纳米材料的吸附主要是位于双分子层表面的吸附,而实际上双分子层的吸附,根据吸附的位置可以分为层表吸附(常见的表面吸附)和层间吸附。因此,苯分子在磷烯双分子层上的吸附又分为层间吸附和层表吸附,现在将对三种不同堆叠的磷烯双分子层在不同位置吸附苯分子的电子结构性质分别进行研究。为了防止苯分子边缘和双分子层边缘的作用力,选取晶胞尺寸足够大(7 × 12)的 Z 型磷烯双分子层纳米带,并将苯分子平行吸附在纳米带正上方。

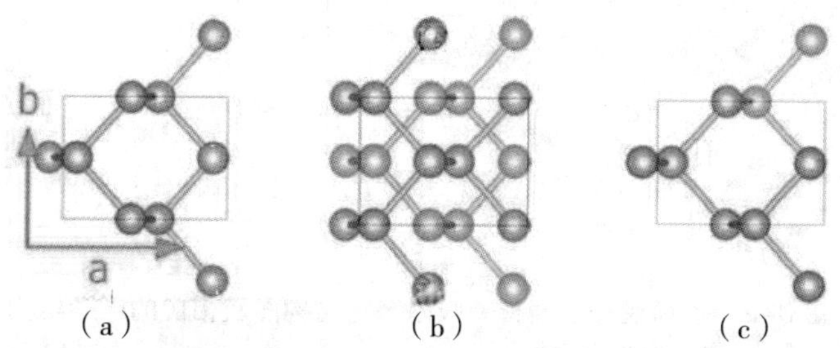

图 6–1　理想磷烯双分子层 AA,AB 和 AC 三种不同堆叠方式的俯视图和侧视图

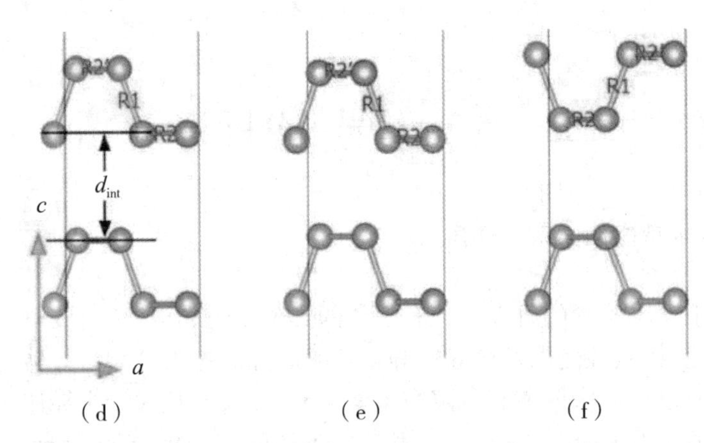

续图 6-1 理想磷烯双分子层 AA，AB 和 AC 三种不同堆叠方式的俯视图和侧视图

6.3.2 磷烯双分子层 AA 堆叠吸附苯分子

AA 堆叠的磷烯双分子层相当于单层磷烯向上或向下平行移动一个层间距的距离，图 6-2（a）左边是理想磷烯双分子层结构模型的俯视图和侧视图，层间距为 3.35 Å。右边则是对应的能带图，从能带图可以看出磷烯双分子层带隙大小为 0.86 eV，并且是直接带隙半导体。实验计算得到单层的磷烯其带隙宽度约为 0.9 eV，可以证实，层数增加改变了磷烯的带隙大小，起到了带隙调控作用。这是因为对于双分子层磷烯，层与层之间具有一定的相互作用力，对单层磷烯的晶胞结构以及六圆环的对称性产生了一定的影响，从而使位于费米能级附近的导带底与价带顶发生偏移，导致带隙大小发生变化。

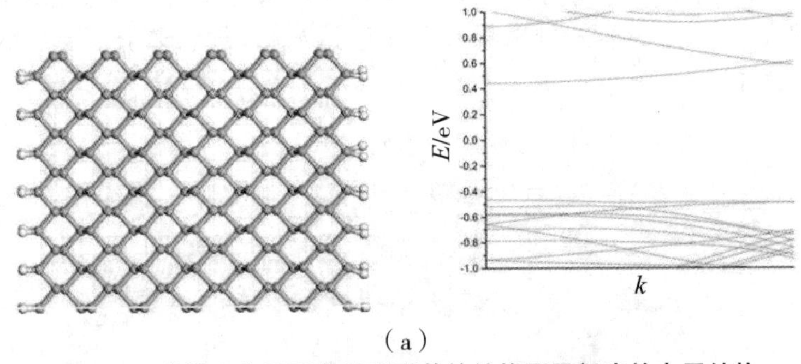

图 6-2 磷烯双分子层有无吸附苯的结构图及相应的电子结构

（a）理想磷烯双分子层结构模型的俯视图、侧视图；

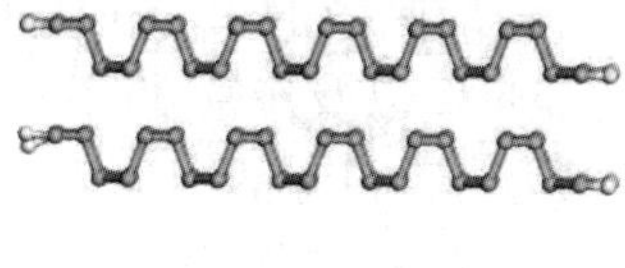

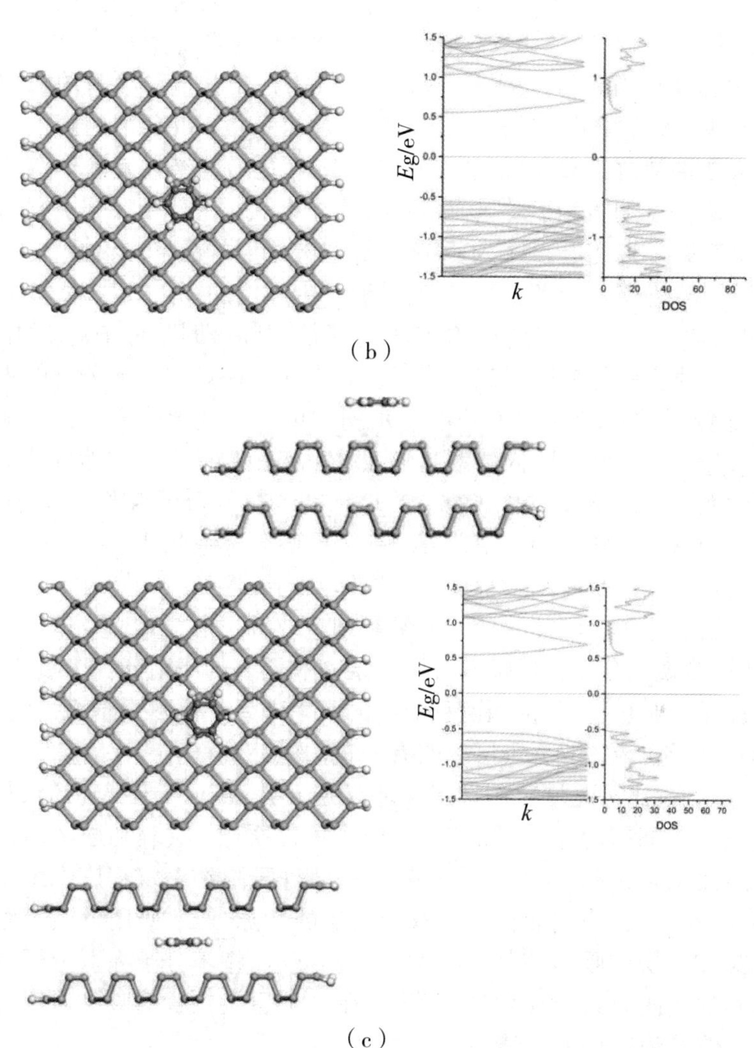

续图 6–2　磷烯双分子层有无吸附苯的结构图及相应的电子结构

（b）AA 堆叠的理想磷烯双分子层在层表吸附苯分子的模型及能带图、态密度图；（c）AA 堆叠的理想磷烯双分子层在层间吸附苯分子的模型及能带图、态密度图

图 6-2（b）是在图 6-2（a）的基础上于磷烯双分子层层表平行吸附一个有机分子苯，其左边是对应的俯视图和侧视图，右边是对应的能带图

和态密度图。其双分子层的层间距 d_{int}=3.35 Å，而吸附的苯分子与双分子层的距离 d_{ad}=3.6 Å。从图 6-2（b）右边的能带图以及态密度图可以看到，磷烯双分子层层表吸附苯分子的体系表现为直接带隙的半导体特性，带隙大小约为 1.12 eV，并且观察体系的态密度，发现费米能级两边的两个峰值相对较宽，这说明在磷烯双分子层对苯的吸附体系中，P—P 共价键的共价性较强。对比图 6-2（a）中理想的、无苯分子吸附的磷烯双分子层发现，苯分子的吸附使得其带隙由原来的 0.86 eV 增加到 1.12 eV，并且依然保持其直接带隙的属性。另外，优化后的结构其磷烯双分子纳米带在苯分子的吸附后会弯曲，这是因为苯分子与磷烯双分子层间的相互作用使纳米带变形，影响了原来磷烯双分子层的晶格对称性，使得导带与价带同时远离了费米能级，从而导致其带隙增加。

图 6-2（c）左、右分别是磷烯双分子层层间吸附苯分子的俯视图、侧视图以及对应的能带图和态密度图。其中两个磷烯层到苯分子的距离都是 3.25Å。从图 6-2（c）右边的能带图中可以发现苯分子在 AA 堆叠的磷烯双分子层层间吸附的体系其带隙大小为 1.10 eV，而依然保持着直接带隙的属性。和 6-2（a）中的原始理想的磷烯双分子层相比，其带隙增加了 0.24 eV，与 6-2（b）中苯分子层表的吸附体系相比，带隙变化不大，并且从两者的态密度图中都可以看出体系局域性强。

根据苯分子吸附体系后的能量和理想双分子层能量以及苯分子的能量，计算发现苯分子在磷烯双分子层层间和层表的吸附能都为负值，说明吸附过程为放热过程，证明两种吸附的吸附体系都是热力学稳定的，并且发现苯分子和磷烯双分子层之间有一定的电荷转移。

总之，对比 AA 堆叠型理想磷烯双分子层、AA 堆叠型磷烯双分子层在层表和层间吸附苯分子的电子结构，可以看出：层表和层间两种吸附的吸附体系都是稳定的，并且苯分子的两种吸附在一定程度上由于与磷烯层间产生相互作用而会改变双分子层的带隙，层表吸附使其带隙增加了 0.26 eV，层间吸附使其带隙增了 0.24 eV。将苯分子在双分子层层表和层间的吸附进行对比发现，苯分子在分子层上位置的吸附对双分子层的电子性质的影响不大。

6.3.3 磷烯双分子层 AB 堆叠吸附苯分子

相对于磷烯双分子层的 AA 堆叠，其 AB 堆叠从侧视图与 AA 堆叠一样，是由单层磷烯平行向上或向下移动一个双分子层间距而形成的磷烯双分子层。从俯视图来看，AB 堆叠的磷烯双分子层是在 AA 堆叠的基础上将某一层磷烯沿纳米带延伸方向平行移动晶格参数 b 一半的距离所得的。图 6-3 所示为 AB 堆叠的磷烯双分子层的俯视图和侧视图，通过计算发现其结构是稳定的。由计算的能带图可以发现，其带隙大小为 1.15 eV，为直接带隙半导体。

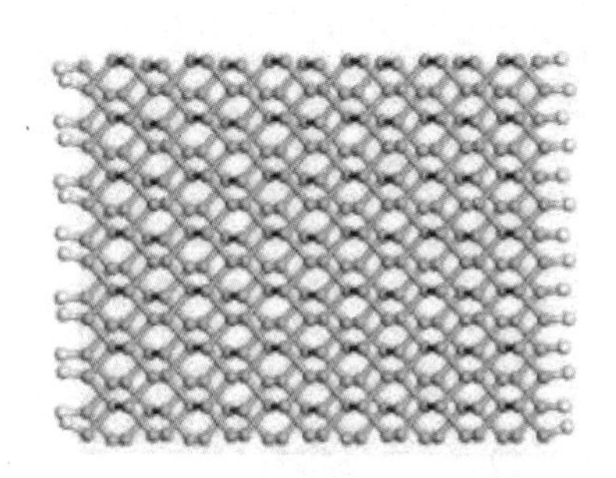
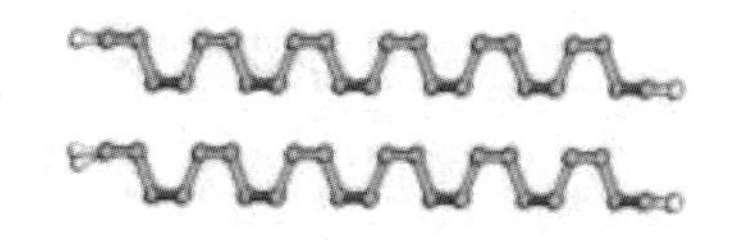

图 6–3　AB 堆叠的磷烯双分子层的俯视图和侧视图

在此基础上，本节对 AB 堆叠的磷烯双分子层在层表和层间吸附苯分子的电子结构性质进行研究，如图 6-4 所示。其中图 6-4（a）的左、右分别是 AB 堆叠的磷烯双分子层在层表平行吸附苯分子的俯视图、侧视图以及相应的能带图和态密度图。其中双分子层的层间距 d_{int}=3.35 Å，吸附的苯分子与双分子层的距离 d_{ad}=3.6 Å。从图 6-4（a）中的能带图以及态密度图可以看到，AB 堆叠的磷烯双分子层在层表吸附苯分子的体系是直接带隙半导体，带隙大小为约为 1.58 eV。相对于原始理想的 AB 堆叠磷烯双分子层，带隙明显增加，但其直接带隙的属性不变。这同前面 AA 堆叠的情况类似，苯分子的吸附使双分子层和苯之间产生一定的相互作用。AB 堆叠的双分子层，其上层的磷原子都处于下层磷原子六元环中心的正上方，加大了层之间的相互作用，从而对晶胞的结构对称有更大的影响，从而导致出现更大的带隙。

图 6-4（b）是 AB 堆叠磷烯双分子层层间吸附苯分子的俯视图、侧视图以及相应的能带图和态密度图。其中两个双分子层到吸附苯分子的吸附距离为 3.25 Å，从对应的能带图和态密度图可以发现，体系是带隙为 1.57 eV 的直接带隙半导体。和理想的 AB 堆叠磷烯双分子层相比，带隙变大，但直接带隙的属性依然不变；和 6-4（a）中 AB 堆叠磷烯双分子层层表吸附苯分子的体系相比，其带隙变化很小。这表明：苯分子的吸附其体系依然是热力学稳定的结构，AB 堆叠的磷烯双分子层电子结构有明显的变化，带隙明显增加，且保持理想双分子层直接带隙的属性不变，层表和层间吸附的位置对其影响不大。

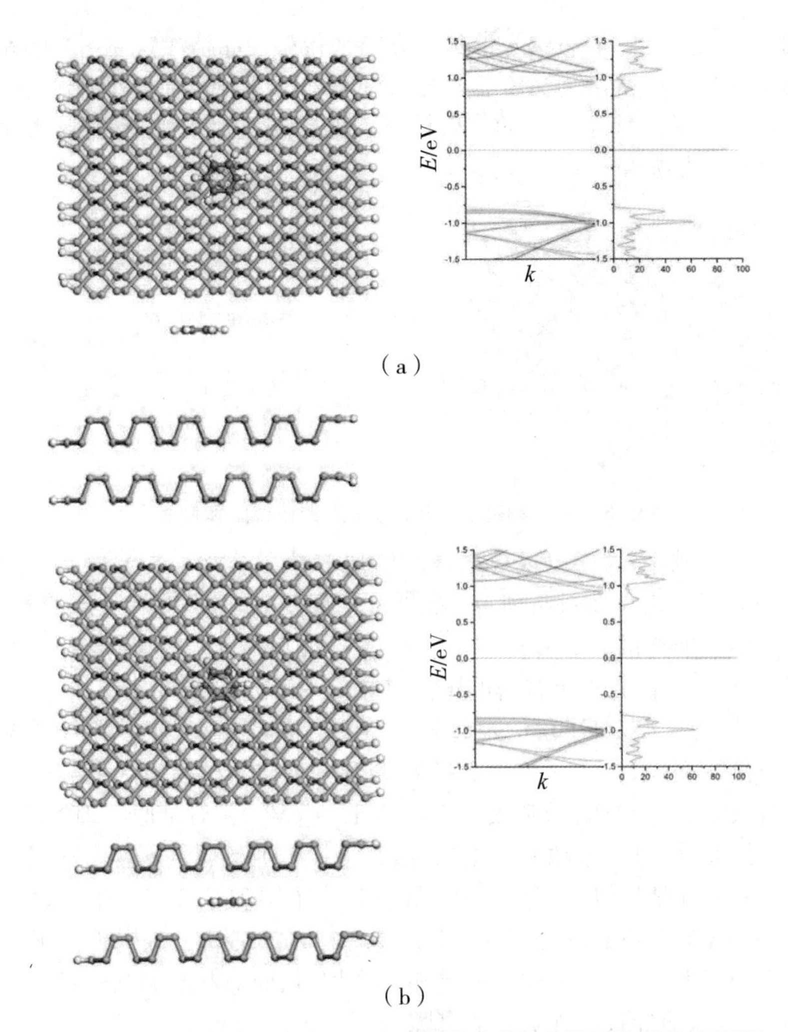

图 6-4　AB 堆叠磷烯双分子层不同位置吸附苯分子的俯视图、侧视图及能带图和态密度图

（a）层表；（b）层间

6.3.4 磷烯双分子层 AC 堆叠吸附苯分子

磷烯双分子层的 AA 堆叠，从几何结构上相当于两个 U 字开口同方向堆叠，而其 AC 堆叠则是 U 字开口方向相对的堆叠。简言之，相对于 AA 堆叠，A 堆叠的双分子层结构是在 AA 堆叠的基础上将其中的一个磷烯层翻转 180° 得来的，如图 6-5 所示。图 6-5 是 AC 堆叠理想的磷烯双分子层对应的俯视图和侧视图，计算得到其能带大小为 0.74 eV，是直

接带隙半导体。

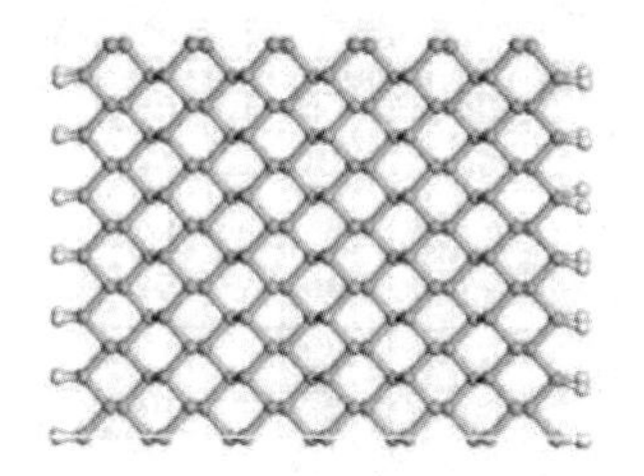
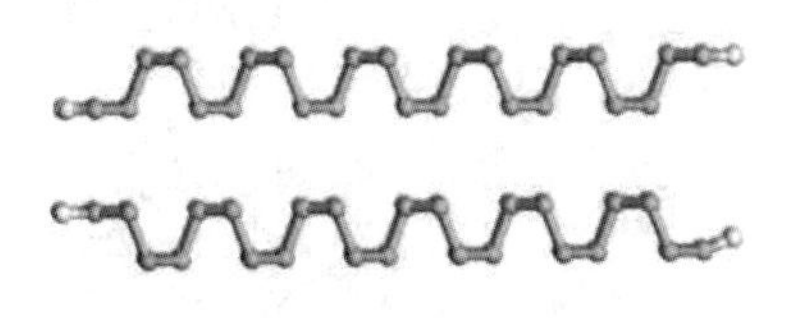

图 6–5　AC 堆叠磷烯双分子层的俯视图和侧视图

在此基础上，本节对 AC 堆叠的磷烯双分子层在层表和层间平行吸附苯分子的电子结构性质进行研究，如图 6-6（a）所示。其中图 6-6（a）是 AC 堆叠磷烯双分子层层表吸附苯分子的俯视图和侧视图以及对应的能带图和态密度图，双分子层的层间距 d_{int}=3.35 Å，吸附的苯分子与双分子层的距离 d_{ad}=3.6 Å。从图 6-6（a）中的能带图和态密度图可以看出，AC 堆叠层表吸附的体系是带隙大小为 1.16 eV 的直接带隙半导体，与理想 AC 堆叠的磷烯双分子层相比，苯分子的吸附改变了双分子层的带隙，和前面两种 AA 和 AB 堆叠吸附类似，是由苯分子与双分子层之间的作用力引起的。

图 6-6（b）是 AC 堆叠的磷烯双分子层层间吸附苯分子的俯视图和侧视图以及对应的能带图和态密度图，其中两个双分子层到吸附苯分子的吸附距离为 3.25 Å，而从对应的能带图和态密度图中可以发现，体系是带隙为 1.10 eV 的直接带隙半导体，与层表同样堆叠方式吸附苯分子的体系比较而言，带隙几乎没变化。同样可以说明，吸附位置对电子结构的影响不大。

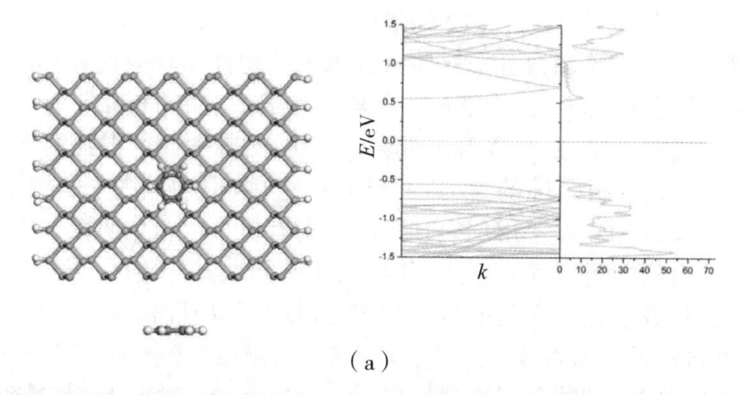

（a）

图 6–6　AC 堆叠磷烯双分子层不同位置吸附苯分子的俯视图、侧视图及能带图和态密度图

（a）层表；

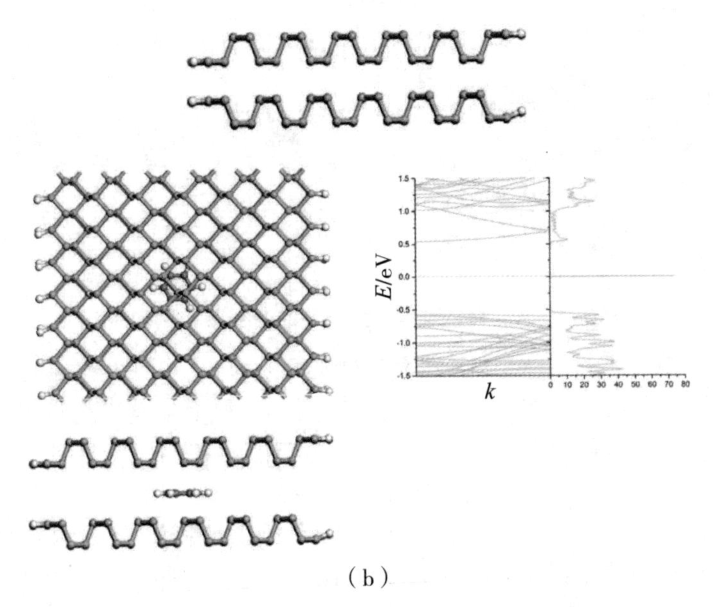

（b）

图 6-6　AC 堆叠磷烯双分子层不同位置吸附苯分子的俯视图、侧视图及能带图和态密度图

（b）层间

6.4　本章小结

本章主要采用基于密度泛函第一性原理的计算研究方法，研究了苯分子吸附在晶胞尺寸为 7×12 的磷烯双分子层上，对吸附不同位置时和不同堆叠方式时磷烯双分子层体系的电子结构性质。通过计算发现，理想的 AA 堆叠磷烯双分子层是带隙大小为 0.86 eV 的直接带隙半导体，对比单层磷烯的带隙，可以看出带隙的变化，与前人研究得到的结论“磷烯层数可以调控其带隙的大小”相符合。通过吸附能计算公式计算了两种不同堆叠磷烯双分子层层表和层间吸附有机分子苯的吸附能，发现所有体系的吸附能都为负值，这说明吸附的可行性，即吸附体系是热力学稳定的。从计算吸附体系的能带图和态密度图可以看出，磷烯双分子层中 P—P 共价键的共价性强。对于 AA 堆叠型的磷烯双分子层，苯分子吸附在层表和层间的带隙分别约是 1.12 eV 和 1.10 eV，对于 AB 堆叠型的磷烯双分子层，层表和层间吸附时的带隙分别是 1.58 eV 和 1.57 eV，而 AC

堆叠的磷烯双分子层，层表和层间吸附苯分子的体系带隙分别为 1.16 eV 和 1.10 eV。通过横向对比，从相同堆叠方式不同位置吸附苯分子的结算结果中显示：相同堆叠方式的磷烯双分子层对苯分子的吸附，吸附位置（层表和层间）对体系电子结构影响不大，主要体现在带隙基本不变，并且依然保持为直接带隙；原始磷烯双分子层三种堆叠方式 AA、AB 和 AC 的带隙分别为 0.87 eV、1.15 eV 和 0.74 eV，经纵向对比发现，苯分子的吸附在一定程度上增加了原始磷烯双分子层的带隙，并且苯分子同位置吸附时，不同堆叠方式体系的带隙不一样，说明同位置吸附的体系其带隙大小主要取决于双分子层自身的堆叠方式。另外，在吸附苯分子的体系中，双分子层和苯分子间有很少的电荷转移。

总而言之，苯分子的吸附会一定程度上改变磷烯双分子层的带隙大小，且都是直接带隙。并且苯分子在磷烯双分子层上的吸附，其位置（层表或层间）对其电子结构的影响很小，几乎可以忽略。相反，磷烯自身的堆叠方式对其影响比较大，AA 堆叠磷烯双分子层的苯吸附体系带隙大概为 1.10 eV 左右，AB 堆叠磷烯双分子层的苯吸附体系带隙大概为 1.57 eV 左右，而 AC 堆叠磷烯双分子层的苯吸附体系带隙大概为 1.13 eV 左右。把苯分子看作石墨烯的单元纳米片，可以为磷烯双分子层在不同位置吸附石墨烯纳米片提供参照，可以用于研究兼容石墨烯的优异特性的新的材料以及磷烯独特性质，使得两者达到优缺互补的效果。另外根据磷烯双分子层对苯的吸附效果，可以将其设计为对有毒物质苯的检测仪器，本章不仅对磷烯双分子层的吸附进行了研究，更为石墨烯 - 磷烯层状纳米材料的研究打下了基础，具有重要的研究意义。

第7章　通过吸附气体小分子来改变双层磷烯的能量、电荷转移和磁性

7.1　引　言

石墨烯的合成、性质和应用奠定了二维材料的基础，二维材料包括石墨烯、硅烯、锗烯和过渡金属硫化物（Transition Metal Dichalcogenide，TMDS）等，它们卓越的物理、化学、机械和电子性质，例如超薄厚度、高表面体积比，已经使得这些二维材料成为许多应用的潜在选择。已经有研究表明，通过吸附原子和分子，明显地改变了单层石墨烯和二硫化钼的电子和化学性质，这是二维结构和吸附物之间的刺激反应造成的。比如，可以通过添加杂质和缺陷来增强石墨烯传感器的敏锐度。

这些二维材料虽然有着许多显著的性质，但是带隙的缺失阻碍了石墨烯的应用，硅烯和锗烯也因为在空气中不稳定而不能成为电子器件实际应用的理想材料。对于单层过渡金属硫化物场效应晶体管来说，大的电子有效质量和低迁移率使它们不适合于高性能应用。磷烯作为一种新兴的二维结构，已经通过机械剥离块状黑磷得到。不同于石墨烯，磷烯有着起皱的蜂窝晶格，而且每一个磷原子都与邻近的三个磷原子连接。最重要的是，磷烯拥有 0.84 eV 的直接带隙和大约 1 000 $cm^2 \cdot (v \cdot s)^{-1}$ 的空穴迁移率，这些比零带隙的石墨烯和低迁移率的二硫化钼占有更大的优势。不仅如此，许多研究已经揭露出磷烯其他有用性质。比如，磷烯的带隙会随着层数的增加而减小，磷烯的各向异性和极性行为已经被证实。

基于这些研究，单层磷烯物理吸附气体小分子（如 CO、NH_3、NO、O_2、H_2O、H_2、和 NO_2）已经被系统地研究，研究结果主要是关于吸附气体小分子的单层磷烯的能量、磁性和电荷转移。但是对双层磷烯

吸附气体小分子的研究还较少。因为多层磷烯的电子性质与厚度密切相关,所以研究气体小分子的物理吸附对双层磷烯的影响是很重要的。

本书探讨气体小分子的物理附着对双层磷烯的电子性能的作用,这些气体小分子包括一氧化碳(CO)、氢气(H_2)、水(H_2O)、氨气(NH_3)、一氧化氮(NO)、二氧化氮(NO_2)和氧气(O_2)。计算结果表明:① CO、NH_3、NO 和 O_2 充当电荷供体,而 H_2O、H_2 和 NO_2 充当着电荷受体;②在所有被研究的气体分子中,O_2 分子与磷烯双分子的反应是最强烈的;③磷烯双分子层上物理吸附气体分子可以产生显著的电荷转移,这不仅可以使磷烯有希望应用于气体传感器上,而且还给改变磷烯的极性这一问题提供了有效途径;④磷烯的能带结构不仅由吸附气体分子这一方法改变了,而且 NO、O_2 和 N_2 吸附的磷烯双分层呈现出磁性,同时 NO(O_2)吸附的磷烯双分子是一个典型的 n(p)型半导体;⑤另外,随着外部电场不停增长,CO/H_2O 吸附的磷烯双分子层的带隙不停降低,这一现象表明,通过施加外部电场可以有效地改变磷烯的电子性质,也拓宽了磷烯在纳米电子学和光子器件方面的应用范围。

7.2　计算模型和方法

基于密度泛函理论的第一性原理是通过使用SIESTA软件来执行的。双层磷烯的最强健系统的晶格常数是 $a = 13.868$ Å 和 $b = 20.000$ Å,包含 $4 \times 3 \times 1$ 超原胞。真空层的厚度是 20.000 Å,这个厚度避免了两层磷烯之间的反应。考虑到计算效率和准确性,在 $15 \times 1 \times 1$ 倒空间的第一布里渊区内的 Monkhorst-Pack 网格上进行积分,积分截止数值为 200Ry。计算电子波用的是 DZP(double-ζ plus one polarization function)原子轨道基组。交换关联泛函选择 GGA-PBE。当计算 NO_2、O_2 和 NO 吸附的双层磷烯时要考虑自旋极化。

为了评估气体小分子吸附的磷烯双分子层系统的稳定性,需要计算整个系统的结合能(E_b),计算公式 $E_b = E_{分子+磷烯} - E_{分子} - E_{磷烯}$,其中 $E_{分子+磷烯}$是整个吸附了分子的磷烯双分子层的能量,$E_{分子}$和 $E_{磷烯}$分别为1个分子和理想状态下的磷烯的能量。

7.3 结果与讨论

首先详细探讨分子是如何吸附在双层磷烯上的。双层磷烯之间的距离是 3.478 Å。CO/NO/O_2/H_2 吸附的双层磷烯系统的最稳定结构是相同的，CO/NO/O_2/H_2 全都位于起皱的蜂窝上，轻微地偏离扶手椅方向。CO、NO、O_2、H_2 分子与上层磷烯的竖直距离分别是 1.712 Å、1.563 Å、1.859 Å、1.436 Å[见图 7-1（a）(b)(c)(d)]。从图 7-1（b）可以看出，在 NH_3 分子吸附的结合最紧密的结构中，NH_3 分子中的氮原子恰好在上层磷烯的一个磷原子上，两个原子之间的距离是 2.15 Å。从图 7-1（e）看出，在 H_2O 分子吸附的双层磷烯最稳定结构中，其中一个 O—H 键沿着扶手椅方向平行于磷烯表面，另一个 O—H 键与磷烯表面成 145° ，而且 H_2O 分子中的氧原子正好在上层磷烯的一个磷原子上方，两个原子之间的距离为 2.142 Å。最后一个 NO_2 分子吸附的双层磷烯系统中，NO_2 分子沿着锯齿型方向排列，同时氮原子正好在上层磷烯的一个磷原子上，NO_2 分子与上层磷烯之间的竖直距离是 2.142 Å。

为了检验是不是所有的气体吸附的双层磷烯系统都是稳定的，计算所有气体吸附的磷烯系统的结合能。所有的计算结果都汇总在图 7-2(a）中，CO、NH_3、NO、O_2、H_2O、H_2 和 NO 吸附的双层磷烯的结合能分别是 −0.458 eV、−0.518 eV、−1.158 eV、−1.486 eV、−0.401 eV、−0.236 eV、−1.078 eV。已有研究结果证明，氢气储存的结合能范围是 −0.15 ~ −0.3 eV，所以氢气吸附的双层磷烯的结合能为 −0.236 eV，这就说明氢气吸附的磷烯可用于储存氢气。在所有研究的气体吸附的双层磷烯系统中，氧气吸附的双层磷烯的结合能是最高的，即双层磷烯与氧气分子的反应是最强烈的。因此，从结果得出，CO、NH_3、NO、O_2、H_2O、H_2 和 NO_2 吸附的双层磷烯都是稳定的，都可以用于实际操作，其中拥有更高结合能的 NO、O_2 和 NO_2 吸附的双层磷烯在实际应用中更有优势。

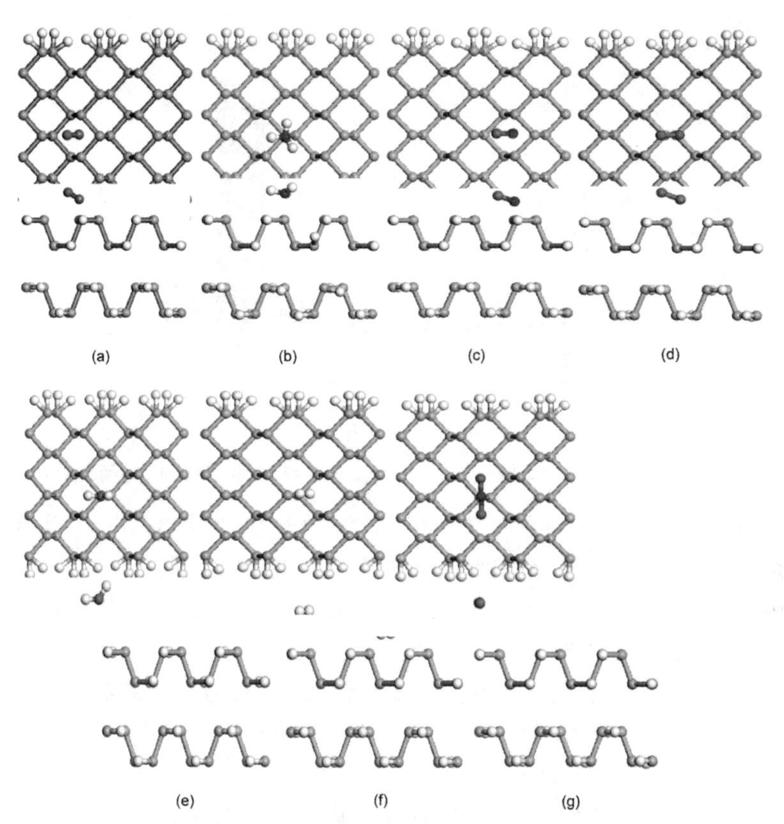

图 7-1　双层磷烯吸附不同气体分子的最稳定状态下的俯视图和侧视图

(a) CO; (b) NH_3; (c) NO; (d) O_2; (e) H_2O; (f) H_2; (g) NO_2

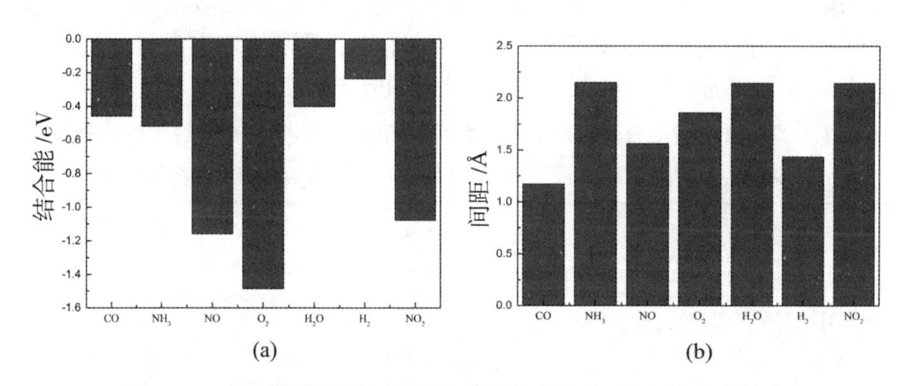

图 7-2　双层磷烯吸附不同气体分子的结合能、间距和电荷转移

(a) 吸附了 CO, NH_3, NO, O_2, H_2O, H_2 和 NO_2 的双层磷烯的结合能; (b) 气体分子与磷烯双层之间距离;

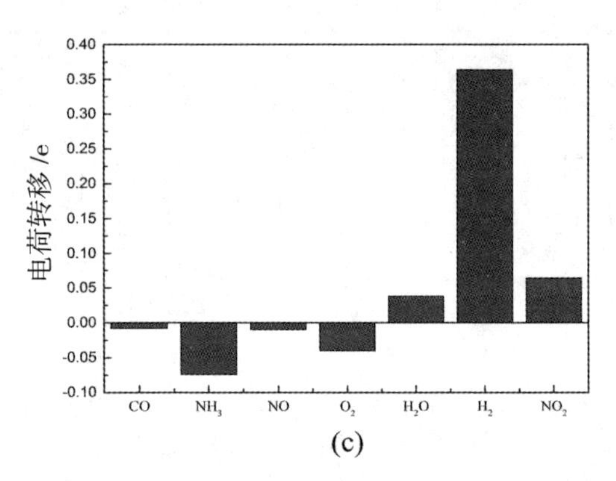

(c)

续图 7-2　双层磷烯吸附不同气体分子的结合能、间距和电荷转移

(c)气体分子与磷烯双层彼此间转移的电荷数。负数表示电荷由气体分子转移到双层磷烯，正数表示电荷由双层磷烯转移到气体

CO、NH_3、NO、O_2 分子充当的是电荷供体而 H_2O、H_2 和 NO_2 分子充当的是电荷受体，见表 7.1。在所有的分子供体中，与 CO、NO、O_2 分子相比，NH_3 分子转移更多的电子到双层磷烯中，大约为 0.074 e，但是结合能却相对较小。对 CO 分子来说，0.008 e 的电荷转移使得分子和双层磷烯之间的结合弱。NO、O_2 分子转移的电荷增加了一些，分别增加到了 0.01 e 和 0.04 e。对于电荷受体来说，在所有研究的气体分子中，H_2 分子有着最强的电荷转移，有高达 0.364 e 的电荷从双层磷烯转移到气体分子中。对于结合最弱的 H_2O 分子来说，转移的电荷 0.038 e 远远少于 H_2 分子转移的电荷。NO_2 分子吸附的双层磷烯系统之间的电荷转移为 0.064 e。电荷转移对吸附强度的系统研究结果，给气体分子吸附的双层磷烯的机械性能提供了详细的解释，也给控制气体吸附的电场提供了途径。

表 7.1　H_X 表示气体分子与双层磷烯之间的间距，E_b 表示整个系统间气体分子与磷烯之间的结合能，q 表示一个电荷从分子转移到磷烯，E 表示带隙

分子	H_x/Å	E_b/eV	q/e	E/eV	双层磷烯
CO	1.712	−0.458	−0.008	0.702	供体
NH_3	2.15	−0.518	−0.074	0.693	供体
NO	1.563	−1.158	−0.01	0.27	供体
O_2	1.859	−1.486	−0.04	0.318	供体
H_2O	2.142	−0.401	0.038	0.689	受体
H_2	1.436	−0.236	0.364	0.683	受体

续表

分子	H_x/Å	E_b/eV	q/e	E/eV	双层磷烯
NO_2	2.142	−1.078	0.064	0.222	受体

现在研究吸附了 CO、NH_3、NO、O_2、H_2O、H_2、NO 分子的双层磷烯的电子性质，以考察气体分子对双层磷烯的吸附效应。双层磷烯堆积的方式是 AA 堆叠。从图 7-3（b）可以看出，CO 分子的吸附显著地改变了双层磷烯的能带结构，CO 分子吸附的双层磷烯系统的带隙从理想状态的磷烯双层的 0.674 eV 变成了 0.702 eV。图 7-3（c）中，NH_3 分子附着的整个磷烯系统仍然是一个半导体特性，且是直接带隙的，但是由于双层磷烯和吸附的 NH_3 分子之间强烈的反应和电荷转移，整个系统的能带结构的价带顶部下移，导带的底部上移，导致了带隙增加到了 0.693 eV。H_2O 和 H_2 分子对双层磷烯的电子性质的影响可以分别从图 7-3（d）和 7.3（e）看出，与 CO 与 NH_3 分子的情况相同，H_2O（H_2）分子吸附的双层磷烯的带隙中没有任何的局部态，带隙分别为 0.689 eV 和 0.683 eV。最后我们可以得到结论：CO、NH_3、H_2O 和 H_2 分子的吸附可以稍微增加双层磷烯的带隙。

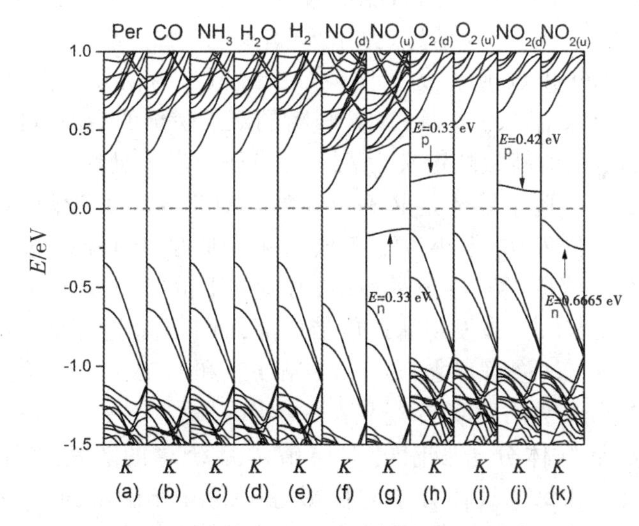

图 7–3　双层磷烯吸附不同气体分子的能带结构图，横坐标表示高对称性 K 点，纵坐标表示能量

（a）~（k）分别是吸附 CO、NH_3、NO、O_2、H_2O、H_2 和 NO_2 的双层磷烯的能带

NO 分子吸附的双层磷烯的能带结构（自旋向下和自旋向上）都显示在图 7-3（f）和（g）中，NO 分子吸附的双层磷烯的能带中的最高占有分

子轨道（Highest Occupied Molecular Orbital，HOMO）态大约低于费米能级 0.155 eV，这一现象使得 NO 分子捐赠了电荷到双层磷烯上。从中可以得到电荷转移主要是由 HOMO 态和磷原子的 3s 态剧烈的轨迹杂化引起的，因而也使得 NO 分子吸附的双层磷烯产生了 0.99 μB 的磁性。我们可以发现磷烯双层的磁性性质可由分子吸附改变。在图 7-3（h）和 7-3（i）中，O_2 吸附的双层磷烯系统的 HOMO 态因为 O_2 的吸附稍微发生变化：HOMO 轨道依然位于磷烯的能带，但是最低未占据分子轨道（Lowest Unoccupied Molecular Orbital，LUMO）上移到费米能级之上，因而使整个系统的带隙减小了。同时 LUMO-1 轨迹、LUMO-2 轨迹和磷原子的 s 轨迹的杂化导致了 O_2 转移电子到磷烯这一行为的产生，也产生了 1.999 μB 的磁性。值得注意的是它的磁矩远远大于 NO 吸附的单层磷烯的磁矩，NO 吸附的单层磷烯的磁性只有 0.63 μB。根据图 7-3（j）和 7-3（k），吸附 NO_2 分子的双层磷烯系统的 LUMO 态只略高于费米能级，HOMO 态就低于费米能级 0.15 eV，这就是 NO_2 分子充当电荷受体的原因。类似于 NO 的吸附系统，0.98 μB 的磁矩也是由 NO_2 分子和双层磷烯的轨道杂化引起的。值得注意的是，$NO/O_2/NO_2$ 吸附的双层磷烯的磁矩全都比单层磷烯的吸附系统的磁矩大，这可能是因为气体分子与双层磷烯之间的轨道杂化要比气体分子与单层磷烯之间的轨道杂化更强。

首先把 NO 和 O_2 吸附的双层磷烯的最低未占据分子轨道和价带顶部之间的新带隙定义为 E_p，将 NO_2 吸附的双层磷烯的最高占据分子轨道和导带底部之间的新带隙定义为 E_n。已有研究发现足够小的 E_p（E_n）对于典型的 p（n）型半导体是必不可少的。对于 NO/O_2 吸附的双层磷烯系统，0.33 eV 的 E_p/E_n 很小以至于成了一个典型的 n 型（p 型）半导体。对于 NO_2 分子吸附的双层磷烯系统，自旋向下的 E_n 为 0.42 eV。对于自旋向上的 HOMO 态，被发现靠近价带顶部，而不是靠近导带底部，以至于 E_p 高达 0.67 eV。总而言之，位于 LUMO 态和 HOMO 态之间的费米能级表明 NO_2 分子吸附的双层磷烯是一个半导体。

进一步从气体分子吸附的双层磷烯系统总的态密度（Density of States，DOS）和每个气体分子的投影态密度（Partial Density of States，PDOS）角度出发，来验证气体分子对双层磷烯的电子性质产生的影响。由图 7-4（b）可以看出，CO 分子的吸附使得整个系统的导带产生许多新的态，但是价带部分却没有显著的变化，这一点可以从 CO 吸附的双层磷烯系统的结合能得到证实。从 NH_3 分子吸附的双层磷烯的 DOS 看出，因为 NH_3 分子的吸附，在低于价带 1.5 eV，高于导带 1.8 eV 的这一能带内产生了许多新的态。因此可以得出结论：CO 和 NH_3 的附着对双层磷烯的电子性质没有显著的影响。H_2O 分子吸附的磷烯系统的 DOS 和 H_2 分子系统相似,两个气体分子吸附的双层磷烯系统都是直接带隙的半导体。比起极化更激烈的 NO、O_2 和 NO_2 分子,两个系统中气体分子和双层磷烯之间的离散力和极性反应相对弱一些,这一点可以反映在 H_2O (H_2)分子的 PDOS 中的杂质态和双层磷烯附着系统没有变化的 DOS 上。所以,可以推测出,双层磷烯的电子性质没有明显地被 CO、NH_3、H_2O 和 H_2 分子影响。

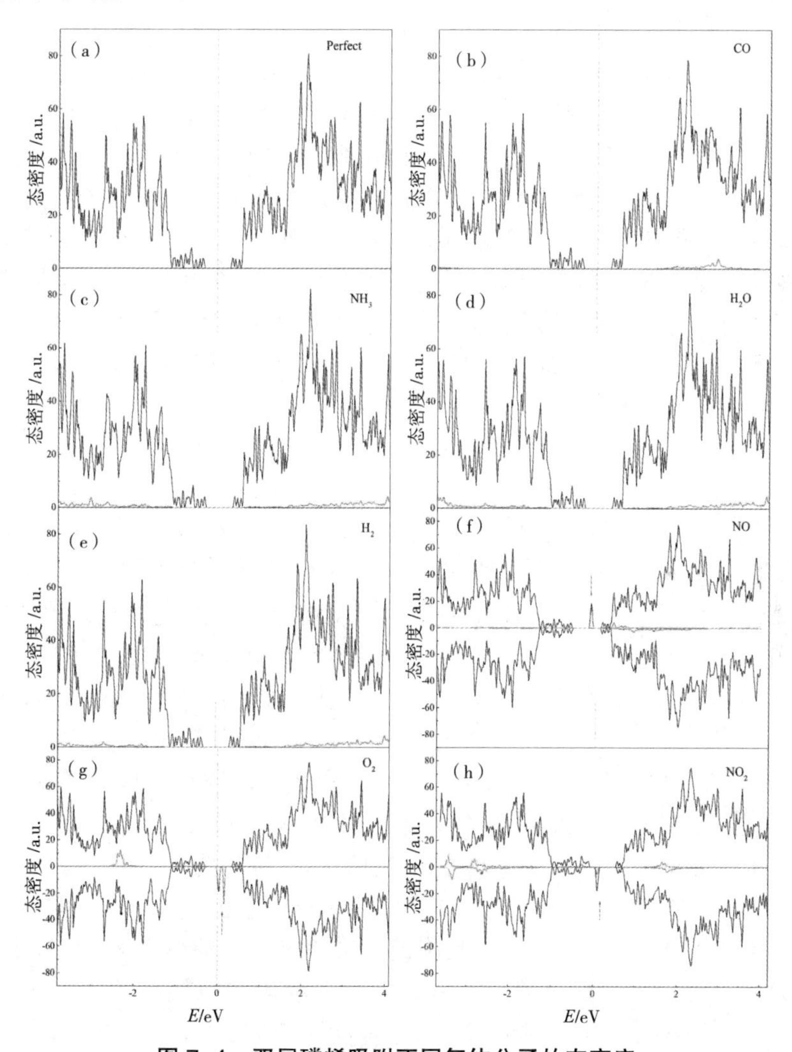

图 7–4　双层磷烯吸附不同气体分子的态密度

(a)CO;(b)NH_3;(c)NO;(d)O_2;(e)H_2O;(f)H_2;(g)NO_2

除此之外，NO、O_2、NO_2 分子的自旋极化 DOS 被汇总在图 7-4（d）（e）（h）中。它们的高结合能暗示着 NO、O_2、NO_2 分子可引起更高层次的吸附性能。就 NO 分子吸附的双层磷烯来说，它整个磁矩是 0.99 μB。从它的 PDOS 分析可以看出，在费米能级上面有一个杂质态，这个杂质态主要由 n-p 轨道导致，从而最后导致自旋向上电子产生了一个 DOS 峰值。还可以看出的是，在费米能级下面十分靠近导带底部的地方出现了一条新的杂质态，这就指出 NO 分子吸附的双层磷烯是一个具有代表性的 n 型半导体。图 7-4（e）告诉我们在 O_2 分子吸附的双层磷烯系统中，对自旋向下的电子来说，有两个 DOS 峰值，自旋向上的电子也产生了许多明显的态，这就使得整个系统产生了 1.999 μB 的磁矩。与此同时，费米能级下降到价带，使得 O_2 分子吸附的双层磷烯产生了 p 型半导体性质，这与上面对它们能带结构的分析结果是一致的。NO_2 分子吸附的双层磷烯的自旋极化 DOS 展现在图 7-4（h）中。NO_2 分子的添加产生了 0.982 μB 的磁矩。不同于 NO 吸附，因为 NO_2 分子的吸附，费米能级的两边分别有一个 DOS 峰值，这个结果显示出 NO_2 吸附的双层磷烯是一个半导体。综上所述，DOS 分析告诉我们，NO、O_2 和 NO_2 能够极大地影响磷烯的电子性质。

CO、NH_3、H_2O、H_2 分子的附着对于双层磷烯的能带结构没有显著的影响，先前的研究表明施加一个外部电场是一个改变磷烯电子性质的有效方法。本书研究了理想状态下的双层磷烯、CO 分子吸附的双层磷烯、H_2O 分子吸附的双层磷烯在不同程度电场的作用下的带隙，外部电场是沿着 Y 方向平行于双层磷烯表面，范围是 −0.5 ~ 0.5 V/Å（见图 7-5）。CO 分子和 H_2O 分子是电荷供体和电荷受体的代表。

可以证实，它们的带隙可以极大地通过施加外部电场而改变，理想状态下的双层磷烯、CO 分子吸附的双层磷烯、H_2O 分子吸附的双层磷烯的带隙都呈现出“Λ”形。当所施加电场是负数时，带隙随着电场的增添而降低。当电场为 −0.5 V/Å 时，CO 分子吸附的双层磷烯的带隙是 0.06 eV，但是 H_2O 分子吸附的双层磷烯的带隙相对高一点，为 0.062 eV。当电场是正数时，它们的带隙情况是一样的，当电场高达 0.5 V/Å 时带隙就减小到最大程度，CO 和 H_2O 分子吸附的双层磷烯的带隙分别为 0.059 ev 和 0.062 eV。另外，我们注意到 CO/H_2O 分子吸附的双层磷烯的电子性质比理想状态下的双层磷烯更稳健，这都能从图 7-5（a）（b）中看到。但是外部电场对 CO 和 H_2O 分子吸附的双层磷烯的效果是相似的，表明带隙的变化与吸附分子的种类是没有关系的。

什么造成了外部电场对气体分子吸附的双层磷烯的电子性质的影响呢？事实上，这是 Stark effect 引起的。介于 CO 和 H_2O 分子吸附的双层磷烯的机理是相似的，本书主要探究 CO 分子吸附的双层磷烯情况。当处于正的和负的电场下，CO 的静电势下降了，但是双层磷烯的静电势增加了，电场的增加使得 CO 的分子水平下降，逐渐地降低了 CO 分子吸附的双层磷烯的带隙。

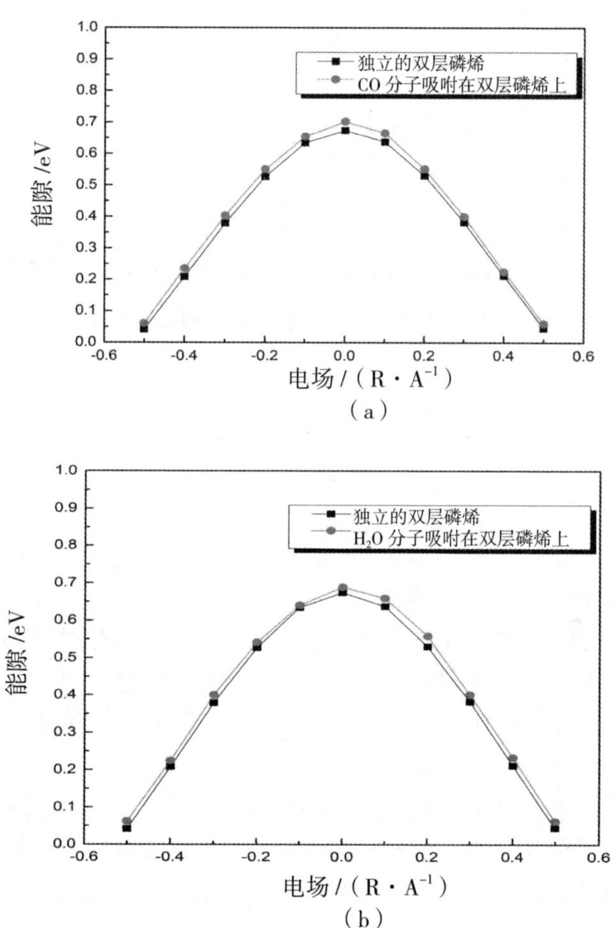

图 7-5　不同外电场作用下双层磷烯吸附气体分子的带隙

(a) CO 和理想状态下的双层磷烯；(b) H_2O 和理想状态下的双层磷烯；

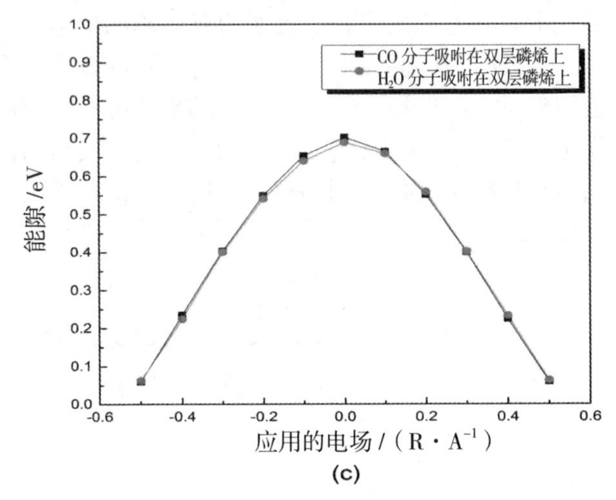

续图 7-5　不同外电场作用下双层磷烯吸附气体分子的带隙

（c）CO 和 H_2O 在不同外部电场下的能隙变化图

7.4　本章小结

气体分子吸附的双层磷烯的结构性质和电子性质已经通过第一性原理被系统地研究出来。磷烯的电子性质可以通过吸附气体分子得到改变。附着了 CO、NH_3、H_2O 和 H_2 的双层磷烯系统的带隙有所增加，但是当 NO、H_2、NO_2 分子吸附在双层磷烯上，整个系统的带隙减小，具备了磁性性质，这表明对于气体传感器应用来说，磷烯是个理想的选择。CO、NH_3、NO、O_2 分子可产生施主态，但是 H_2O、H_2、NO_2 分子充当电荷受体，伴随着大量的电荷从双层磷烯转移到气体分子。研究发现，NO、O_2、NO_2 这样的开壳层分子，不仅使整个吸附系统产生了磁性性质，而且使之具备相应较强的结合能，这暗示着磷烯有可能应用于分子传感器。另外，通过施加一个不断增加的电场，CO/H_2O 分子吸附的双层磷烯的带隙降低了。

第8章　氧原子钝化的锯齿型磷烯纳米带的不同带宽对电子和输运性质的影响

8.1　引　言

自从2004年石墨烯被发现以来，不同的二维（2D）纳米材料由于特殊的电子和光电性能已经引起了人们的广泛关注，如过渡金属硫化物、硅烯、锗烯等等。这些二维材料中，单层黑磷也被称为磷烯，由块状磷成功剥离出，具有较强的平面内各向异性的特征，包括带结构、机械性能，电导率，热导率和光电响应。此外，研究还预测，磷烯具有一个直接间隙，且带隙会随着磷烯层厚度的变化而变化，范围从0.8～2 eV。此外，据报道，磷烯具有高达10^3 $cm^2 \cdot v^{-1} \cdot s^{-1}$的载流子迁移率和室温下$10^4$的开关比。这些优秀的性能显示磷烯是一种很有前途的二维半导体材料，具有广泛应用于场效应晶体管和薄膜太阳能电池的潜力。

电子输运性能是控制电子组件和光电子组件性能的关键。因此，对于诱导和操纵电子输运性能，研究人员在二维材料的研究中始终保持一个开放的态度，可以采用多种方式，如缺陷、吸附、掺杂和应变。A. Ziletti等人认为磷烯表面与氧是磷烯降解（Degradation of Phosphorene）的一个根本原因；悬挂着的氧原子增添了磷烯的亲水性。研究人员系统研究了10种点缺陷作用下的半导体磷烯的电子结构，他们发现磷烯由于低对称结构，有各种各样的点缺陷。不同构造的缺陷使磷烯显示不同的稳定性和电子结构。高雪望等人的计算表明，B、C、N、F原子将改变磷烯的带隙，产生金属横向隧穿特性。这些研究表明缺陷能明显影响磷烯的电子结构和输运性质。

对于磷烯的输运性质，Farooq等人的研究表明空位缺陷可以大大增加一个磷烯层电流，而且沿扶手椅方向的电流总是大于沿着锯齿方向的电流。第一原理计算还表明，CO、CO_2、NH_3 和 NO_2 的吸附能量进一步诱导电流的各向异性，这使得磷烯变成一个理想的气体传感器的候选原料。此外，Banerjee 等人还研究了黑磷的电荷输运各向异性，表明三层黑磷不同于较低和较高层磷烯的独特的电子和空间属性。三层磷烯的两个重要运输特点是：①三层磷烯由于较高的弛豫时间和沿着锯齿方向参与载体状态的群速度，其电子和空穴显示出具有定向偏好的高迁移率；②面内拉伸应变产生电子空穴各向异性，最大响应为 2%。Srivastava 等人还探究了 NH_3 和 NO_2 气体分子对超薄黑磷烯的电子输运性能的的潜移默化，发现黑磷具有很强的电子寻求 NO_2 分子的亲和性，从而提供了一个应用于传感器的机会。

半导体电子特能和输运性能的调制在电子学中的应用是至关重要的。Tran 等人发现，边缘用 H 原子钝化的磷烯纳米带是直接带隙的半导体，其能隙由于量子限域效应，与纳米带的宽度成函数关系。然而，Guo 等人发现，理想状态下的锯齿形磷烯纳米带，无论纳米带多宽都呈现金属性质，而扶手椅型纳米带都是间接带隙半导体。这些不同的结论意味着纳米带的边缘对电子性能起着决定性的作用。因此，系统地研究磷烯纳米带的边缘效应就显得很重要，特别是 OH、O、S 等化学基团。近年来新型二维材料单层磷烯凭借其卓越的电子、机械和输运性质引起了研究人员的广泛关注，已经成为物理学和材料科学纳米材料家族中的重要成员。研究结果表明：①带宽的变化会对纳米带的电子性质产生影响，当带宽为 2，4 时，纳米带为直接带隙半导体，带宽比理想状态下的磷烯纳米带要小，当带宽增加后，纳米带产生了一个由直接带隙半导体到金属的转变；②随着带宽的增加，强大的负微分电阻效应出现在宽度为 6 的氧钝化的锯齿型磷烯纳米带上；③偏压小于 1.1 V 时，6L- 氧钝化的锯齿型纳米带的输运性能更强，偏压大于 1.4 V 时，8L- 氧钝化的锯齿型纳米带的输运性能更强。

8.2 模型与计算方法

基于密度泛函理论和非平衡格林函数的第一性原理计算（Non-Equilbrium Green’s Functoon，NEGF）被用作研究不同宽度的氧原子钝化的锯齿型磷烯纳米带的电子性质，在 SIESTA 软件包中进行。直到所有原子力小于 0.01 eV · $Å^{-1}$，几何优化才可以完成。Perdew、Burke、

ErnZerhof（PBE）和广义梯度近似（Generalized Gradient Approximation，GGA）被用来描述交换关联势能。在 1 × 15 × 1 倒空间的第一布里渊区内的 Monkhorst-Pack 网格上进行积分，积分截止数值为 200 Ry。计算电子波用的是 DZP（Double-ζ Plus one Polarization Function）原子轨道基组。

根据之前对磷烯层的输运性质的研究，沿着锯齿型方向的散射区为 11 个晶胞长度。本书建立了图 8-1 所示的磷烯纳米带模型，该图中左、右两边沿锯齿型方向的宽度为 2 的纳米带作为左、右电极。图 8-1 还显示出一个包含 3 部分的系统：左、右的两个电极，以及中间的一个散射区。而且在沿着锯齿型方向进行输运计算时，6 × 6 × 10 的 K 点网格被采用。周期边条件和至少 15 Å 真空空间被施加在垂直于 Z 轴的磷烯平面。在结合非平衡格林函数方法和密度泛函理论之后，这些不同宽度的锯齿型纳米带系统可以使用下式计算电流，即

$$I(V) = 2e^2 / h \int dE T(E) \left[f_L(E) - f_R(E) \right]$$

式中：V 表示的是偏压；f_L 和 f_R 分别表示的是左、右电极的电化学能；$T(E)$ 是电压相关的散射系数；$2e^2/h$ 是量子电导。因此，由上式可知，电流应该是偏置窗口内传输系数的积分面积。

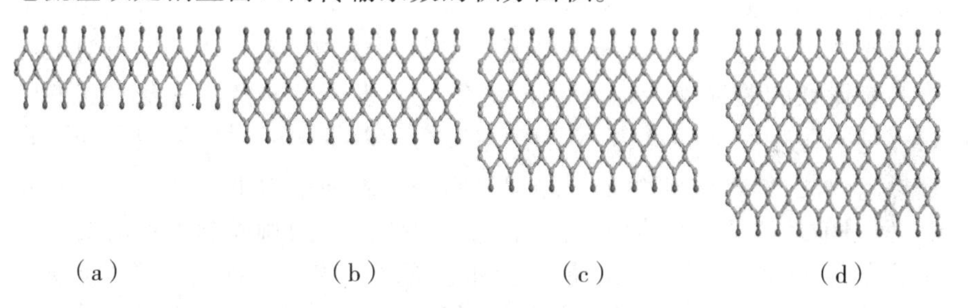

图 8-1　不同宽度磷烯纳米带的几何结构

（a）宽度为 2；（b）宽度为 4；（c）宽度为 6；（d）宽度为 8

8.3　结果与讨论

8.3.1 结构特征

为了获得稳定的氧原子钝化的锯齿型磷烯纳米带的几何结构，本书优化了一系列不同宽度的纳米带的原子结构。这一系列的磷烯纳米

带的带宽沿着 Y 方向呈函数关系递增，带宽 nL 可以根据垂直于纳米带延伸方向的方向上磷原子的个数得到的，例如，图 8-1 所示的纳米带宽度分别为 2、4、6、8，标记为 2L/4L/6L/8L- 锯齿型纳米带。所有锯齿型磷烯纳米带都是有氧原子钝化的。计算出的晶格参数 a = 36.282 Å，c = 15 Å，b 分别为 15 Å，20 Å，25 Å，30 Å，这很好地与之前的研究吻合了。整个系列的氧钝化的锯齿型纳米带都包含三部分：散射区，左电极和右电极。就 6L- 锯齿型磷烯纳米带来说，左、右电极包含了 24 个磷原子和 4 个氧原子，左、右电极的晶格参数为 a = 6.596 Å，b = 25 Å，c = 15 Å。散射区有 84 个磷原子和 14 个氧原子，a = 20 Å，b = 25 Å，c = 15 Å 的晶格参数被采用。

8.3.2 能带结构与态密度

图 8-2 所示为不同宽度下的氧钝化的磷烯纳米带的能带结构。已有研究数据表明，理想状态下的磷烯纳米带是一个直接半导体，且带隙为 1 eV，带隙是由导带顶和价带底之间的能量差所定义的。喜红鹏等人的研究表明氧钝化的扶手椅型磷烯纳米带呈现出间接带隙性质。Mavlanjan Rahman 等人的研究表明氧钝化的锯齿型纳米带的两个能带边缘相互反平行或平行自旋时会出现非铁磁性质和铁磁性质。蔡夏国等人也对氧钝化的悬崖状的磷烯纳米带进行了系统研究，发现了氧钝化的悬崖状的磷烯都是间接带隙半导体，且它们的带隙会随着带宽的增加呈现直线下降趋势。因此，氧钝化和纳米带延伸方向都对磷烯纳米带的电子性质有影响，但目前还缺少纳米带带宽对于氧钝化的锯齿型磷烯纳米带的电子性质的作用的研究。本书从能带结构和态密度这两方面对不同宽度下氧钝化的锯齿型磷烯纳米带的电子结构进行研究。由图 8-2 中可以看出，氧原子钝化的 2L- 锯齿型纳米带的价带顶和导带底都位于 Γ 点，可形成一个直接带隙半导体，能隙大约为 0.8 eV，小于理想状态下的磷烯纳米带，这都归因于氧与磷这两种原子间的剧烈反应，氧原子额外的 2p 电子使得产生了范德瓦尔相互作用，但当纳米带宽度增长到 6 后，原子间强静电势使得价带上升，导带下降，多条能带通过费米能级处，这样磷烯纳米带就显现出金属特性。这样的结果与之前的研究结果相比较，可以明显地看出：纳米带带宽对于氧钝化的锯齿型纳米带的电子结构有着重要影响，可以推测，随着纳米带带宽的增加，磷烯纳米带由直接半导体性质变为金属性质，这对于磷烯纳米带应用于电子组件具有重要的指导意义。

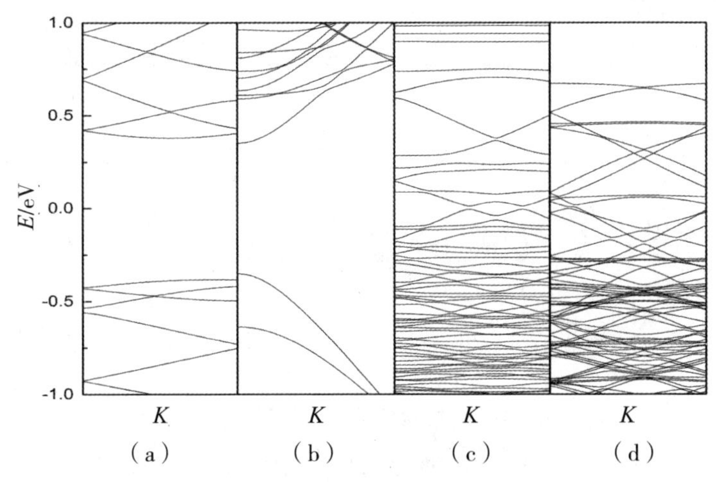

图 8–2　不同宽度磷烯纳米带的能带结构

(a)宽度为 2;(b)宽度为 4;(c)宽度为 6;(d)宽度为 8

不同宽度的氧钝化的锯齿形磷烯纳米带会出现直接带隙和金属性质的特征,也可以由态密度图得知。图 8-3(a)中宽度为 2 的磷烯纳米带的态密度图告诉我们这是个半导体,而且具有直接带隙性质,在此态密度中,导带主要有边缘钝化的氧原子的 p 轨道贡献,而价带底位于纳米带中的磷原子的 p 轨道上,磷原子所固有的态和远离费米能级的氧态产生了 0.8 eV 的带隙,钝化的氧原子产生的 2p 轨道驱动磷烯纳米带的能隙减低。图 8-3(c)(d)中磷原子和氧原子的 p 轨道形成了键,这些键增加了带隙,使得 6L/8L- 纳米带具有了金属特性,而且随着宽度增大,边缘的氧原子和增加的磷原子就使得费米能级处产生了更多的态,这些态横穿过费米能级。为什么会产生这些态呢?笔者检查了靠近带隙的那些态的电子轨道的特征,可知磷原子不会与边缘的氧原子形成饱和键,而且由于特殊的电子轨道方向,磷原子和氧原子的 p_Z 轨道形成了特别弱的不饱和键,而这些不饱和键就使费米能级处产生了许多态。所以从态密度的分析结果来看,这与通过能带结构分析不同宽度下的氧钝化的锯齿形磷烯纳米带的电子性质一致:随着带宽的增加,磷烯纳米带会发生一个从直接半导体到金属的转变。

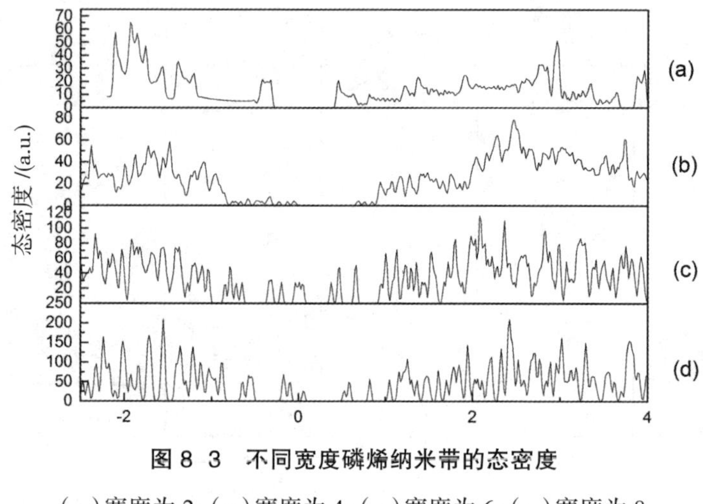

图 8 3　不同宽度磷烯纳米带的态密度

（a）宽度为 2；（a）宽度为 4；（a）宽度为 6；（a）宽度为 8

8.3.3 *I–V* 曲线

为了研究各向异性的输运性质，本书根据不同宽度的磷烯纳米层的偏压调查了电流 - 偏压（*I-V*）曲线，以研究各种质料的电子输运性质的基本特征。如图 8-4 所示，所加偏压范围是 0 ～ 2 V，每个间距是 0.1 V。为了计算结果的精确性和可行性，呈现出宽度为 2、4、6、8 的磷烯纳米带的 *I-V* 曲线。已有研究数据表明，磷烯纳米带在吸附氧原子之后，其输运性能会产生很大的变化，但针对锯齿型磷烯纳米带，电流会随着电压的增大而增长，直到偏压为 0.5 V 时，电流开始下降，出现典型的负微分电阻效应。而扶手椅型磷烯纳米带却没有出现明显的负微分电阻效应，说明氧原子对磷烯纳米带的输运性能有着举足轻重的影响，在此基础上，研究不同宽度的氧原子钝化的锯齿型磷烯纳米带的 *I-V* 曲线 [见图 8-4（a）]。研究数据显示，对于 2L/4L- 锯齿型磷烯纳米带而言，沿着锯齿方向，偏压从 0 增加到 2 V，电流始终保持为 0，可以推测，宽度太小限制了磷烯纳米带的输运性质，增加宽度可以使得磷烯纳米带出现卓越的输运性能。通过进一步探索 6L- 锯齿型磷烯纳米带的 *I-V* 曲线，可以发现，当偏压为 0.3 V 时，电流急剧增长到 15 μA，偏压一直保持到 0.3 V。当偏压为 0.5 V 时，电流开始下降到 6 μA，这就导致了负微分电阻效应。当偏压在 [0.5 V，1 V] 范围时，电流会在 [6 μA，9 μA] 范围内震荡。当偏到 1.0 V 时，电流又出现一个降低的趋势，这又呈现出 6L- 锯齿型磷烯纳米带的负微分电阻行为，这与图 8-4（c）的微分电导图完全吻合，在偏压为 [0.3 V，0.6 V] [0.8 V，1 V] [1.4 V，1.7 V] 时，它的微分电导值时小于 0。当偏压达到 1.1V 时，电流又有上升的趋势，达到 10 μA，这种趋势一直保持到电压为 2 eV。从 8L- 锯齿型纳米带的 *I-V* 曲线来看，整个电流随着偏压的增长几乎呈现出直线增长趋势，这将 8L- 锯齿型纳米带的显著的金属性质完全展现出来了，但是它的微分电导的计算结果表明，在 1.2 V 和 1.6 V 位置都有一个微弱的峰值，而且当偏压在 [0.8 V，1 V] 范围内时，微分电阻 <0，这表明在这范围内也出现负微分电阻效应。因此可以推测 6 L 的磷烯纳米带的负微分电阻效应更显著，其产生的负微分电阻效应有助于电子器件放大电信号或产生振荡，这也对之后实际测试探究磷烯纳米带的输运性质和制备相关组件奠定了坚实的基础。

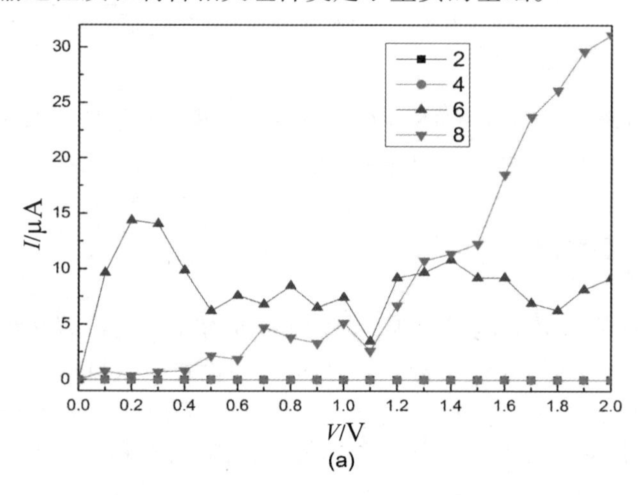

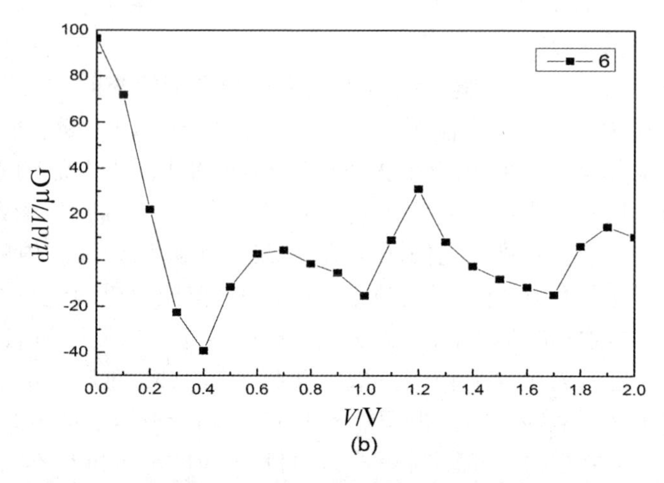

图 8–4　不同宽度磷烯纳米带的电流 – 电压关系及微分电导

（a）宽度为 2、4、6、8 的氧钝化的锯齿型磷烯纳米带 *I-V* 图；（b）宽度为 6 的氧钝化的锯齿型磷烯纳米带的微分电导图；

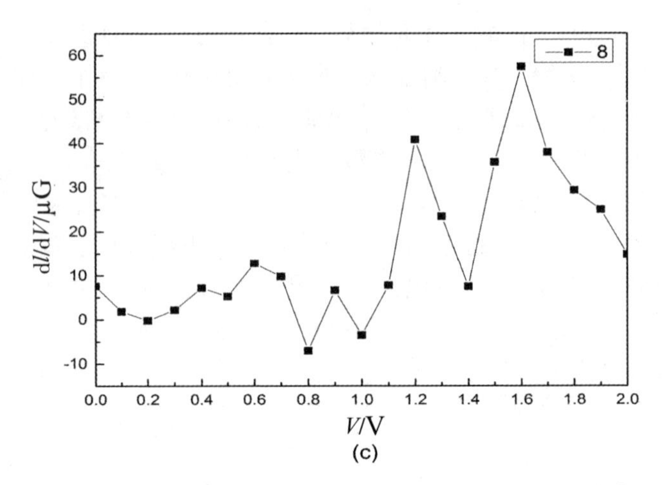

续图 8-4 不同宽度磷烯纳米带的电流 – 电压关系及微分电导

（c）宽度为 8 的氧钝化的锯齿型磷烯纳米带的微分电导图

8.3.4 透射系数

为了解释负微分电阻行为，本书对宽度为 6 的锯齿型纳米带在不同偏压下的微分电阻进行分析，图 8-5 所示的投射系数显示出微分电阻的变化。透射系数 $T(E)=T_r[\Gamma_L(E)G^R(E)\Gamma_R(E)G^A(E)]$ 是不同偏压下能级的方程。因此，电流由积分区域中的传输系数确定，该积分系数由偏置电压窗口中的积分面积决定。其中，费米能级为电子能量零点，偏压窗口的范围为 [–V/2，+V/2]。

在没有偏压作用时，宽度为 6 的锯齿形纳米带的透射系数为 0，这与它的金属性质相吻合。当偏压在 [0.0 V，0.2 V] 范围内不断增加时，偏压窗口内传输系数总和也相应扩大，这就与 *I-V* 曲线图中电流随着偏压的增大而增大这一结果相同。但当偏压为 [0.4 V，0.5 V] 时，传输系数线向右移动，使得传输区域变成偏压窗口，结果是实际积分区域内的偏压窗口随着偏置电压的增加而逐渐减小，这就导致偏压窗口内包含的输运系数总和减小，因此电流减小，形成负微分电阻效应。当偏压为 [1.1 V，1.2 V] 时，偏压窗口内包含的输运系数总和又开始增长，对应的电流也开始增长。对于 8L- 氧钝化的锯齿型纳米带来说，随着偏压的增大，偏压窗口内包含的透射系数总和也不断增长，表明其对应的电流也在不断增长，这与它的 *I-V* 图所显示的结果是一样的。由透射系数可知，但偏压小于 1.1 V 时，6L- 锯齿型纳米带的偏压窗口内的投射系数总和都大于 8L- 锯齿型纳米带的投射系数总和，说明在该偏压范围内，6L- 锯齿型纳米带的电流都高于 8L- 锯齿型纳米带的电流。当偏压大于 1.4 V 时，出现相反的结果。可以得出，偏压小于 1.1 V 时，6L- 氧钝化的锯齿型纳米带的输运性能更强，偏压大于 1.4 V 时，8L- 氧钝化的锯齿型纳米带的输运性能更强。

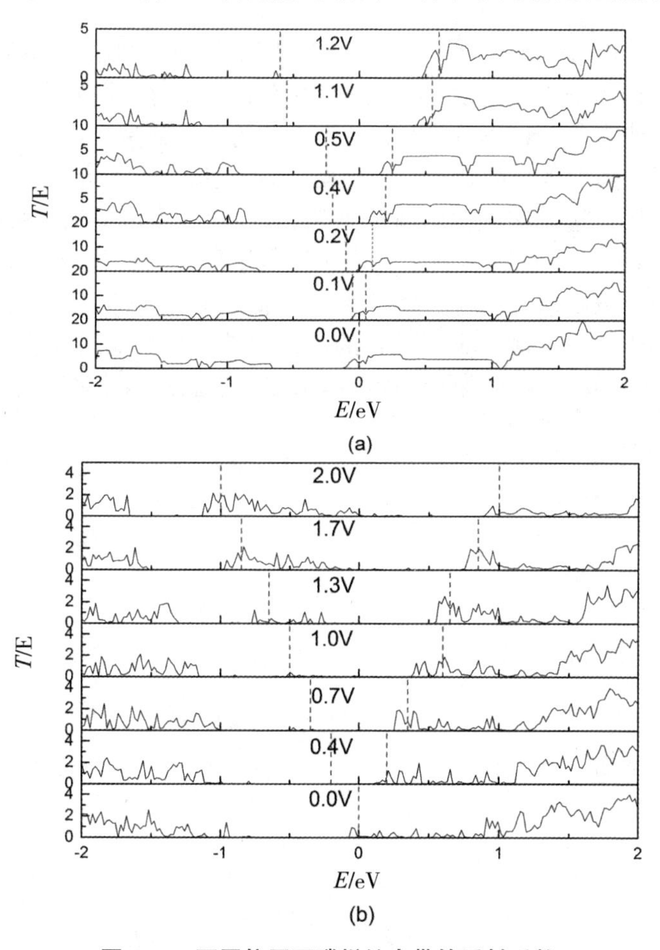

图 8-5　不同偏压下磷烯纳米带的透射系数

（a）宽度为 6 的氧钝化的锯齿型磷烯纳米带；

（b）宽度为 8 的氧钝化的锯齿型磷烯纳米带

8.4　本章小结

本章运用第一性原理测算了不同宽度下氧钝化的锯齿型磷烯纳米带的电子构造和输运性能。结果显示,宽度的变化对于纳米带的电子性能和输运性能有着关键影响:①宽度为 2,4 的纳米带呈现出带隙略小于理想状态下磷烯纳米带的直接带隙性质,当带宽增加至 6,8 时,纳米带转变为金属性质。这说明随着带宽的增加,氧钝化的锯齿型纳米带将出现金属性质的特点,这对磷烯纳米带应用于电子器件具有指导性意义;②强大的负微分电阻效应出现在宽度为 6 的氧钝化的锯齿型磷烯纳米带上;③偏压小于 1.1 V 时,6L- 氧钝化的锯齿型纳米带的输运性能更强,偏压大于 1.4V 时,8L- 氧钝化的锯齿型纳米带的输运性能更强。

第 9 章　过渡金属原子钝化锯齿状磷烯纳米带的性能研究

9.1　引　言

受硼/氮掺杂调整硅烯纳米带电子结构和传输性质的影响，本章把已经被成功制备的磷烯作为研究对象，通过查阅相关资料，发现原始磷烯没有磁性，这就限制了它在自旋电子器件方面的应用，因此，希望可以通过掺杂过渡金属来调整磷烯的电子结构，从而引入需要的磁性，以拓展磷烯的应用。

二维（2D）材料，如硅烯、BN 单层、过渡金属二硫族化合物，近年来成为人们关注的热点。这些二维材料都被认为可以利用机械剥离法制备，但石墨烯是其唯一的单质形式，其他二维材料由不止一种元素组成。复旦大学张远波教授和普渡大学叶培德教授成功地利用机械剥离法从黑磷中提取出了磷烯。这种新型单层黑磷二维材料引起了学术界的广泛关注。黑磷不如其他两种常见同素异形体白磷和红磷应用广泛。与石墨类似，黑磷由范德华力结合在一起的蜂窝状褶皱结构层组成，每个磷原子连接 3 个相邻的磷原子。不同于石墨烯与 MoS_2，磷烯具有直接带隙、超高的电子迁移率以及非磁性特征。黑磷存在一个直接和适宜的带隙（0.31 ~ 0.35 eV）。在层间相互作用下，磷烯的带隙被调整，带隙随磷烯厚度的增大而减小。在实验中，研究人员成功地制造了开关比超过 10^5，空穴迁移率约为 1 000 cm^2/（V · s）的磷烯场效应晶体管。

磷烯独特的几何结构使其表现出极具各向异性的行为。与石墨烯纳米带（Graphene Nanoribbons，GNRs）类似，它们具有不同的边缘几何形状，包括扶手形磷烯纳米带（Armchair Phosphene Nanobelts，APNRs）和锯齿形磷烯纳米带（Zigzag Phosphene Nanobelts，ZPNRs），它们的电子性质取决于带的晶体取向。对于纳米带而言,边缘效应对其性能起着至关重要的作用。据报道,过渡金属钝化将半导体锯齿形石墨烯纳米带(Semiconductor Zigzag Graphene Nanoribbons, ZGNRs)转变为金属,而非金属钝化并不影响 ZGNRs 的半导体特性。铁原子钝化的扶手型氮化硼纳米带(Armchair Boron Nitride Nanobelt, ABNNRs)表现为半金属。对于原始的磷烯,研究人员发现无论带状宽度如何,原始的 ZPNRs 都表现为金属。原始的 APNRs 是具有间接带隙的半导体。用 H 钝化边缘磷原子的 PNRs 是直接带隙半导体。谢芳等人研究了不同边缘类型和边缘缺陷的磷烯纳米带的电子传输特性。有学者研究了不同边缘功能化基团钝化 PNRs 的性质,结果显示,对于所有原子钝化的 APNRs,它始终表现为半导体。ZPNRs 是半导体或金属,主要取决于钝化原子种类。另一项研究表明,氢化 ZPNRs 是磁性半导体,氧饱和 ZPNRs 表现出磁性态。吸附了气体小分子的双层磷烯的磁性可调谐。陈等人对不同宽度的铁基原子钝化 PNRs 进行了系统的研究。Fe 和 Co 钝化的 ZPNRs 具有磁性边缘,而 Ni 钝化的 ZPNRs 是非磁性的。磁矩的分布可以通过电场的方向来调节。

以往的研究只集中在某些非金属原子 / 基团钝化的磷烯纳米带上,只包含 s 或 p 轨道,对过渡金属(Transition Metal, TM)原子钝化磷烯纳米带的系统研究仍然缺乏。以往的研究表明,以过渡金属原子钝化的纳米带与非金属原子 / 基团的纳米带表现出不同的性质。受上述研究的启发,笔者对过渡金属原子钝化 ZPNRs 时 d 轨道对磁性和电子性质的影响很感兴趣。在研究中,将探讨从 Sc 到 Ni 钝化对 ZPNRs 的磁性和电子性质的影响。

9.2 计算模型和方法

基于密度泛函理论(Density Functional Theory, DFT)的第一性原理是通过 SIESTA 软件包完成的。使用 Perdew-Burke-Ernzerhof (PBE) 进行的 GGA。函数用于描述相关交换函数。磷烯晶胞优化晶格常数为 4.623 Å 和 3.298 Å,考虑到计算效率和精度,本书应用 200 Ry 的网格截断能和 $1 \times 11 \times 1$ 的 Monkhorst-Pack K 点网格,检查 K 点网格的收敛性,并使用 Mulliken 电荷分析计算 TM 原子和磷烯之间的电荷转移。

为了评估经 TM 原子钝化的磷烯体系的稳定性,将结合能 E_b 定义

$$E_b = \left(E_{TM-ZPNRs} - E_{ZPNRs} - 8E_{TM}\right)/8 \tag{9-1}$$

式中：$E_{TM\ ZPNRs}$ 和 E_{ZPNRs} 分别代表有和没有 TM 原子的 ZPNRs 的总能量；E_{TM} 是真空中单个过渡金属原子的能量，它反映了边缘 TM 原子的稳定性，其值越负，代表边缘位置越稳定。

9.3　结果与讨论

为了探索 TM-ZPNRs 的磁性和电子性质，本书在 ZPNRs 的边缘掺杂 8 个 TM 原子，包括 Sc、Ti、V、Cr、Mn、Fe、Co 和 Ni。对于钝化调制的情况，在方法和计算部分进行了详细说明，如图 9-1 所示。为了确定 TM 原子与 P 原子的成键，本书计算了不同钝化原子与磷烯的结合能 E_b。表 9.1 给出了对应于宽度为 N=8 的情况。由图 9-2（a）不难看出，所有钝化的磷烯纳米带的结合能都小于 −2.52 eV，这说明所有的 TM 原子都可以很好地与周围的 P 原子结合，边缘态可以稳定存在。

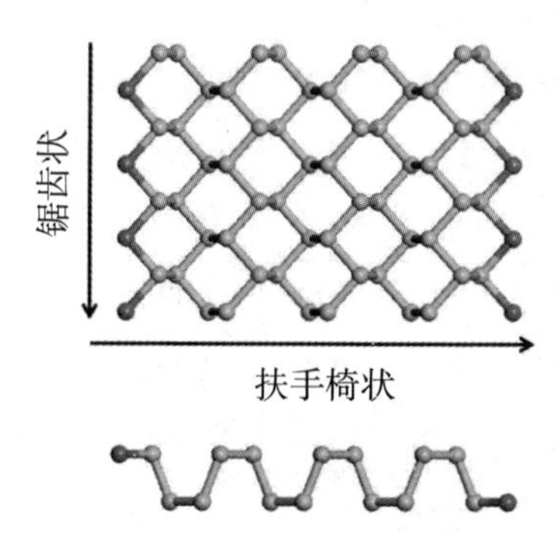

图 9–1　锯齿状磷烯纳米带的顶部和侧面图

磁性是 TM 原子掺杂的磷烯体系的重要性质，因此，本书计算了不同 TM 原子边缘钝化的 ZPNR 的磁矩，数据见表 9.1。由图 9-2（b）可以作出更直观的判断。有趣的是，通过比较，带宽 N=10、N=12 和 N=14 也被计算出来。可以发现，除了不同带宽的镍原子钝化外，所有的 TM-ZPNRs 都具有磁性。由表 9.1 可以看出，所有系统都表现出磁性，Mn-ZPNRs 很特殊，其磁矩减少量只有 0.01 μB。从电荷转移的角度可以清楚地看出，在所有的钝化体系中，Mn 钝化 ZPNRs 的电荷转移量高达 0.283 e，如图 9-2（b）所示。这可能是由于锰原子与周围的磷原子相互作用强烈，而周围的磷原子作为电荷受体具有较强的电负性。TM 原子周围的电荷重新分布。Sc、Ti、Cr、Mn、Fe 和 Co 相比自由 TM 原子的磁矩分别减少了 0.68 μB、1、0.68 μB、1.55 μB、0.51 μB 和 0.83 μB。为了探索磁矩的来源，本书计算了各种 TM 原子的密立根电荷分析和 4s 与 3d 轨道间的迁移，见表 9.1。可以清楚地观察到 4s 轨道和 3d 轨道的电子状态，可以看出 TM 原子和 P 原子之间存在电荷转移。在 Ni-ZPNRs 系统中，由于 4s 轨道将 1.12 个电子从 4s 轨道移出，将 0.42 个电子移入 3d 轨道。另外，值得注意的是，0.7 个电子迁移到了 4p 轨道，这可能是由于系统磁矩为 0。此外，从电荷转移量可知，镍从周围的磷原子得到电子。研究结论在 V-ZPNRs 系统中，由于 4s 轨道移出 1.3 个电子，将 0.52 个电子移入 3d 轨道，0.674 个电子转入 4p 轨道。电荷转移使未配对电子减少，磁矩减小。V-ZPNRs 的磁矩从 4 μB 减少到 3.32 μB。Fe-ZPNRs 系统的 0.17 个电子从 4s 轨道转移到 3d 轨道，3d 轨道的未配对电子的减少导致磁矩从 4 μB（自由态）减小为 3.49 μB（独立的状态）。其余情况与 Fe-ZPNRs 类似。根据 Mulliken 电荷分析，4s-3d 电子转移使得未配对电子的数量减少，从而导致其磁矩减小。此外，电子向 4p 轨道的转移使 3d 轨道半满，也可能导致磁矩减小。

表 9.1　边缘结构优化后的 TM-ZPNRs（带宽为 $N = 8$）

	d_{TM-P}	d^1_{p-p}	d^2_{p-p}	E_b	μ/μ_0	4s/3d	4s*/3d*/4p*
ZPNRs	–	2.26	2.22	–	–	–	–
Sc–8	2.595	2.222	2.329	–3.61	1.32/2	2/1	0.724/1.5/0.734
Ti–8	2.478	2.235	2.301	–2.60	2.00/3	2/2	0.742/2.484/0.74
V–8	2.476	2.238	2.297	–3.37	3.32/4	2/3	0.702/3.52/0.674
Cr–8	2.465	2.259	2.306	–2.52	4.45/6	1/5	0.72/4.617/0.648
Mn–8	2.429	2.265	2.294	–4.48	4.99/5	2/5	0.848/5.074/0.795
Fe–8	2.309	2.419	2.266	–3.40	3.49/4	2/6	0.871/6.17/0.791
Co–8	2.244	2.308	2.398	–3.32	2.17/3	2/7	0.785/7.252/0.824
Ni–8	2.178	2.315	2.344	–3.64	0/2	2/8	0.877/8.419/0.743

注：d_{TM-P}、d_{1p-p} 和 d_{2p-p} 分别表示（Å）TM-P 键和 P-P 键在垂直和水平方向上的长度。E_b 代表结合能（eV），4s/3d 代表独立 TM 原子的价电子构型。4s*/3d*/4p* 是 TM 原子钝化的 ZPNRs 的 Mulliken 电荷分析所对应的价电子构型。

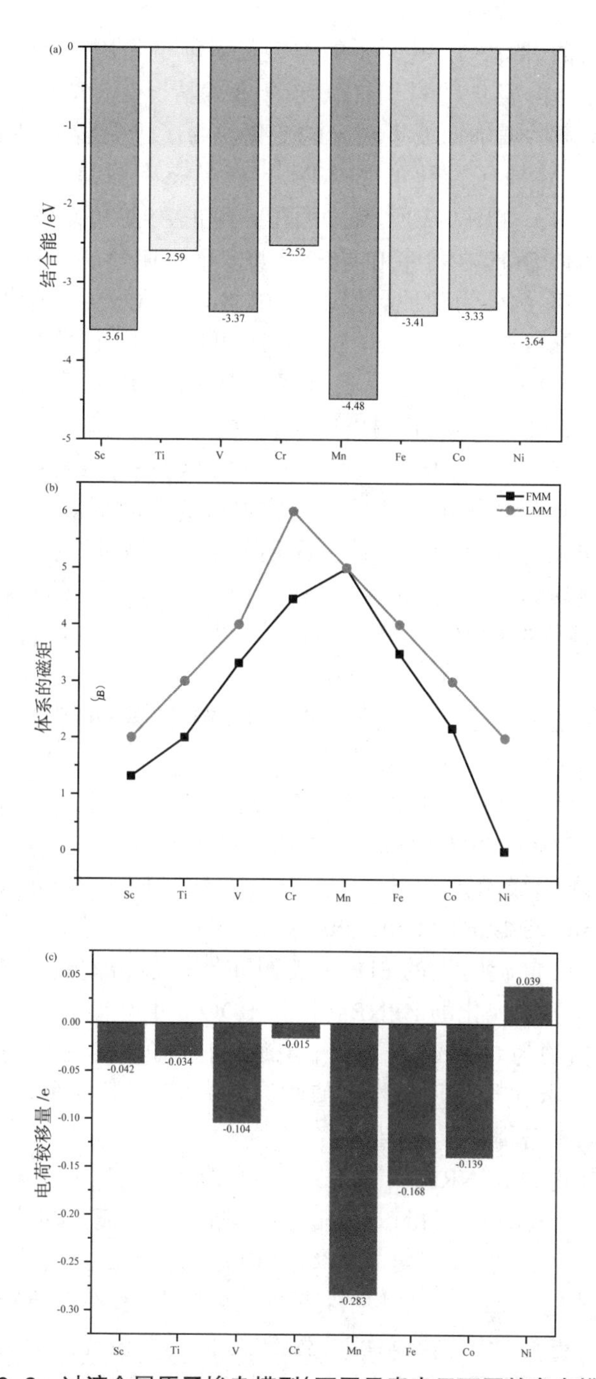

图 9-2　过渡金属原子掺杂模型(不同元素表示不同的参杂模型)
(a)ZPNRs 与 TM 原子的结合能;(b)TM 掺杂物的优化结构的局域磁矩(LMM);
(c)TM 原子与 ZPNRs 之间的电子转移

在充分的结构弛豫之后,所有的结构与原来的磷烯纳米带相比都会发生很大的扭曲，取决于3d原子的类型。可能的原因是3d原子具有更大的原子半径。由表9.1可以看出，与N=8的情况等计算结果相比，键长并没有随着带宽的增加而发生明显的变化。为了进一步了解磁矩变化的原因，计算了TM原子钝化的ZPNRs的投影态密度(Profected Denstiy of States, PDOS),如图9-3所示。由图9-3和表9.1可以看出，TM原子钝化ZPNRs的PDOS在价带和导带附近发生了明显的变化。为了便于分析，将所有的案例分为四种类型。其中，Sc、V、Cr、Co钝化ZPNRs属于同一类型。从图9-3（a）（c）（d）（g）可以看出，在费米能级附近的TM原子和P原子有自旋分裂。通过观察表9.1的价电子构型，可以认为是4s轨道向3d轨道和4p轨道的电子转移。同时，可以发现TM原子的3d轨道自旋分裂与P原子的3p轨道存在波函数重叠，导致它们之间存在相当大的交互耦合作用。通过与原始磷烯的比较可知，磁性主要是由TM原子的3d轨道中的电子自旋分裂引起的。事实上，原始锯齿型磷烯纳米带具有金属性，但没有磁性。Sc（V、Cr、Co）原子的钝化可以在保持ZPNRs金属性的同时引入磁性，这为磷烯在自旋电子器件中的应用提供了基础。

钛和铁钝化的体系为同类型，Ti和Fe钝化体系的总态密度分别如图9-3（b）（f）所示。通过观察图9-3（b）（f）可知，ZPNRs是由金属转变为磁性半导体的。同时，Ti与Fe钝化ZPNRs之间也存在一定的差异。对于Ti钝化的ZPNRs，通过观察自旋向上的PDOS可以知道，Ti原子在费米能级附近的导带底(Concluction Band Minimion, CBM)和价带顶(Valence Band Maximum, VBM)中起主导作用。带隙值约为0.24 eV。相反，自旋向下的PDOS表明在费米能级附近主要是P原子在起作用。对于铁钝化的ZPNRs，根据PDOS可知P原子主导CBM和VBM。带隙值约为0.16 eV。相反，自旋向下的PDOS表明，在费米能级附近的Fe原子起主导作用。带隙值约为0.05 eV。这两种钝化体系为新型电子器件的制备提供了可能。

对于锰钝化的ZPNRs，从图9-3(e)可以看出，它是一种磁性半金属。图9-2（a）（c）表明，与ZPNRs相比，Mn原子具有最大的结合能和最大的电荷转移。这表明，锰钝化ZPNRs在磁存储器方面具有广阔的应用前景。然而，镍钝化的ZPNRs是相当特殊的。可以发现，在电荷转移过程中，镍原子是一个电荷受体。该系统没有磁性，但仍然表现为金属，类似于原始的ZPNRs，主要原因是钝化原子的存在使费米能级降低了。这一结论对磷烯材料的磁性研究具有更深远的意义，本书研究了经TM原子钝化的磷烯纳米带的电子结构和磁矩，希望其可以作为自旋电子学和光电子学的候选材料。

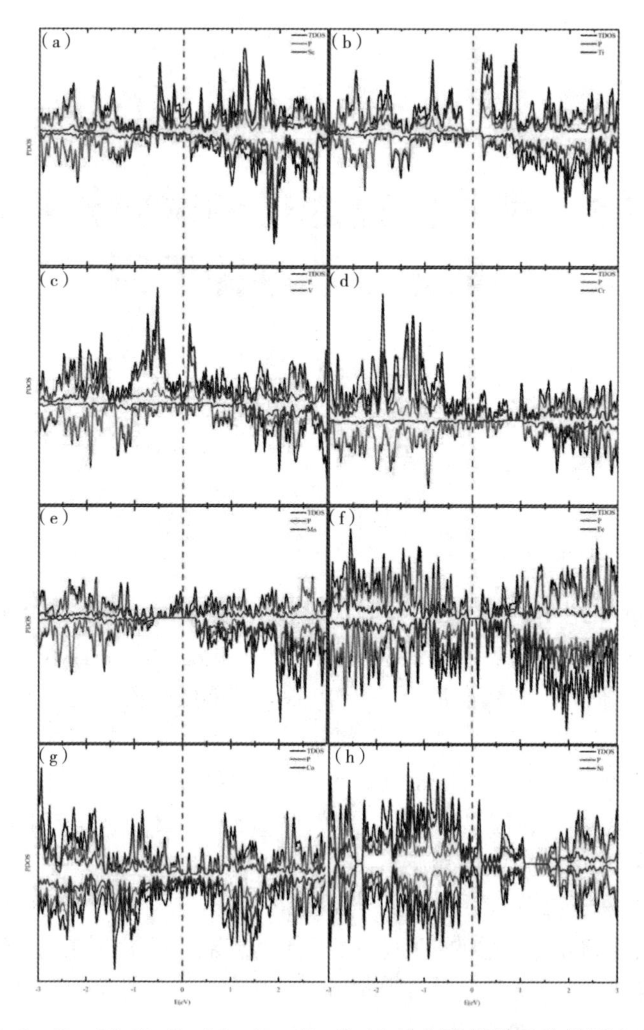

图 9–3　Sc、Ti、V、Cr、Mn、Fe、Co 和 Ni 钝化磷烯体系的投影态密度

9.4　本章小结

为了研究 N=8 宽度的过渡金属（Sc-Ni）钝化锯齿状磷烯纳米带（ZPNRs）的磁性能、电子性能和能带结构，本章进行了 DFT 计算，证明 TM 原子可以有效地调节 ZPNRs 的磁性能。Co 和 Fe 钝化的 ZPNRs 分别表现为金属和磁性半导体，而 Mn-ZPNRs 表现为磁性半金属。TM 原子钝化的 ZPNRs 的特性预示着其在未来自旋电子学、光电子器件和信息存储领域具有巨大的应用潜力。

第 10 章　碳掺杂锯齿型磷烯纳米带吸附气体分子的性能研究

10.1　引　言

第 9 章介绍了过渡金属钝化锯齿型磷烯纳米带的电子性质，然而研究发现引入过渡金属存在一定的缺陷，例如磁性大小以及方向控制较难，但是利用非金属原子掺杂不会出现这类问题，而且还可以为磷烯带来一些其他方面的应用，受边缘氯钝化的碳掺杂扶手椅型磷烯纳米带（Armchair Phosphorene Nanoribbons，APNRs）制作低功耗的电子器件的启发，选择碳掺杂锯齿型磷烯纳米带（Zigzan Phosphorene Nanoribbons，ZPNRs）来研究它的气体传感性质。

作为一种重要的二维材料，当磷烯暴露于空气中时，很不稳定，并具有固有的、直接的、合适的带隙。由于其具有双极性以及在室温下具有高达 10^5 的漏电流调制和高达 1 000 $cm^2 \cdot V^{-1} \cdot s^{-1}$ 的场效应迁移率而被广泛研究。它也有一个相当大的带隙，为 1.5 ~ 0.3 eV，这取决于层数和层内的应变。由于磷烯的电子性质和光学性质具有高度的各向异性，所以它具有线性二向色性和方向依赖的声子非谐性。同时，它还有许多其他的应用，如应用于光电和合成量子点方面。气体分子的探测对于环境监测、化学过程控制、空间任务和医学应用具有极其重要的意义。近年来，二维材料因其较大的表面与体积比而被证明适合于气体传感。之前的研究表明，原始石墨烯可能是一种很好的二氧化碳、氧气和氮基气体传感器材料。引入单空位和硫掺杂可以提高蓝磷烯对丙酮等挥发性有机分子的敏感性。同时，也有研究证实，非金属和金属原子的掺杂是一种提高石墨烯对气体分子敏感性的有效方法。与石墨烯和蓝磷烯相比，磷烯对气体分子具有敏感性和选择性，是一种很好的气体传感器，取代掺杂和空位可以进一步提高磷烯对气体分子的敏感性。例如，硫掺杂的磷烯对甲烷等有机气体更敏感。受边缘 Cl 钝化的 APNRs 制作低功耗的电子器件的启发，本书选择了 ZPNRs 进行研究。通过查阅相关文献，发现对碳掺杂 ZPNRs 气体传感能力的系统研究还很缺乏。

本章研究 ZPNRs 对 NH_3、CO、CO_2、H_2、O_2、NO 和 NO_2 七种气体分子的传感性能。计算结果表明，这些气体诱导了这些吸附构型的可识别状态。本章重点研究七种气体分子与磷烯之间的吸附能（E_a）、结合能（E_b）、磁矩和电荷转移。为了更好地的比较，本章研究吸附了气体分子的原始磷烯。

10.2　计算模型和方法

利用基于密度泛函理论（Density functional theorg, DFT）的第一性原理计算进行结构弛豫和电子性质计算，该理论是通过使用 SIESTA-3.2 和 VASP-5.4.1 实现的。选择广义梯度近似（Generalized Gradient Approximation, GGA）与 Perdew-Burke-Ernzerhof（PBE）交换相关函数。采用双 zeta 极化基集对各系统进行优化。在优化过程中，将单元内所有原子松弛，直到每个原子上的能量小于 0.01 eV/Å。网格截止能量为 200 Ry，采用 1 × 11 × 1 的 Monkhorst-Pack K 点网格，一维纳米带方向为 Y 轴(锯齿方向)。为了获得更准确的结果，采用 Grimme 的 DFT-D3 方法对 ZPNRs 与气体分子之间的范德瓦尔斯相互作用进行了修正，选择了投影增广波（Profector Augmented-Wave, PAW）-PBE 赝势。平面波的动能截止为 520 eV。沿两个有限方向的真空层为 15 Å。用 3 × 4 的具有 48 个原子的矩形超级原胞模拟了 ZPNRs。沿扶手椅和之字形方向，单层磷烯的晶格常数为 a=4.63 Å, b=3.29 Å，与现有参数一致。

用磷烯中的碳原子代替磷原子时，系统是完全弛豫的。通过计算结合能（E_b）来考察系统的稳定性，其计算公式为

$$E_b = E_{ZPNRs+C} - E_{ZPNRs} - E_C \tag{10-1}$$

式中：$E_{ZPNRs+C}$ 为一个 C 原子掺杂的磷烯体系的总能量；E_{ZPNRs} 为含空位的磷烯层的总能量；E_C 为自由 C 原子基态的总能量。

笔者通过吸附能来描述这些分子和 ZPNR 之间的相互作用的强度，$E_{C+ZPNRs+gas}$ 被定义为 ZPNRs 或 C-doped ZPNRs 气体分子吸附的能量，$E_{C+ZPNRs}$ 为 ZPNRs 的总能量，E_{gas} 是一个孤立的气体分子的总能量，吸附能 E_{a} 的计算公式为

$$E_{a}=E_{C+ZPNRs+gas}-E_{C+ZPNRs}-E_{gas} \tag{10-2}$$

10.3　计算结果与讨论

对于优化后的磷烯，每个磷原子与相邻的 3 个磷原子形成共价键，类似于石墨烯的蜂窝状结构，但有褶皱。图 10-1（a）（c）分别为优化的原始 ZPNRs 和碳原子掺杂 ZPNRs 的顶部和侧面示意图。图 10-1（b）（d）分别为优化的原始 ZPNRs 和碳原子掺杂 ZPNRs 吸附分子最稳定结构的顶部和侧面示意图。根据系统的态密度（Denstiy of States，DOS）可以看出，裸露的 ZPNRs 具有金属性，这与之前的结果是一致的。

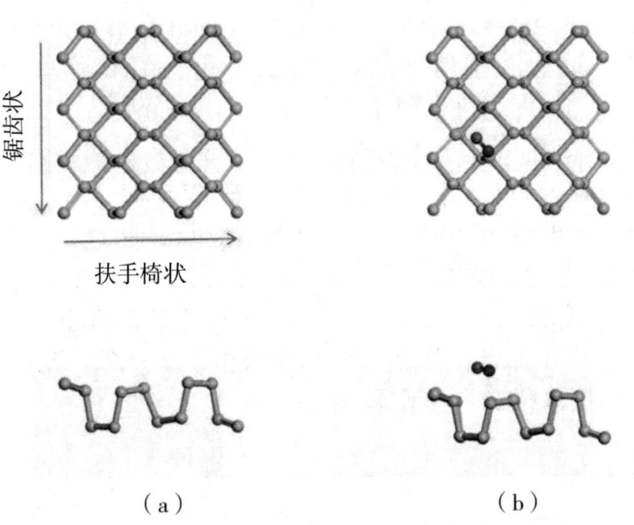

图 10-1　原始磷烯和气体分子最稳定吸附位置的几何结构

（a）原始的 ZPNRs；（b）NO 吸附掺杂磷烯的最有利构型；

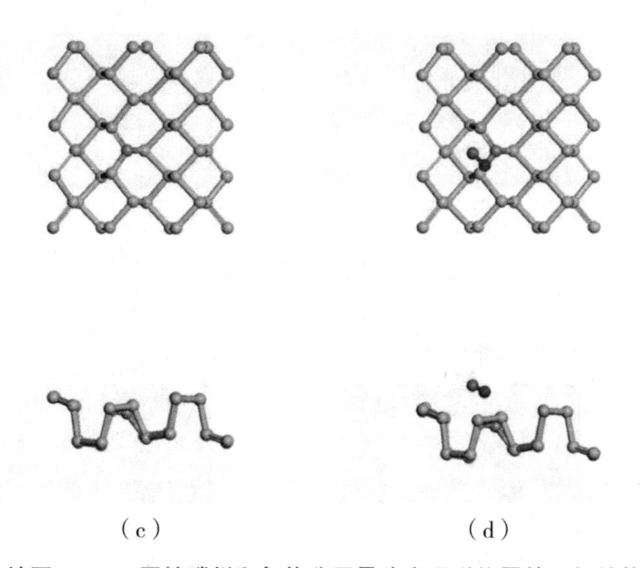

（c）　　　　　　（d）

续图 10-1　原始磷烯和气体分子最稳定吸附位置的几何结构

（c）C 掺杂的磷烯；（d）NO 吸附在原始磷烯上的最有利构型

为了探索其传感特性，本书研究了吸附 7 种常见气体分子的原始 ZPNRs。对于这些构型，所有气体分子与磷烯层之间的垂直距离设置为 2.0 Å，整个系统得到充分优化。气体分子与磷烯层之间的最短距离定义为吸附距离。CO/H_2 吸附在磷烯上的位置基本相同，从顶部视图[见图 10-2（a）（c）]，在它们的中心上方的蜂窝，CO/H_2 分子几乎是垂直于磷烯层的，和 CO 和 H_2 的吸附距离分别是 2.92 Å 和 2.69 Å（见图 10-2）。弛豫后的 NH_3 吸附结构如图 10-2（d）所示，N 原子指向基底，氢原子指向相反的方向，它的吸附距离为 2.17 Å。吸附在磷烯上的 CO_2/O_2 分子构型相同，CO_2/O_2 分子几乎与磷烯层平行[图 10-2（b）（f）]，吸附距离分别为 3.08 Å 和 2.58 Å。偶极分子 NO_2 如图 10-2（e）所示，其中一个 O—N 键近似垂直于磷烯层，另一个沿着扶手椅的方向。O 原子离 P 原子最近，吸附距离为 1.86 Å。对于另一个偶极分子 NO，O—N 键几乎与磷烯层平行，如图 10-2（b）所示，N 与 P 的距离为 2.17 Å。碳掺杂磷烯层吸附不同气体分子的几何结构如图 10-3 所示，其中 CO_2、NO_2 和 NH_3 这 3 种气体吸附的结构发生了明显的变化。气体分子对 ZPNRs 和 C 掺杂 ZPNRs 的吸附距离如图 10-4 所示。

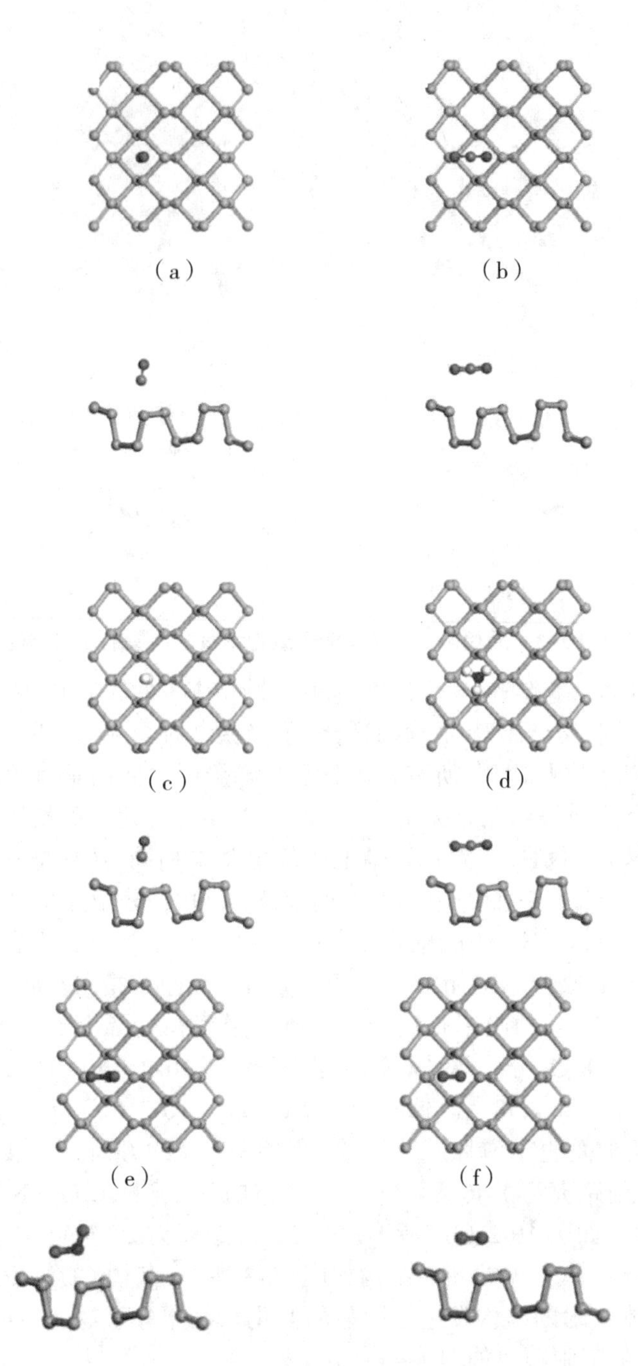

图 10-2　不同分子吸附在原始磷烯上的几何结构

(a)CO;(b)CO_2;(c)H_2;(d)NH_3;(e)NO_2;(f)O_2

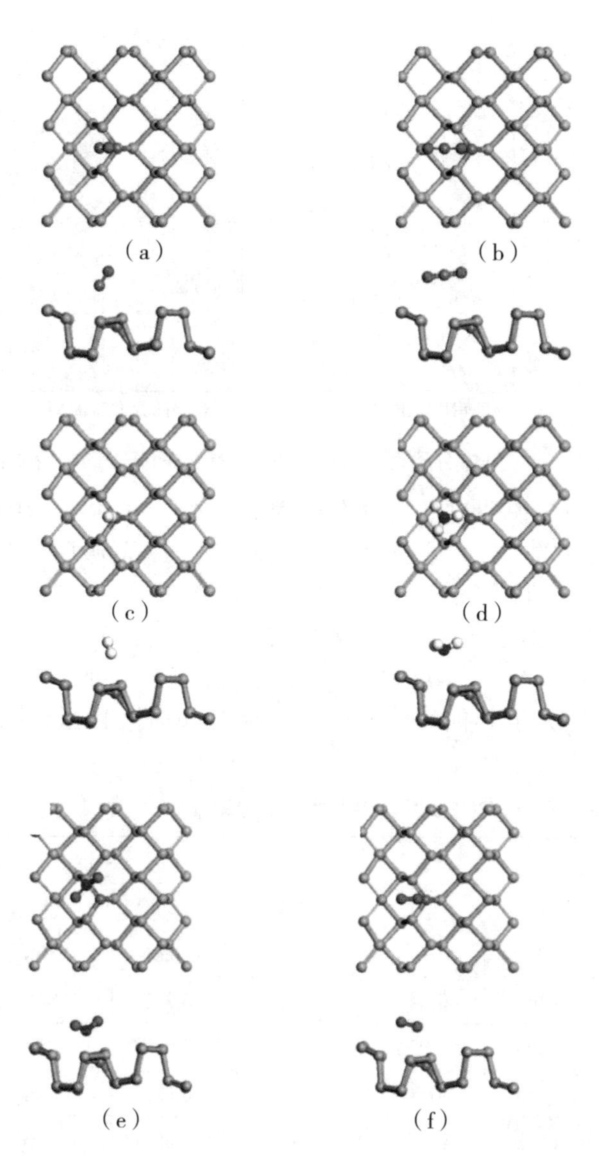

图 10-3　不同气体分子吸附在碳掺杂磷烯上的几何结构

(a) CO；(b) CO_2；(c) H_2；(d) NH_3；(e) NO_2；(f) O_2

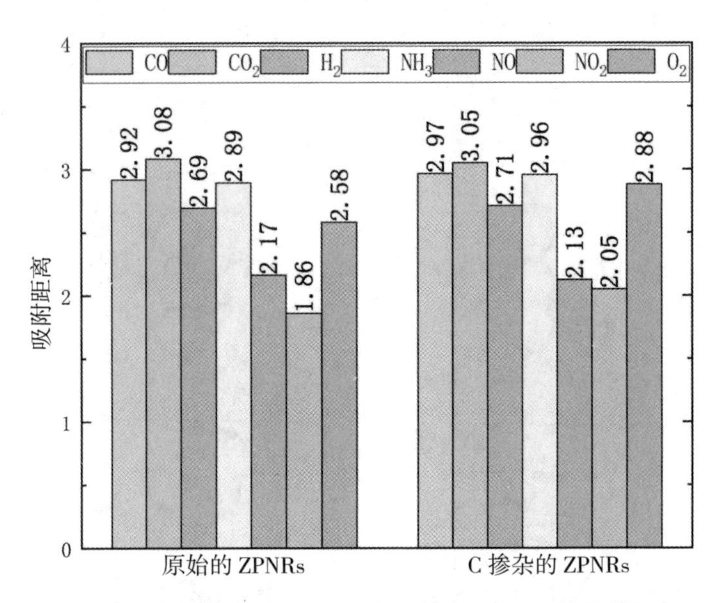

图 10-4　气体分子对 ZPNRs 和 C 掺杂 ZPNRs 的吸附距离

为了进一步说明这些气体分子对 ZPNRs 和 C 掺杂 ZPNRs 的吸附强度，计算吸附能(E_a)，见表 10.1。可以发现，H_2 的吸附能为 0.464 eV，NO 的最小吸附能为 0.11 eV，这与之前的结果一致。H_2 的吸附能与其他储氢材料的吸附能基本相同。CO、CO_2、NH_3、NO_2 和 O_2 的 E_a 分别为 −0.465 eV、−0.864 eV、−0.513 eV、−0.223 eV 和 −0.963 eV。O_2、CO_2 和 NH_3 的吸附能大于其他气体分子的吸咐能，说明 ZPNRs 对这些气体更敏感。

表 10.1　气体分子对 ZPNRs 及其掺杂体系的吸附能(E_a)、电荷转移(Q)和磁矩(M)

气体分子	ZPNRs			C-doped ZPNRs		
	E_a/eV	Q/e	M/μB	E_b/E_a/eV	Q/e	M/μB
None	—	—	0	−8.266	0.136	0
CO	−0.465	0.042	0	−0.272	0.018	0
CO_2	−0.864	0.034	0	−0.557	0.024	0
H_2	−0.464	−0.042	0	−0.229	−0.052	0
NH_3	−0.513	0.078	0	−0.459	0.066	0
NO	−0.110	0.073	0.705	−0.204	0.093	1.161
NO_2	−0.223	−0.028	0	−0.256	0.002	0
O_2	−0.963	0.006	1.215	−0.734	0.027	2.008

对磷烯吸附气体的研究表明，电荷转移在吸附能中起着重要的作用。为了进一步研究气体分子对磷烯的吸附机理，采用密立根电荷分析计算其电荷转移。由表 10.1 中可以看出，CO、CO_2、NH_3、NO 和 O_2 分子都是电荷供体。CO 吸附构型的电荷转移量为 0.042 e，CO_2 吸附构型的电子转移量为 0.034 e，但其吸附能较大。NO 和 NH_3 吸附构型的电荷转移分别为 0.078 e 和 0.073 e（见表 10.1），对于 O_2 吸附构型，其电荷转移仅为 0.006 e，是所有气体分子中电荷转移量最小的，但其吸附能相对较大。这可能是由于电荷转移和共价相互作用同时发生。

在所有被研究的体系中，H_2 和 NO_2 都是电荷受体。对于 H_2 分子，其电荷转移量为 0.042 e，表现为电荷受体。此外，其结合能相对较小，这与之前的结果一致。这可能是由于偶极子相互作用极化引起的静电吸引。因此，H_2 分子被吸附在磷烯层上进行物理吸附。对于 NO_2 分子，它从周围的 P 原子得到 0.028 e 的电子。

进一步研究 ZPNR 电子性质的变化。原始的 ZPNR 和 7 个常见气体分子吸附在 ZPNRs 的 DOS[见图 10-5(a)~ 图 10.5(h)]。计算结果表明，CO、CO_2 和 H_2 吸附对 ZPNR 的 DOS 没有明显的改变，NH_3 的配置在费米能级附近有一个显著的变化。主要的变化是在 0.2 eV 的能量附近出现了两个峰 [见图 10-5（e）]，但其值小于原始 ZPNR 的值。在 NO_2 吸附的情况下 [见图 10-5（f）]，费米能级附近的 0.2 eV 和 0.4 eV 处出现了相似的峰。不同的是，0.7 eV 出现了一个峰，可以证明，该峰主要是由 NO_2 与 ZPNR 相互作用引起的。结果表明，NO_2 气体分子的吸附未诱导磁矩。

自旋极化如图 10-5（g）（h）所示。对 NO 构型的情况，磁矩 M 为 0.705 μB。在 −0.5 ~ 0.5 eV，出现自旋向上的杂质态，可以在 PDOS 分析中识别出来。同时，在 0.5 ~ 1 eV 的能量范围内有两个自旋下降的峰，这可能是由于氮的 p 轨道的贡献。吸附 O_2 分子的 ZPNR 磁矩为 1.215 μB，可以发现在 0.7 eV 左右有一个自旋上峰 [见图 10-5(h)]，变化显著。这可能是由于氧原子的 p 轨道的贡献。

对于 C 掺杂的 ZPNRs，C 的配位数是 3，可知三个 C—P 键的长度大致相等，长度大约是 1.80 Å。计算 C 掺杂的 ZPNRs 的结合能 E_b=8.266 eV，这与之前的研究非常接近，说明优化后的结构是稳定的。

本书对这些常见气体在 C 掺杂 ZPNRs 上的吸附进行研究，所有气体分子与 C 掺杂 ZPNRs 之间的垂直距离设为 2.0 Å，系统得到了充分的优化。吸附在 C 掺杂 ZPNRs 上的 $CO/CO_2/H_2/NH_3$ 最稳定的构型是相同的[见图 10-3(a)~(d)],分子位于蜂巢的中心。对于这些弛豫构型,CO、CO_2、H_2 和 NH_3 的吸附距离分别为 2.97 Å、3.05 Å、2.71 Å 和 2.96 Å,如图 10-4 所示。计算结果表明,碳掺杂对四种气体吸附的 ZPNR 的电子性能没有显著影响。顺磁分子 NO、NO_2、O_2 在 C 掺杂的 ZPNR 上的吸附[见图 10-3(e)~(f)]对应距离分别为 2.13 Å、2.05 Å、2.88 Å(见图 10-4)。通过比较 NO_2 和 O_2 在原始 ZPNR 上的吸附距离,可以发现吸附距离明显增大。这可能是由于碳原子的存在引起了结构畸变。

笔者计算了 C 掺杂 ZPNRs 对气体分子的吸附能,CO、CO_2 和 NH_3 的值分别为 0.272 eV、0.557 eV 和 0.459 eV。三种气体分子的吸附能均小于原始 ZPNR。密立根电荷分析表明,CO、CO_2 和 NH_3 分子作为电荷供体。相应的电荷转移量(见表 10.1)分别为 0.018 e、0.024 e 和 0.066 e。与吸附了 CO、CO_2 和 NH_3 的原始 ZPNR 相比,电荷转移量明显减少,与吸附能一致。有趣的是,氢的吸附能为 0.229 eV,这可能适用于贮氢材料。对于 NO 的情况,吸附能稍微增加到 0.204 eV,其电荷转移数量增加到 0.093 e,磁矩增加到 1.161 μB。对 NO_2 的情况,其吸附能增加到 0.256 eV,但它从电荷受体改变为电荷供体在碳掺杂后和电荷转移量只有 0.002 e。对 O_2 的情况,吸附能只有 0.734 eV,但电荷转移量增加到 0.027 e,磁矩增加到 2.008 μB。

为了进一步研究碳掺杂对吸附气体分子的 ZPNRs 电子性质的影响。如图 10-6(b)~图 10.6(h)所示,C-ZPNRs 的 DOS[见图 10-6(b)~图 10.6(e)]没有明显变化,说明碳原子掺杂对其没有明显影响,仍然是物理吸附。对 NO_2 吸附的情况,可以发现 C-ZPNRs 的 DOS 在费米能级附近发生了明显的变化[见图 10-6(f)],这可能是由于 C 掺杂与 NO_2 的相互作用。对 NO 吸附的情况,费米能级附近也有很大的变化[见图 10-6(g)]。从吸附了 O_2 的 C-ZPNR 的 PDOS 可以看出,图 10-6(h)中费米能级附近的峰值明显小于 DOS[见图 10-5(h)],当能量约为 0.7 eV 时,自旋下降的峰值影响显著。当能量约为 1.8 eV 时,会出现一个自旋向上的峰值,这可能是 C 掺杂与 O_2 相互作用的结果,与吸附 O_2 的 C-ZPNR 的磁矩一致。

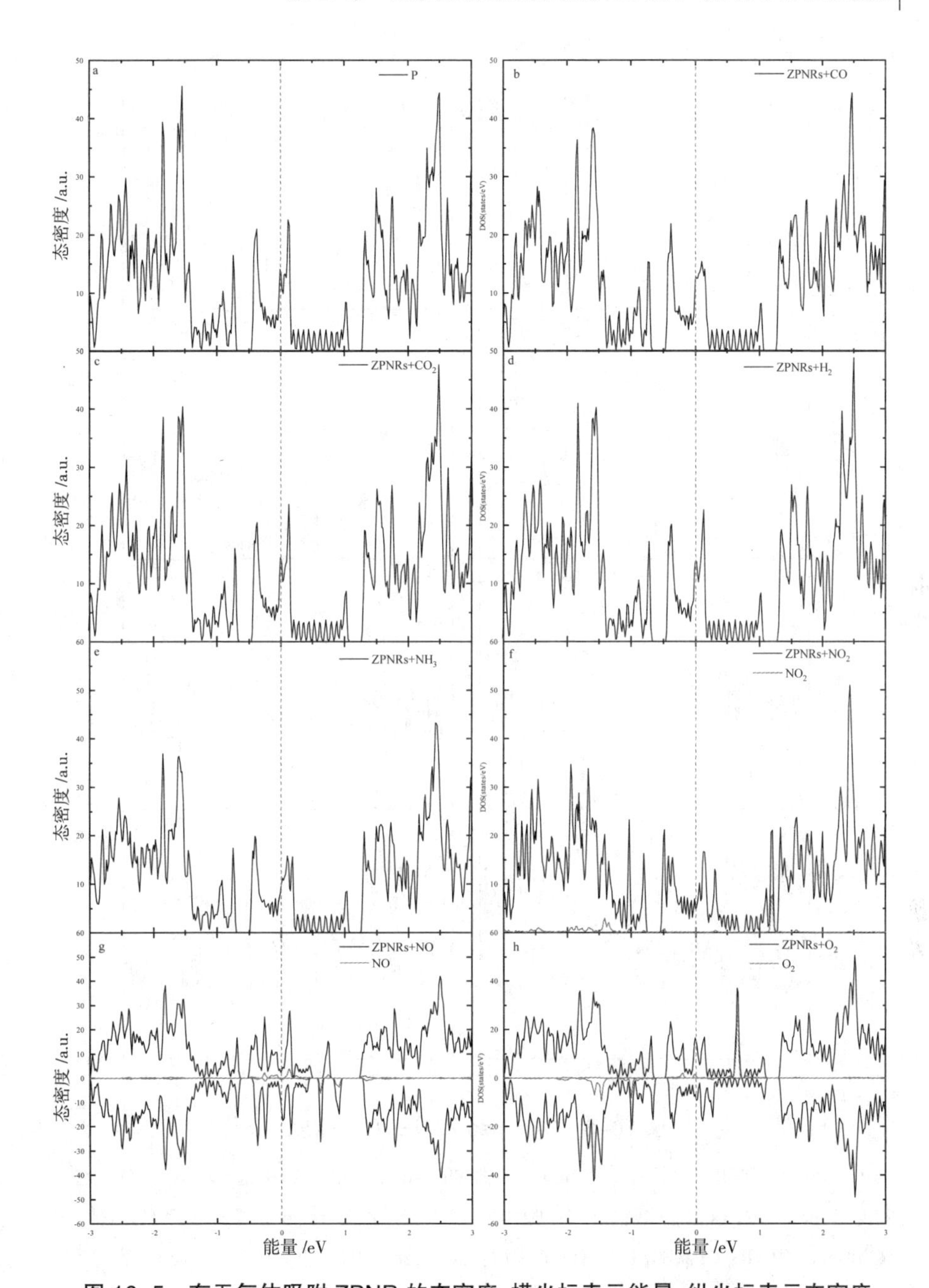

图 10-5　有无气体吸附 ZPNR 的态密度，横坐标表示能量，纵坐标表示态密度

(a)原始 ZPNR 的态密度；(b)吸附在 ZPNRs 上的 CO 结构的态密度；(c)吸附在 ZPNRs 上的 CO_2 结构的态密度；(d)吸附在 ZPNRs 上的 H_2 结构的态密度；(e)吸附在 ZPNRs 上的 NH_3 结构的态密度；(f)吸附在 ZPNRs 上的 NO_2 结构的态密度；(g)吸附在 ZPNRs 上的 NO 结构的态密度；(H)吸附在 ZPNRs 上的 O_2 结构的态密度

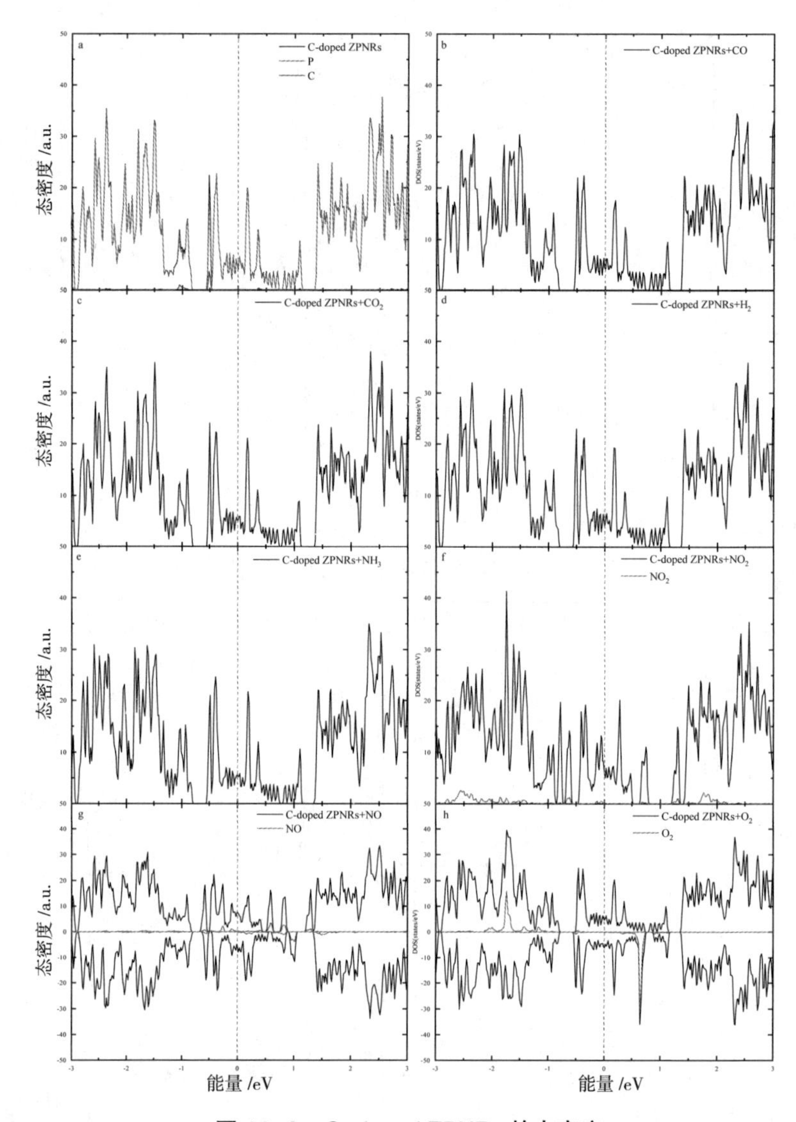

图 10-6　C-doped ZPNRs 的态密度

（a）C-doped ZPNRs 的态密度；（b）CO 吸附的 C-doped ZPNRs 的态密；（c）CO_2 吸附的 C-doped ZPNRs 的态密；（d）H_2 吸附的 C-doped ZPNRs 的态密；（e）NH_3 吸附的 C-doped ZPNRs 的态密；（f）NO_2 吸附的 C-doped ZPNRs 的态密；（g）NO 吸附的 C-doped ZPNRs 的态密；（h）O_2 吸附的 C-doped ZPNRs 的态密

10.4　本章小结

本章基于密度泛函理论第一性原理计算、分析了 ZPNRs 的电子性质和碳掺杂 ZPNRs 吸附的一系列小的气体分子（NH_3、NO、NO_2、H_2、O_2、CO 和 CO_2）。氮基气体的吸附对 ZPNR 的电子性能有明显的影响。C 掺杂的 ZPNRs 提高了其对 NO、NO_2 和 H_2 气体分子的敏感性，可能适合用于储氢材料等领域。

第11章　氧钝化磷烯纳米带的能带结构和输运性能研究

11.1　引　言

自从2004年石墨烯被Geim等人发现以来,由于不同的二维材料具有特殊的电子和光学性质,引起了研究者的广泛关注,在锗烯、过金属硫化物、硅烯等二维材料中,磷烯具有很强的平面各向异性,包括能带结构、电导率、光电响应、机械性能和热导率。据报道,磷烯具有$10^3\ cm^2 \cdot v^{-1} \cdot s^{-1}$的载流子迁移率,在室温下开关比达到$10^4$。此外,研究者还预测了磷烯具有直接带隙,并且带隙会随着磷烯的层厚度变化而变化,能隙的变化范围为0.3 ~ 2.0 eV。这些优良的性能表明,磷烯是一种在场效应晶体管和薄膜太阳能电池中具有广泛应用前景的二维半导体材料。

电子传输性能是控制电子元器件及光电元器件性能的关键。因此,对电子传输性能的诱导和操纵一直是研究的热点,研究者始终对二维材料的研究保持开放的态度,目前主要通过引入缺陷、吸附、掺杂和施加应力对其性能进行调控。Wang等人报道了B、C、N、F原子掺杂可以改变磷烯的带隙并使其产生金属横向隧穿的特性。Hu等人系统地研究了半导体磷烯10种点缺陷模型的电子结构,他们计算发现,其结构的低对称性和不同的点缺陷使磷烯具有不同的稳定性和电子结构。A. Ziletti等人认为磷烯表面与氧反应是其降解的根本原因,且悬浮的氧原子增加了磷烯的亲水性。这些研究表明缺陷对磷烯的电子结构和输运性能有着明显的影响。

在电子学中,对半导体电子特性和输运性能的调控研究至关重要。Tran等人报道了边缘氢钝化磷烯纳米带是具有直接带隙的半导体,基于量子有限域效应,其带隙大小与半导体的宽度有关。然而, Guo 等人发现无论纳米带的宽度多大,锯齿形(Z 型)磷烯纳米带始终表现出金属性质,而扶手型(A 型)磷烯纳米带均表现为间接带隙半导体。Zhang 等人揭示了基于 Z 型磷烯纳米带结构器件的鲁棒负微分电阻行为。Wu 等人研究了边缘氢钝化磷烯纳米带的输运特性,发现 Z 型和 A 型磷烯纳米带在低偏压下存在载流子输运通道。

然而,研究者还没有对不同宽度的边缘氧钝化的磷烯纳米带的电子性质和输运性能进行系统研究。因此,本章将讨论不同周期性方向和不同宽度对磷烯纳米带电子结构的影响,并且运用基于第一性原理的非平衡格林函数,研究体系的输运性能。不同周期性方向和不同宽度能改变磷烯纳米带的电子结构,氧钝化 A 型磷烯纳米带是具有直接带隙的半导体,而氧钝化 Z 型磷烯纳米带由半导体性质转变成金属特性,最后分别研究不同宽度的 A 型和 Z 型磷烯纳米带的输运性质。

11.2　计算模型和方法

本书使用基于密度泛函理论(Density Dunctional Theory, DFT)的 SIESTA-3.2 软件包对磷烯纳米带进行计算,结构优化采用广义梯度近似(GGA)以及 Perdew-Burke-Ernzerhof (PBE)交换关联函数。使用 DZP 基组,选取截断能为 200 Ry。格常数和原子位置不断优化,直到原子间的力小于 0.01 eV/Å。K 点设置为 $1\times1\times15$ 时,用于布里渊区采样的电子计算, K 点设置为 $1\times1\times30$ 时,用于计算输运性能。Z 方向是电子输运方向,此外,为保证研究体系为单层磷烯纳米带,避免层间的相互作用,在垂直磷烯纳米带平面的的方向上设置 15 Å 的真空度。

本书利用 TranSIESTA 代码,用非平衡格林函数的方法研究磷烯的输运性能,用 Landauer–Büttiker formula 公式计算通过散射区的电流,则有

$$I(V)=\frac{2e}{h}\int\left[f_{\mathrm{L}}(E)-f_{\mathrm{R}}(E)\right]T(E)\mathrm{d}E \qquad (11\text{-}1)$$

式中: e 表示元电荷; h 表示普朗克常量; $f_{\mathrm{R/L}}$ (E)分别表示左、右电极的费米 - 狄拉克分布函数; $2e/h$ 表示量子电导; T (E)表示透射系数。
透射系数方程为

$$T(E)=T_r[\mathit{\Gamma}_{\mathrm{L}}(E)G^{\mathrm{R}}(E)\mathit{\Gamma}_{\mathrm{R}}(E)G^{\mathrm{A}}(E)] \qquad (11\text{-}2)$$

式中：Γ_L,Γ_R 分别表示左、右电极自身能量耦合函数；G^R 和 G 分别表示推迟和提前格林函数。

11.3 结果与讨论

11.3.1 几何结构和电子特性

为了得到稳定的边缘氧钝化磷烯纳米带结构，本书优化了一系列不同宽度的纳米带结构。经计算，优化后磷烯纳米带的晶格常数为 a=3.30 Å、b=4.62 Å，这与前人实验的研究值吻合。图 11-1 所示为优化后的边缘氧钝化 A 型和 Z 型磷烯纳米带模型，定义磷烯纳米带的宽度为 Z 字形的数量，N 表示纳米带宽度。结构优化弛豫后，磷烯纳米带内部发生了微小的变化，P—P 键的长度从 2.26 Å 增加到了 2.29 Å，由于化学键的重构，磷烯纳米带表现出一定程度的形变。为了进一步研究宽度对磷烯纳米带电子结构（见图 11-1）的影响，本书计算了两种周期性方向（A 型和 Z 型）的四种不同宽度构型的能带结构。就 A 型磷烯纳米带（Armchain Phosphorene Nanoribbons，APNRs）而言，很明显可以看出不同宽度的边缘氧钝化 APNRs 均表现出半导体特性，从图 11-2（a）中可以看出，最低导带和最高价带都位于 Γ 点，直接带隙分别为 0.63 eV、0.86 eV、0.83 eV 和 0.77 eV。为了进一步了解直接带隙产生的原因，计算部分电荷密度，结果表明最低导带和最高价带都是磷原子在 Γ 点的 s-p 杂化轨道贡献所致。

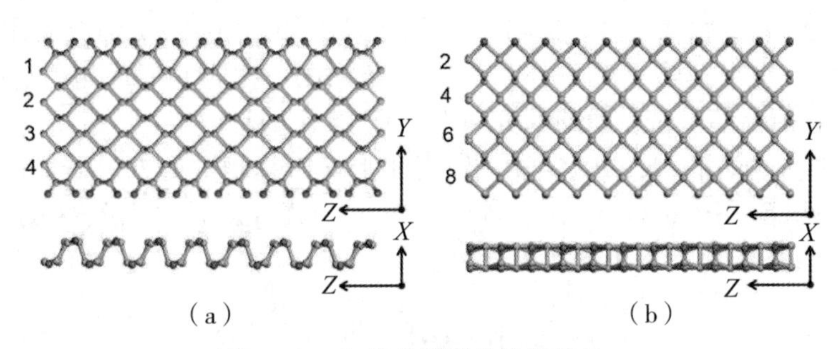

图 11-1　氧钝化磷烯纳米带结构

（a）A 型磷烯纳米带（APNRs）；（b）Z 型磷烯纳米带（ZPNRs）

与 APNRs 相比，不同宽度的 ZPNRs 能带结构略有不同。如图 11-2（b）所示，对于 2-ZPNRs 和 4-ZPNRs，最低导带和最高价带都位于 Γ 点，形成直接带隙，带隙值分别为 0.91 eV 和 0.08 eV。这是由于氧原子和磷原子之间存在较强的相互作用，氧原子的 2p 轨道产生了范德瓦尔斯相互作用。但是对于 6-ZPNRs 和 8-ZPNRs 而言，可以清楚地看到其能带结构均表现出典型的金属特性，其中有 3 条能带穿过费米能级。这是由于原子间的强静电势作用导致价带上升、导带下降。这个结果和先前的报道一致。因此，可以看出不同宽度对边缘氧钝化磷烯纳米带的电子结构有重要的影响，可以推测，随着纳米带宽度的增加，边缘氧钝化磷烯纳米带将会由直接半导体性质转变为金属特性，这对其在电子领域的应用具有重要的指导作用。

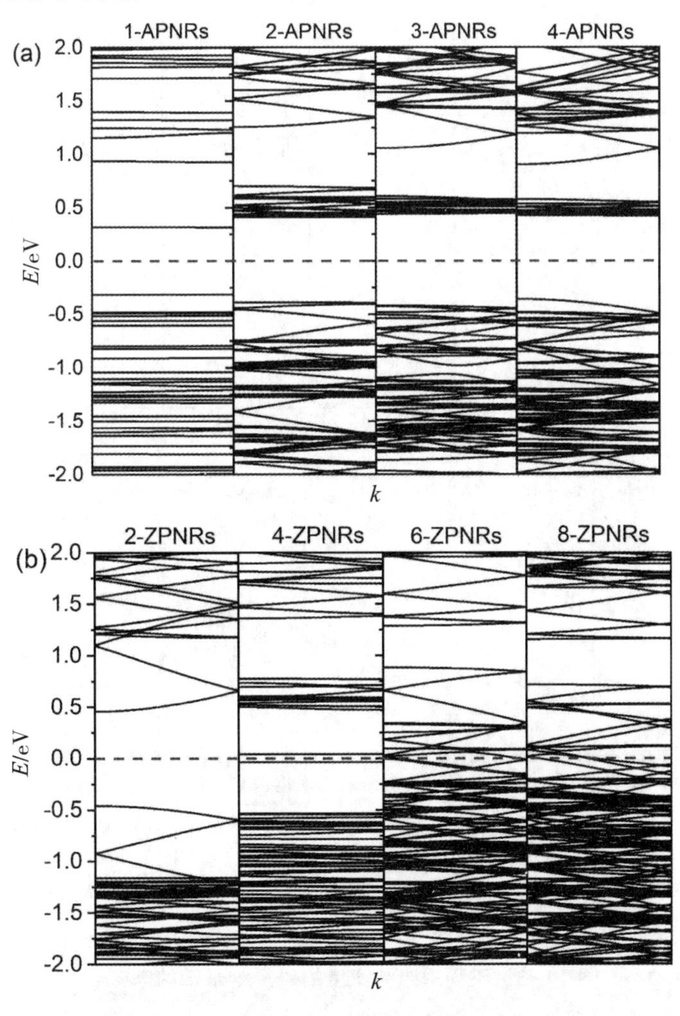

图 11-2　不同边缘和宽度磷烯纳米带的能带结构

（a）APNRs 的能带结构；（b）ZPNRs 的能带结构

进一步研究不同宽度的氧钝化磷烯纳米带的态密度。如图 11-3（b）所示，氧钝化 ZPNRs 随着宽度的增加，边缘越多的氧原子和磷原子在费米能级附近产生态，这些态将跨越费米能级。为了解释这一现象，本书分析讨论了带隙附近的电子轨道特征，磷原子不会与边缘的氧原子形成饱和键，由于其特殊的电子轨道方向，磷原子的 p_z 和氧原子形成特别弱的不饱和键，这些不饱和键使得磷原子在费米能级产生了更多的态。因此，从态密度的分析结果来看，这与上述对氧钝化磷烯纳米带能带结构的分析是一致的。

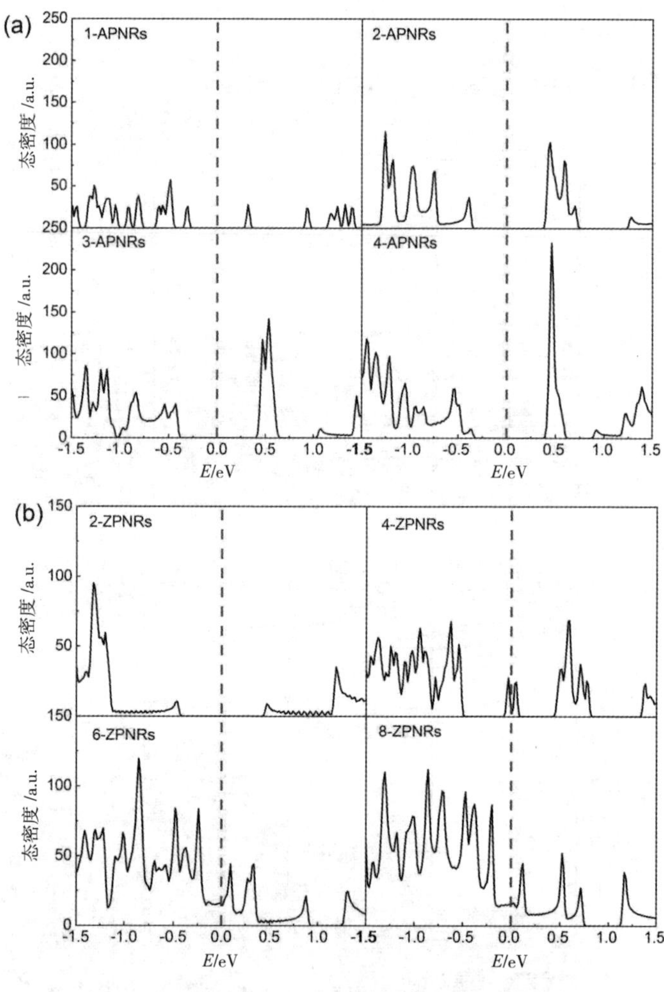

图 11-3　不同边缘和宽度的磷烯纳米带的态密度

（a）APNRs 的态密度；（b）ZPNRs 的态密度

11.3.2 APNRs 和 ZPNRs 的输运性质

为了研究不同宽度氧钝化磷烯纳米带的输运性质，图 11-4 给出了不同边缘的磷烯纳米带双探针模型。该装置分为 3 个区域：左电极、右电极和中心散射区。图 11-5(a)所示为 APNRs 和 ZPNRs 的电流 - 电压曲线，可以看出不同宽度的 APNRs 的电流均从施加偏压为 0.2 V 时开始变化，表示其为半导体。对于 1-APNRs 而言，其电流值先随偏压的增加呈线性增加，直到施加偏压为 0.6 V 时达到最大值(13.1 μA)，之后电流值随着偏压的增加在逐渐减下，在偏压为 1.6 V 时达到最小值(5.7 μA)。因此，在 1-APNRs 体系中发现负微分电阻效应，峰谷比为 2.3。对于 2-APNRs 而言，其电流值先随偏压的增加在缓慢增加，在偏压为 1.1 V 时达到第一个电流峰值(5.9 μA)，之后电流值随着偏压的增加而减小，直到偏压为 1.3 V 时降至最低值(3.3 μA)。偏压超过 1.3 V 后，曲线出现无规则振荡，并在每一次振荡后电流峰值增加。对于 3-APNRs 而言，施加的偏压达到 0.8 V 之前，电流增长速度较为缓慢，之后电流的增长速度加快，偏压为 1.4 V 时，达到最大值(14.6 μA)，然后电流随着偏压的增大而减小并在偏压为 2.0 V 时达到最小值(7.3 μA)。相同的是，4-APNRs 的电流值先随偏压的增加而缓慢增加，在 1.2 V 时达到最大值(12.8 μA)。之后电流值慢慢变小，直到在 2.0 V 时达到最小值(8.7 μA)，在 1.2 ~ 2.0 V 出现了无规则振荡。另外，不同宽度的 ZPNRs 呈现出与 APNRs 不同的电流 - 电压特性。从图 11-5(b)中可以看出，在所施加偏压范围内 6-ZPNRs 和 8-ZPNRs 表现出传统导体行为，具有良好的导电性能，但在相同的偏压下，6-ZPNRs 通过的电流要高于 8-ZPNRs 通过的电流，这表明 6-ZPNRs 的电子输运性能优于 8-ZPNRs。在偏压较低的情况下，2-ZPNRs 通过的电流明显大于 4-ZPNRs 通过的电流。通过 2-ZPNRs 的电流随着偏压的增大线性增加，在 0.3 V 时电流达到最大值(21.3 μA)。之后，电流值缓慢减小，在 0.8 V 时降至最小值(10.2 μA)。此外，通过 4-ZPNRs 的电流值非常小，在费米能级附近具有电导隙。

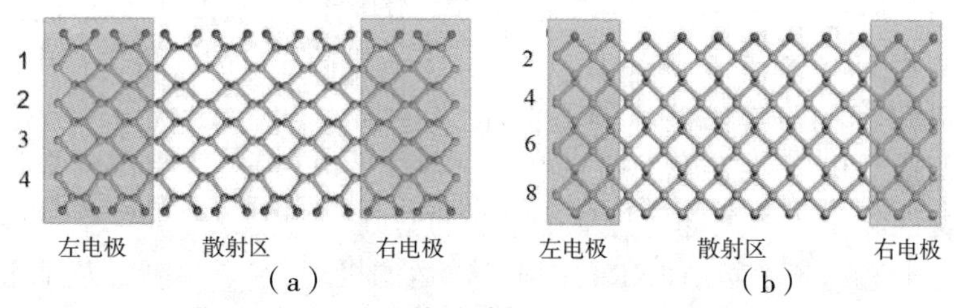

图 11-4　不同边缘的磷烯纳米带双探针模型

(a)APNR 器件示意图；(b)ZPNRs 器件示意图

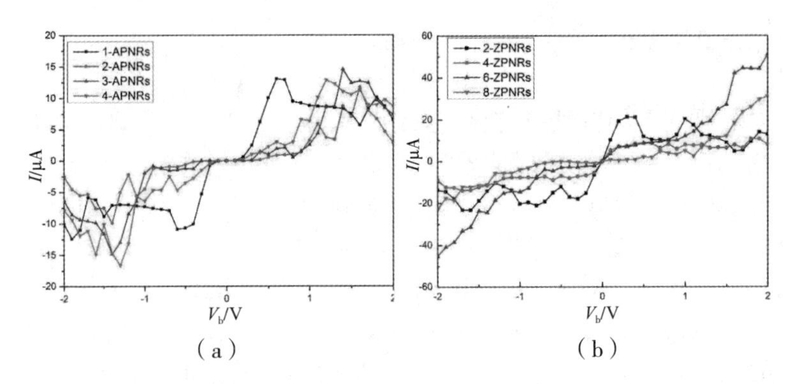

（a）　　　　　　　　　　　　（b）

图 11-5　APNRs 和 ZPNRs 的电流 - 电压曲线

图 11-6 所示为不同宽度磷烯纳米带的微分电阻曲线。在施加的偏压较低的情况下，1-APNRs 和 2-ZPNRs 的曲线振荡最为明显，这是因为在宽度较小时，边缘使用氧原子钝化对体系结构的影响较大。如图 11-6（a）所示，对于 APNRs 而言，当施加偏压超过 1.1 V 时，所有模型都出现了负微分电阻效应。与 APNRs 相比，ZPNRs 只有在宽度为 2 和 4 时才出现负微分电阻效应。结合之前对带隙的分析可知，这是由于 6-ZPNRs 和 8-ZPNRs 没有带隙，表现为金属特性。

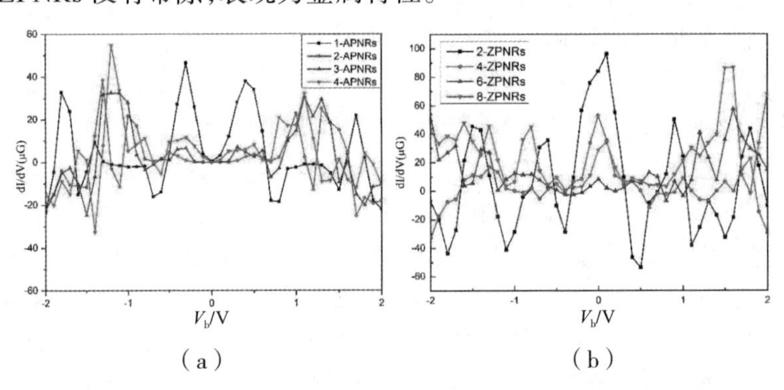

（a）　　　　　　　　　　　　（b）

图 11-6　不同边缘和宽度的磷烯纳米带微分电导

（a）APNRs 的负微分电阻曲线；（b）ZPNRs 的负微分电阻曲线

综上所述，所有的 APNRs 都有负微分电阻效应，对于 ZPNRs 而言，只有 2-ZPNRs 和 4-ZPNRs 出现了负微分电阻效应，因此可以得出结论：对于没有带隙的磷烯纳米带，随着偏压的增大，不会出现负微分电阻效应。负微分电阻效应可以用于电子设备放大电信号，这为以后实际测试输运特性和制备相关部件打下了坚实的基础。

为了进一步了解 APNRs 中电子输运的机理，本书绘制了基于不同偏压的透射函数，如图 11-7 所示。在图 11-7（a）中，对于 1-APNRs 体系，可以很清楚地看到,在低偏压下,有一个宽的透射平面穿过费米能级,从 0.2 V 开始具有良好的输运性能。随着偏压继续增大,传输平台变窄。积分区域内的透射系数在低偏压窗口先增大,当偏压达到 0.6 V 后再减小。因此,能够出现负微分电阻效应,这与图 11-5（a）吻合。当偏压达到 0.6 V 时,偏压窗口内的透射系数达到最大值,所以出现图 11-5（a）中的电流峰值。当偏压达到 1.4 V 时,虽然偏压窗口区域在增加,但由于减少了频带间的重叠,积分区域内的透射系数减小,因此电流值也减小,同时出现负微分电阻效应。图 11-7（b）~ 图 11-7（d）为 2-APNRs、3-APNRs 和 4-APNRs 体系的透射谱,在低偏压下积分区域内透射系数均为零,导致在该偏压下电流值为零,其透射系数和 1-APNRs 类似,但都小于 1-APNRs。相比而言,1-APNRs 在低偏压下的输运性能最好。

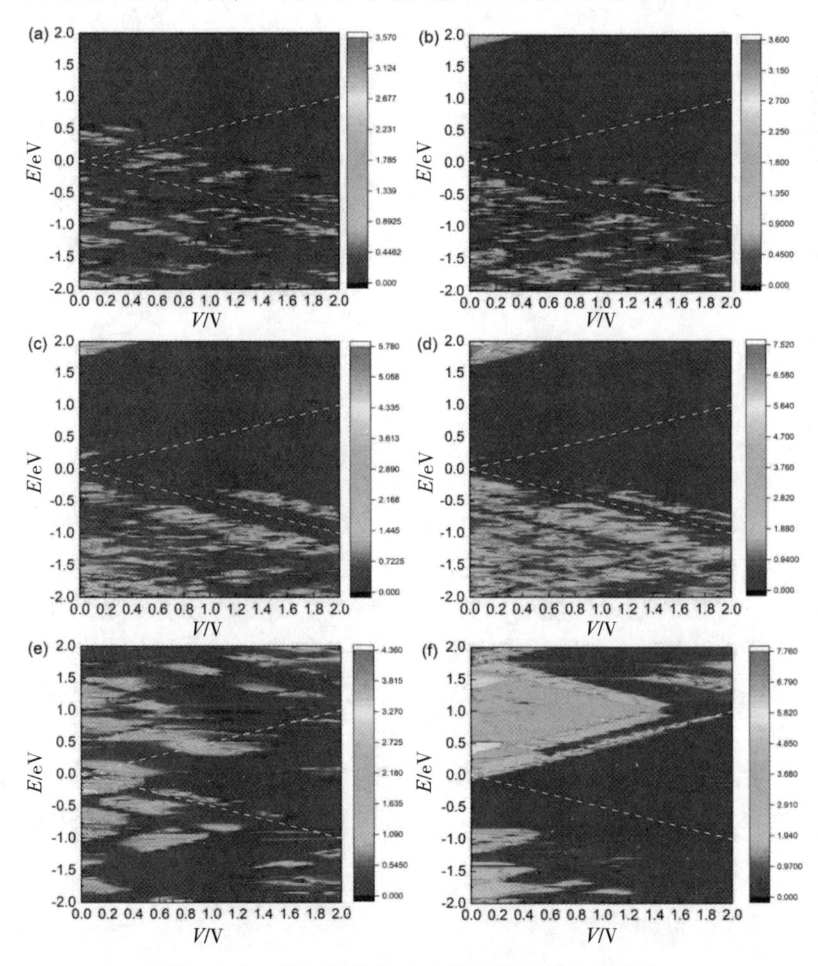

图 11-7　相同边缘和宽度磷烯纳米带的透射谱

（a）1-APNRs;（b）2-APNRs;（c）3-APNRs;（d）4-APNR;（e）2-ZPNRs;（f）4-ZPNRs;

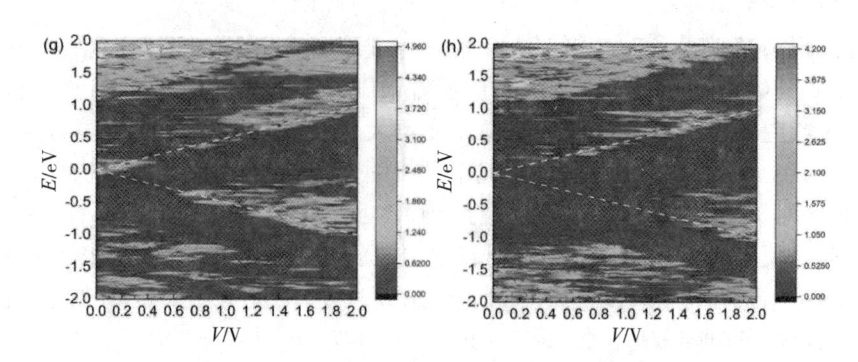

续图 11–7　相同边缘和宽度磷烯纳米带的透射谱

(g)6-ZPNRs;(h)8-ZPNRs

为了证明周期性方向对 PNRs 输运特性的影响,本书分别给出了不同宽度的 ZPNRs 的透射谱,如图 11-7(e)~ 图 11-7(h)所示。可以清楚地看到,在低偏压下费米能级上有一个宽阔的传输通道,具有良好的输运 性能。相比于其他宽度,2-ZPNRs 体系更为特殊,当偏压达到 0.3V 时。偏压窗口积分区域内透射系数达到最大值,这与图 11-5(b)中的电流峰值一致。当偏压达到 0.8 V 时,虽然偏压窗口区域在增加,但由于减少了频带间的重叠,积分区域内的透射系数在减小,因此电流值也在减小。结合前面电子性质的分析可知,这一现象是 2-ZPNRs 具有更宽的带隙造成的。

11.4　本章小结

本章采用 DFT 方法,利用 SIESTA-3.2 软件包对氧钝化磷烯纳米带进行电子特性和输运性能的研究。结果表明,宽度的改变对磷烯纳米带的电子特性和输运性能有重要影响。对电子结构和透射谱的分析揭示了负微分电阻的机理:对于 APNRs,随着纳米带宽度的增加,带隙逐渐减小;对于 ZPNRs,随着纳米带宽度的增加,ZPNRs 从直接带隙半导体转变成了金属特性。可以预测,在具有较大带隙的磷烯纳米带系统中可以发现负微分电阻效应,本章研究的结果为其在磷烯电子器件中的潜在应用提供了可能性和理论依据。

第 12 章　硼烯纳米带的自旋与输运性能研究

12.1　引　言

在 2004 年，第一个二维材料石墨烯的发现，开启了纳米材料的新纪元。石墨烯以其优异的性能引起了人们的广泛关注，例如具有优良的电子特性、导热性和高机械强度，在下一代电子器件应用中具有巨大潜力。石墨烯的成功合成打开了二维材料的新纪元。许多其他二维材料已经被发现，例如氮化硼、硅烯、锗烯、锡烯、磷烯和过渡金属硫化物（Transition Metal Sulfides，TMDs）。

近年来，硼烯引起了研究人员的广泛关注。最近，Mannix 等人在单晶 Ag（111）衬底上成功合成一种新型的二维硼薄片，它被证实具有高各向异性。Peng 等人利用第一性原理密度泛函理论（DFT）方法探索了硼烯的电子结构、热力学和光学性质，再次确认其高光学透明度和导电性。此外，Feng 等人在单晶 Ag（111）衬底上通过直接蒸发纯硼源合成二维硼薄片并研究了 β-12 和 χ-2 两种硼相。然而。这与之前的研究存在明显的差异，Feng 等人获得的结构是完全平面的。由于硼烯是不稳定的，Xu 等人的理论研究预测氢钝化可使其稳定。Nagarajan 等人通过第一性原理计算、研究了硼烯纳米片作为分子器件用于乙醇检测。硼烯的电子性质、机械性能、超导性和输运性质都被研究。但是，不同边缘的硼烯纳米带的电子和输运性质还没有被系统地研究。

本章我们首先利用第一性原理和非平衡格林函数的方法研究 Z 型硼烯纳米带（ZBNRs）、A 型硼烯纳米带（ABNRs）、边缘氢钝化的 Z 型硼烯纳米带（6ZBNRs）和边缘氢钝化 A 型硼烯纳米带（4ABNRs）四种构型的几何结构和电子性质。然后研究 6ZBNRs 和 4ABNRs 的输运性质。

12.2　计算模型和方法

本章使用基于密度泛函理论（DFT）的 SIESTA-3.2 软件包对硼烯纳米带进行计算，结构优化采用广义梯度近似（GGA）以及 Perdew-Burke-Ernzerhof（PBE）交换关联函数。使用 DZP 基组，选取截断能为 200 Ry。晶格常数和原子位置不断优化直到原子间的力小于 0.01 eV/Å。K 点设置为 $1\times1\times15$。硼烯纳米带的周期性方向为 Z 方向，此外，为保证研究体系为单层硼烯纳米带，在垂直硼烯平面的的方向上设置了 40 Å 的真空度。利用非平衡格林函数研究氢钝化硼烯纳米带的输运性质，使用 Landauer–Büttiker formula 公式计算通过 6ZBNRs 和 4ABNRs 的电流为

$$I(V)=\frac{2e}{h}\int\left[f_{\mathrm{L}}(E)-f_{\mathrm{R}}(E)\right]T(E)\mathrm{d}E \tag{12-1}$$

式中：e 指元电荷；$f_{\mathrm{R/L}}(E)$ 分别是左右电极的费米 - 狄拉克分布函数；$2e/h$ 表示量子电导；T（E）指透射系数。在输运方向上 K 点设置为 30，用于计算输运性质。

12.3　计算结果与讨论

12.3.1 结构特征

当前，硼烯的许多可能结构已经被预测，然而只有三种构型在实验上被证实。大多数研究者致力于研究具有褶皱的硼烯，对平面硼烯研究得相对较少。由于平面硼烯纳米带具有各向异性，我们分别讨论了 armchair 型和 zigzag 型方向。图 12-1（a）~ 图 12-1（d）给出了四种硼烯纳米带的几何结构，优化的晶格常数为 a=2.928 Å 和 b=5.075 Å，这与先前文献的研究一致。为了描述硼烯纳米带边缘氢钝化前后的稳定性，我们定义了结合能（E_{b}）为

$$E_{\mathrm{b}}=\frac{E_{\mathrm{T}}-nE_{\mathrm{B}}-mE_{\mathrm{H}}}{n+m} \tag{12-2}$$

式中：E_{T} 表示硼烯纳米带的总能量；E_{B} 表示硼原子的总能量；E_{H} 表示氢原子的总能量；n 和 m 分别表示结构中硼原子和氢原子的数量。根据这

一定义,结合能(E_b)越负越稳定。计算出 ABNRs、4ABNRs、ZBNRs 和 6ZBNRs 的结合能分别为 –5.706 eV、–6.086 eV、–5.908 eV 和 –6.146 eV。计算结果表明,边缘氢钝化的硼烯纳米带要比原始的硼烯纳米带更稳定。

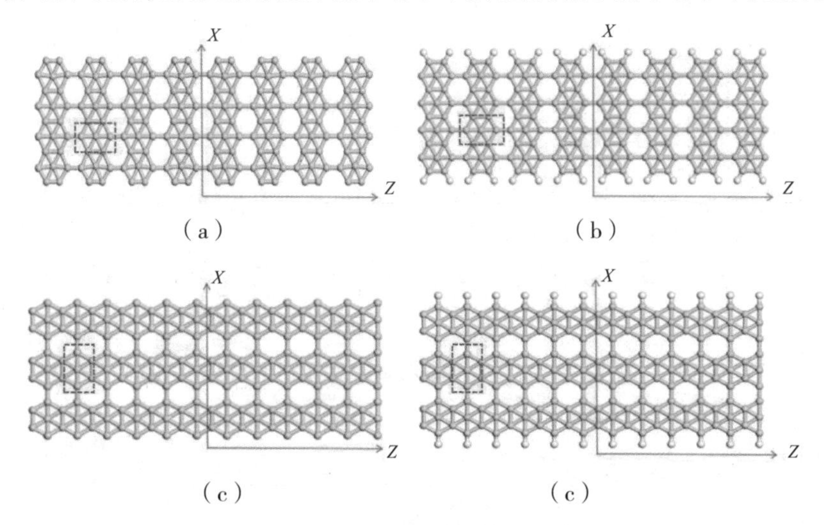

图 12–1　硼烯纳米带的优化结构

(a)ABNRs;(b)4ABNRs;(c)ZBNRs;(d)6ZBNRs

边缘氢钝化硼烯纳米带电子器件由三部分组成:中心散射区、左电极和右电极。对于 4ABNRs 而言,左、右电极分别由 44 个硼原子和 8 个氢原子组成,中心散射区由 88 个硼原子和 16 个氢原子组成。就 6ZBNRs 而言,左、右电极分别由 45 个硼原子和 6 个氢原子组成,其中心散射区由 90 个硼原子和 12 个氢原子组成。

硼烯几何结构的变化必然对其电子结构产生影响,图 12-2 给出了四种硼烯纳米带的能带结构,详细介绍了 ABNRs、ZBNRs、4ABNRs 和 6ZBNRs 的电子能带结构。硼烯纳米带边缘氢钝化后使其简并度降低,硼烯纳米带具有零带隙,即其表现出金属性质。事实上,硼烯的金属特性在以往的理论和实验研究中已经得到证实。图 12-3 给出了四种硼烯纳米带的态密度,计算结果表明,在费米能级附近形成共振态。除了图 12-3(d)以外,其他的自旋向上和自旋向下的曲线是不对称的,为了解释这一现象,我们计算了这四种结构的总自旋极化,并将其定义为 $Q_T = Q_{up} - Q_{down}$,式中 Q_{up} 和 Q_{down} 分别表示自旋向上和自旋向下的电子数。ABNRs、4ABNRs、ZBNRs 和 6ZBNRs 的总自旋极化(Q_T)分别为 6.77、6.45、15.06 和 0.00,见表 12.1。很明显,边缘氢钝化对于 ABNRs 的磁性影响不大。但是对于 ZBNRs 而言,边缘氢钝化可以调制其磁性。这是由于氢钝化使其边缘未配对的电子成对,使其结构高度对称,计算结果与其态密度图一致。分析认为 ZBNRs 的自旋极化可以通过氢原子对其边缘钝化调节。

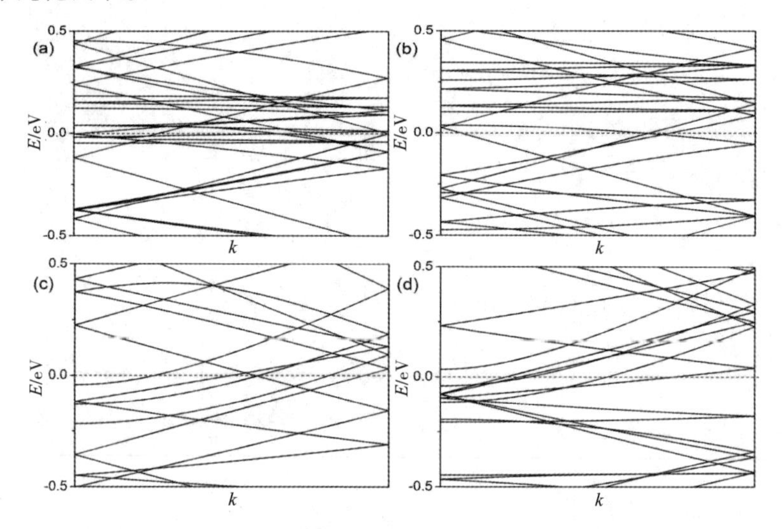

图 12-2 不同边缘和宽度硼烯纳米带的能带结构

(a)ABNRs;(b)4ABNRs;(c)ZBNRs;(d)6ZBNRs

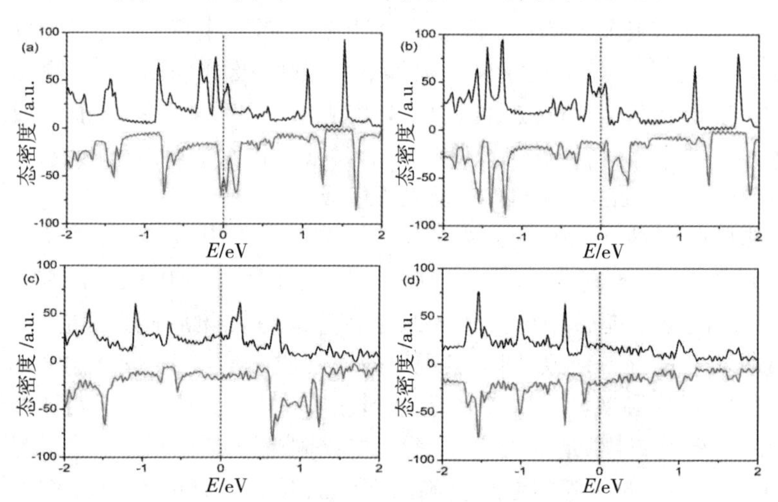

图 12-3 不同边缘和宽度硼烯纳米带的态密度

(a)ABNRs;(b)4ABNRs;(c)ZBNRs;(d)6ZBNRs

表 12.1 四种结构的结合能和总自旋极化

结构	E_b/eV	Q_T/e
ABNRs	–5.706	6.77
4ABNRs	–6.086	6.45
ZBNRs	–5.908	15.06
6ZBNRs	–6.146	0.00

12.3.2 4ABNRs 和 6ZBNRs 的输运性质

用透射谱描述 4ABNRs and 6ZBNRs 的电子输运性质，使用 TranSIESTA 代码计算输运性能，透射系数方程为

$$T(E)=T_r[\Gamma_L(E)G^R(E)\Gamma_R(E)G^A(E)] \tag{12-3}$$

式中：Γ_L，Γ_R 分别表示左右电极自身能量耦合函数；G^R 和 G^A 分别表示推迟和提前格林函数。

施加不同的偏压势必引起电子结构的变化。图 12-4 给出了 4ABNRs 和 6ZBNRs 的透射谱。当不施加偏压时，透射谱和图 12-2（b）和图 12-2（d）给出的能带结构图相对应。因此，电子的转移导致电流的增加，此外，还可以清楚地看到不同偏压下不同系统的传输电荷峰值振幅变化，透射曲线由阶梯状转变为波浪状。计算结果表明它们具有完美的量子输运特性，不同之处在于，在施加不同偏压的情况下没有改变 6ZBNRs 的金属性质［见图 12-4（b）］。偏压引起了 4ABNRs 局部几何形状的变化，值得注意的是当偏压增加超过 1.7 V 时，在费米能级附近出现了很小的带隙。与 6ZBNRs 相比，透射谱的不同归因于不同方向上的电子输运。

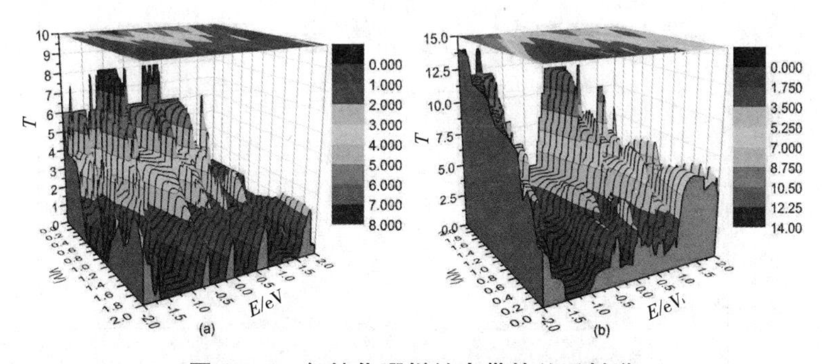

图 12-4 氢钝化硼烯纳米带的总透射谱

（a）4ABNRs；（b）6ZBNRs

12.3.3 4ABNR 和 6ZBNRs 的电流 – 电压特性

为了进一步分析各向异性的影响，我们给出了 4ABNRs 和 6ZBNRs 的电流 – 电压曲线。图 12-5（a）给出了 4ABNRs 的电流 – 电压曲线，当施加的偏压 $V \leqslant 1.0$ V 时，电流随着偏压的增大而增大，但是偏压在 0.4 ~ 1.0 V 范围内增长趋势逐渐变缓。此外，继续增加偏压，超过 1.0 V 时，电流反而在减小。图 12-5（b）给出了对应的微分电阻曲线，当偏压 $|V| \leqslant 0.3$ 时，呈现规则的振荡行为；当偏压 $|1.0|\ V \leqslant V \leqslant |2.0| V$ 时，出现负微分电阻效应。为了解释负微分电阻效应和电流随偏压的增加呈现先增加后减小的现象，我们选取并绘制了不同偏压器件的输运系数曲线（见图 12-6）。当偏压从 1.0 V 变化到 2.0 V，由于偏压窗口的扩大和输运系数的曲线整体右移，输运区域进入偏压窗口，结果偏压窗口内的实际积分面积随着偏压的增加逐渐减小。由于我们采用的理论方法，电流是通过 Landauer–Büttiker formula 公式计算得到的。式（12-3）中透射系数 $T(E)$ 是在某个特定偏压下的能级函数。费米能级设置为零。偏压窗口的实际区域为 $[-V/2, +V/2]$。因此，电流的大小由积分区域内的透射系数决定，即偏压窗口内的积分区域。由此可以推断，电极的载流子在不同的偏压影响下，可能是对齐的也可能是不对齐的，电子通道的打开或关闭，导致了负微分电阻效应。电流变化趋势在施加正偏压和负偏压时是相同的，这种对称是由增加偏压后，传输对称性引起的。

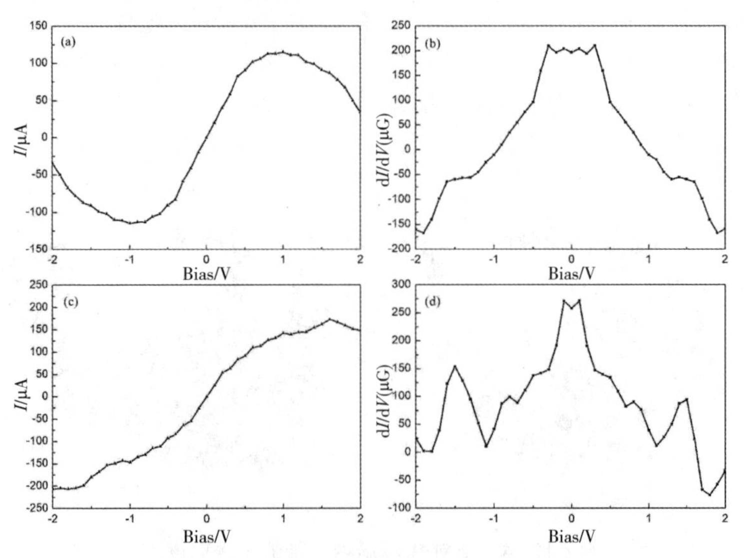

图 12–5　电流 – 电压曲线和微分电阻曲线

（a）4ABNRs 电流 – 电压曲线；（b）4ABNRs 微分电阻曲线；（c）6ZBNRs 电流 – 电压曲线；（d）6ZBNRs 微分电阻曲线

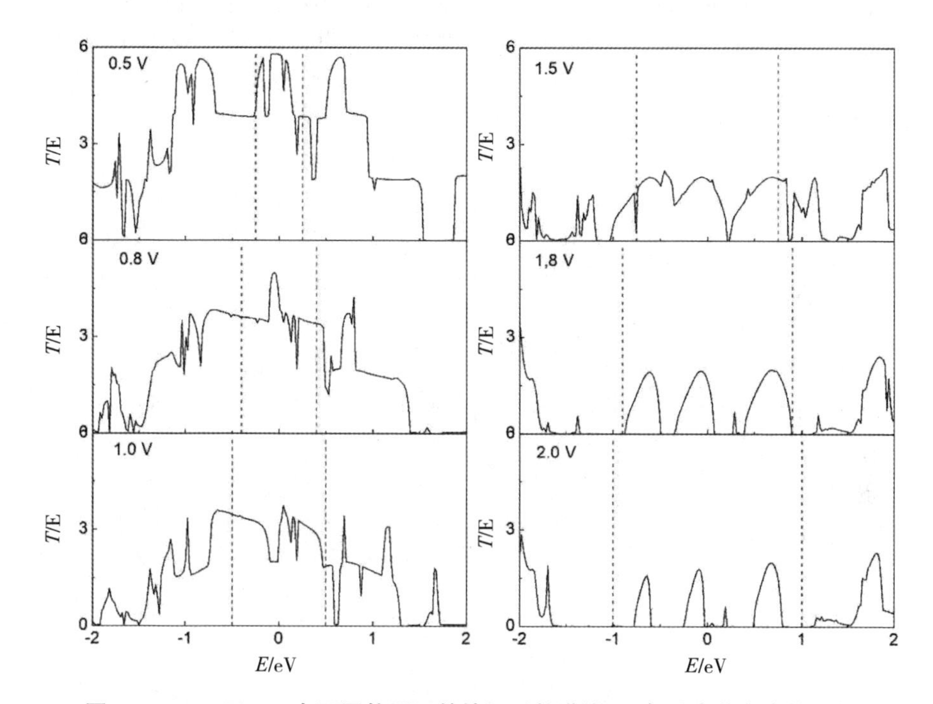

图 12-6　4ABNRs 在不同偏压下的输运系数谱线，两条垂直蓝色虚线之间区域为偏压窗口

本章中，我们还进一步研究了 6ZBNRs 的电流 - 电压特性和微分电阻。如图 12-5（c）所示，对于施加 –2.0 ~ 2.0 V 的偏压，6ZBNRs 的电流随着偏压的增加呈非线性增加。电流在正偏压和负偏压下增加是不对称的，负偏压下的电流大于正偏压下的电流，这是由传输的不对称性导致的。有趣的是，图 12-5（d）给出了 6ZBNRs 的微分电阻曲线，结果表明，偏压超过 1.7 V 时出现负微分电阻效应。还发现不同周期振荡的极值变化是不规则的。由于 6ZBNRs 的电流 - 电压曲线在正偏压和负偏压下是不对称的，表现出了整流现象，而整流效应在电子产品中已经得到了广泛的应用，所以 6ZBNRs 的整流效应值得注意。为了揭示 6ZBNRs 出现整流效应的内在机理，我们给出了 10 个特定偏压下的透射系数曲线，如图 12-7 所示。输运峰随着正负偏压的增加不断向左移动，此外，还发现在负偏压作用下输运系数峰值随着负偏压的增大而增大，但是，在正偏压作用下输运系数峰值随着偏压的增大反而在减小。因此，偏压窗口内的实际面积决定了器件的电流值。很明显，在偏压超过 1.0 V 时，正负偏压下的积分面积是不同的，所以非对称输运峰在正、负偏压下移动，形成整流效应。4ABNRs 和 6ZBNRs 都具有良好的输运性能，但在施加偏压较高时，电流 – 电压曲线明显不同。6ZBNRs 的电流值要高于 4ABNRs。对比两者的差异，4ABNRs 具有更加广泛的应用前景。

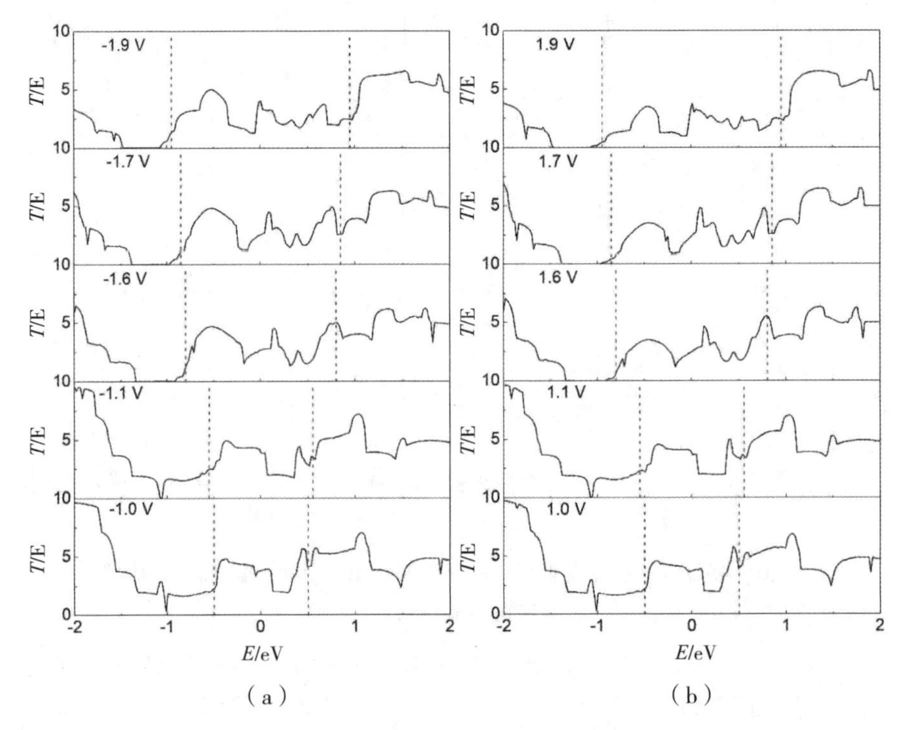

（a）　　　　（b）

图 12–7　6ZBNRs 在不同偏压下的输运系数谱线，两条垂直虚线之间区域为偏窗口

12.4　本章小结

本章主要利用基于密度泛函理论（DFT）的 SIESTA-3.2 软件，对原始的、边缘氢钝化的硼烯纳米带模型进行电子结构计算，对其几何结构和态密度进行了研究，并且探讨了边缘氢钝化硼烯纳米带的输运性质。得到的结论为：平面硼烯具有金属特性，对于 4ABNRs 而言，随着偏压的增大其带隙会被打开，电流也会增大，但其电流变化分为两个阶段，电流先

随着偏压的增大迅速增大，而后随着偏压的增大反而减小，因此存在负微分电阻效应；对于 6ZBNRs 而言，整体上电流随着偏压的增大逐渐增大。此外，我们还发现，在不同输运方向上将会呈现出负微分电阻效应和整流效应。输运特性表明 4ABNRs 和 6ZBNRs 两者存在明显差异，本章的研究可以为将来硼烯电子器件的潜在应用提供理论依据。

第13章　硼烯/磷烯异质结的电子结构与输运性能研究

13.1　引　言

在过去的数年里,对石墨烯的研究不仅得到了迅速的发展,使其进入了一个成熟的阶段,涉及固体物理、材料科学与工程等领域,而且它还引起了研究者对其他二维层状纳米材料多样性电子性质的兴趣。尽管石墨烯展现出了许多非凡的性质,使它成为一个探索低维物理的独特平台,为了在原子级的结构上创造新一代的电子设备和前所未有的速度与灵活性的结合,石墨烯还有许多缺点尚待解决。还存在其他许多低维材料,包括导体、具有不同带隙的半导体(如黑磷、二硫化钼)和绝缘体(例如氮化硼)。这个可选材料的二维材料库,为在原子级的异质整合提供了可能,重新创造的混合结构完全展现了新的性质。

通常,单层二维纳米材料由单原子或少量原子厚度的共价键晶格组成。这些没有悬空键的原子薄片往往表现出非同寻常的电子和光学性质,这与典型的纳米结构形成鲜明的对比,因为其表面存在悬空键和陷阱态。此外,由于表面具有完全饱和的化学键,二维纳米材料相邻层之间的相互作用通常用范德华力来表征。没有直接的化学键,范德瓦尔斯相互作用允许高度不同的材料集成而不受晶格常数的匹配的限制,这使得将二维纳米材料与各种纳米尺度的材料集成,以创造以前不可能实现的功能的多种范德瓦尔斯异质结,其具有相当大的自由度。

在超真空条件下,在银表面合成的硼烯表现出金属特性,这与预测其为具有高度各向异性的金属结果一致。考虑到硼烯优秀的金属特性和低质量密度,其在锂离子电池和钠离子电池具有潜在的应用价值。另一种二维纳米材料磷烯也得到了研究者们越来越多的关注,块状磷烯是一种具有高度各向异性的层状同素异形体，具有垂直交错的六边形晶格结构。根据层数的不同，磷烯的带隙可在 0.33 ~ 2.0 eV 调制。具有良好的载流子迁移率，约为 1 000 $cm^2 \cdot V^{-1} \cdot s^{-1}$。磷烯具有的固定直接带隙和良好的载流子迁移率，可以在石墨烯和过渡金属之间起到桥梁的作用。

本章根据第一性原理，我们研究了硼烯 / 磷烯异质结的电子性质和输运性能。通过调整异质结层间高度来调节异质结的带隙，此外，我们还讨论了选择不同的电极对所讨论的体系进行输运性能的计算，绘制了相应的电流 – 电压曲线。

13.2　计算模型和方法

本书使用基于密度泛函理论（DFT）的 SIESTA-3.2 软件包对硼烯 / 磷烯异质结进行计算，结构优化采用广义梯度近似（GGA）以及 Perdew-Burke-Ernzerhof（PBE）交换关联函数。使用 DZP 基组，选取截断能为 200 Ry。晶格常数和原子位置不断优化直到原子间的力小于 0.01 eV/Å。K 点设置为 $1 \times 1 \times 15$ 用于布里渊区采样的电子计算，选取 K 点为 $1 \times 1 \times 30$ 用于计算输运性能。这里 Z 方向是电子输运方向，为保证研究体系为单层异质结，避免层间的相互作用，在垂直于异质结平面的方向上设置了 30 Å 的真空度。

本书利用 TranSIESTA 代码，用非平衡格林函数的方法研究了磷烯的输运性能。使用 Landauer–Büttiker formula 公式计算通过散射区的电流为

$$I(V) = \frac{2e}{h}\int\left[f_{\mathrm{L}}(E) - f_{\mathrm{R}}(E)\right]T(E)\mathrm{d}E \tag{13-1}$$

式中：e 指元电荷；h 指普朗克常量；$f_{\mathrm{R/L}}(E)$ 分别是左右电极的费米 - 狄拉克分布函数；$2e/h$ 表示量子电导；$T(E)$ 指透射系数。透射系数方程为

$$T(E) = T_r[\mathit{\Gamma}_{\mathrm{L}}(E)G^{\mathrm{R}}(E)\mathit{\Gamma}_{\mathrm{R}}(E)G^{\mathrm{A}}(E)] \tag{13-2}$$

式中：$\mathit{\Gamma}_{\mathrm{L}}, \mathit{\Gamma}_{\mathrm{R}}$ 分别表示左右电极自身能量耦合函数；G^{R} 和 G^{A} 分别表示推迟和提前格林函数。

13.3 计算结果与讨论

13.3.1 几何结构和电子特性

我们使用 2.5 × 11 的硼烯超原胞和 3.5 × 7 的磷烯超原胞结合构成硼烯 / 磷烯异质结，如图 13-1 所示。利用 SIESTA 软件进行结构优化，优化后的硼烯单胞晶格常数为 *a*=5.075 Å，*b*=2.928 Å；磷烯单胞的晶格常数为 *a*=3.30 Å，*b*=4.62 Å，这与之前的文献结果一致。构成的异质结的晶格常数不匹配度在 *a* 方向上为 4.4%，在 *b* 方向上为 0.2%。为了减小由于晶格常数不匹配对异质结电子性质带来的影响，选取 *b* 方向为周期性方向，分别计算出硼烯和磷烯层间距离为 2.65 Å、2.90 Å 和 3.30 Å 的异质结模型。硼烯和磷烯之间的相互作用强于硼烯 /g-C 2N，硼烯 / 硒化钼之间具有较大的结合能和较小的层间距离。

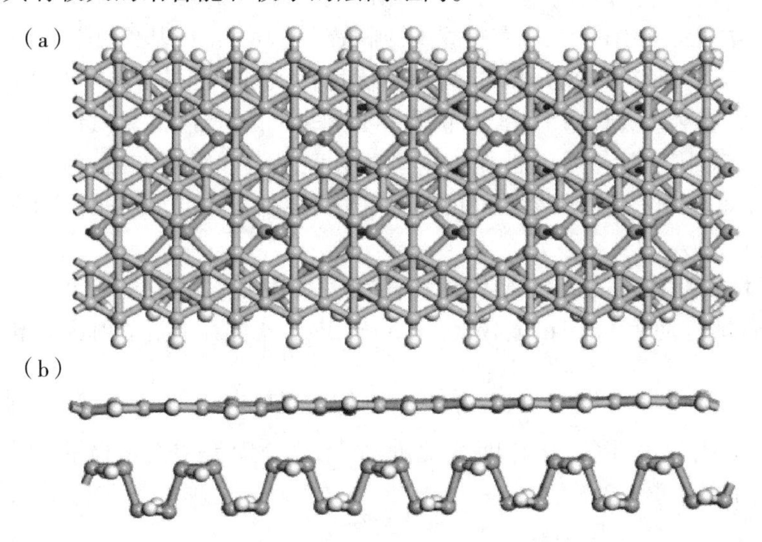

图 13–1　硼烯 / 磷烯异质结的结构

（a）俯视图；（b）侧视图

图 13-2（a）（b）所示为硼烯和磷烯的电子结构，很明显可以看出硼烯表现出金属性质，磷烯表现出半导体性质且具有 1.49 eV 的直接带隙。图 13-2（c）~ 图 13-2（e）给出了不同层间距离的异质结电子结构，可以看出 2.65 Å 和 2.90 Å 距离异质结，均表现出半导体性质，带隙分别为 0.263 eV 和 0.251 eV；对 3.30 Å 距离的异质结而言，有能带穿越

费米能级,从而使其表现出金属性质,这是由于两者的层间距离较大,硼烯占主导地位,同时可以看出磷烯对硼烯原有的能带结构产生了较大的影响。这些结果表明硼烯是一种很有前途的金属电极材料,它可以使磷烯保持原有电子性能的同时,提高其接触性能。此外,在硼烯 / 磷烯异质结中,两者的相互作用使得硼烯的费米能级向磷烯的价带移动,最终形成 p 型掺杂。基于 Schottky-Mott 方法,肖特基势垒高度定义为半导体能带边缘和金属费米能级之间的差值。理论计算表明,对于层间距离为 2.65 Å 的异质结而言,n 型肖特基势垒高度为 0.253 eV,远大于值为 0.01 eV 的 p 型肖特基势垒;在层间距离为 2.90 Å 的异质结中,n 型肖特基势垒高度为 0.247 eV,p 型肖特基势垒为 0.004 eV。这表明硼烯 / 磷烯异质结形成 p 型肖特基接触。分析认为,硼烯 / 磷烯所构成的异质结,可以改变其原本所具有的电子性质,在一定范围内调节两者层间的距离以改变其带隙。此外,肖特基势垒使其在肖特基二极管、场效应晶体管中有一定的应用价值。

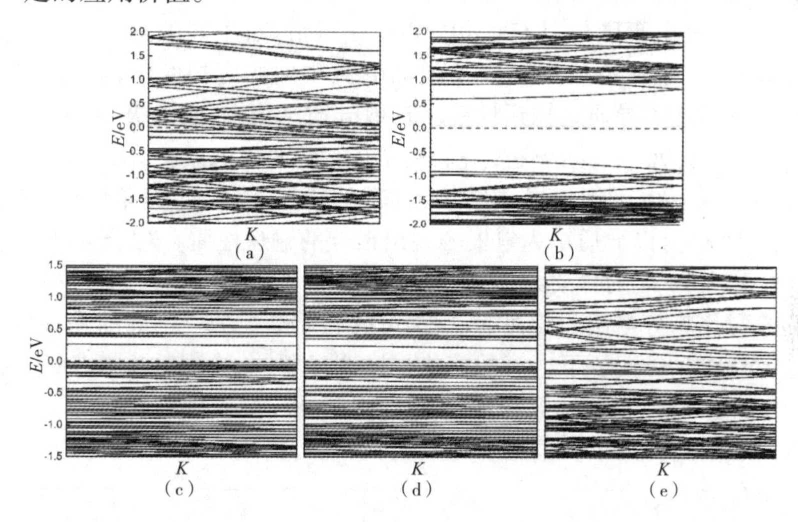

图 13-2　硼烯、磷烯及其异质结的能带结构

(a)硼烯;(b)磷烯;(c)2.65 Å 异质结;(d)2.90 Å 异质结;(e)3.30 Å

13.3.2 异质结的输运性质

为了研究异质结的输运性质,我们设计了硼烯 / 磷烯异质结电子器件,电子器件分为三个部分:左电极、中心散射区、右电极。图 13-3 分别给出了硼烯、磷烯和不同层间距离的硼烯 / 磷烯异质结的电流 – 电压曲线,由图 13-3(a)可以看出,在偏压较低的情况下,通过磷烯的电流几乎为 0,这是由于未施加偏压时,磷烯存在较大的带隙,当正偏压超过 1.3 V 时,电流开始逐渐增大,这是由于随着偏压的增大,带隙在慢慢减小;相比而言,负偏压下的电流要略大于正偏压下的电流。同时也给出了硼烯的电流 – 电压曲线,刚施加偏压时,电流值就出现了变化,这是由硼烯的金属特性引起的。很明显,在负偏压下的电流要高于正偏压下的电流,这与之前对硼烯纳米带输运性质的研究相对应。当负偏压超过 1.3 V 时,会出现负微分电阻效应。图 13-3(b)~ 图 13-3(d)分别是层间高度为 2.65 Å、2.90 Å 和 3.30 Å 硼烯 / 磷烯异质结在选取不同电极下的电流 – 电压曲线。对于 2.65 Å 异质结而言,在选取硼烯为左、右电极时,电流随着偏压的变化不是很明显。这是由于中心散射区的磷烯不与之接触,硼烯平面占据器件输运的主导地位,相比图 13-3(a)中负偏压下硼烯的电流变化,构成异质结后,磷烯所具有的带隙对异质结的影响,使得以硼烯为电极时,异质结在负偏压下电流变化不明显。选取磷烯为左、右电极,在偏压较低时,电流随偏压的增大变化不明显,与磷烯的电流 – 电压曲线类似,这是由于磷烯具有 1.49 eV 的较宽带隙,不同的是,当偏压超过一定数值时,电流的增加幅度是磷烯电流增加幅度的两倍,表明硼烯的金属性质提高了异质结输运性能。选取异质结为左、右电极,在偏压小于 0.5 V 时,电流增大,呈线性变化,然后出现了无规则振动,总体保持增大的趋势。这是由于构成异质结后,其带隙较小,施加的偏压使得带隙关闭。分析认为,以异质结为电极表现出最佳的输运性质。对于层间距离为 2.90 Å 和 3.30 Å 的异质结而言,分别选取硼烯和磷烯为左、右电极时,其电流的变化趋势与层间距离为 2.65 Å 的异质结类似。不同的是,以磷烯为电极时,正、负偏压下电流的变化幅度明显不同,出现整流效应,整流比约为 2.0。有趣的是,选取异质结为左、右电极时,表现出明显的不同,正偏压下的电流要高于负偏压下的电流,表现出整流效应,整流比约为 1.5。

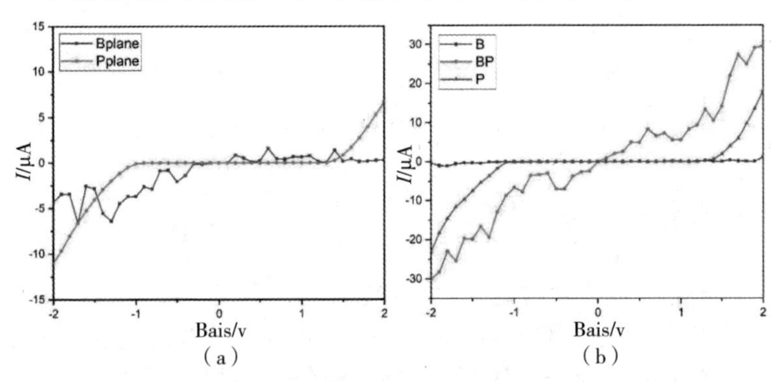

图 13-3 硼烯、磷烯及其异质结的电流 – 电压输运特性

(a)硼烯、磷烯;(b)2.65 Å 异质结;

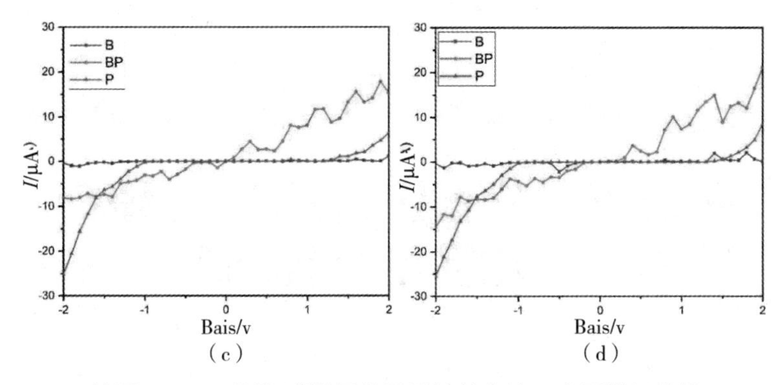

续图 13-3　硼烯、磷烯及其异质结的电流 – 电压输运特性

(c) 2.90 Å 异质结；(d) 3.30 Å 异质结的电流 – 电压曲线

13.4　本章小结

本章主要利用 SIESTA-3.2 软件包，对硼烯 / 磷烯构成不同层间距离的异质结进行电子结构计算，并且探讨了其输运性质。通过对电子结构的分析，调节层间距离，可以对其带隙进行调控。我们预测在一定范围内减小两者的层间距离，可使磷烯的半导体特性占据主导地位，表现出半导体特性；在一定范围内增加两者的层间距离，硼烯的金属性占据主导地位，表现出金属特性。通过对电流 - 电压曲线的分析，结果表明层间距离为 2.65 Å 的异质结在选取异质结为电极时，表现出最佳的输运性能。选取的电极对异质结的输运性质有明显的影响。层间距离为 2.90 Å 和 3.30 Å 的异质结，分别以磷烯和异质结作为电极时，均出现整流效应，我们预测，在 2.65 Å 与 2.90 Å 之间会出现一个整流效应转折高度，这为硼烯 / 磷烯异质结整流器件的设计提供了理论参考。

第14章　过渡金属吸附对锡烯电子结构的影响

14.1 引　言

近十年来，二维材料成为众多学者关注的焦点。特别是石墨烯，因受到量子尺寸效应的影响，石墨烯表现出不同寻常的电子性能，包括大的比表面积、快速开关比和高迁移率。然而，石墨烯的准金属特点限制了其在半导体器件方面的应用。近年来，研究者们探索出了包括掺杂、缺陷、吸附、电子禁锢等调控带隙的方法。同时，还发现了其他二维材料，如黑磷、过渡金属二硫化合物和锡烯等。磷烯的带隙为0.3 ~ 1.5 eV，石墨烯和过渡金属硫族化合物的带隙为0 ~ 0.3 eV，可见每一种二维材料的带隙和电子性质都不一样。

有研究者通过分子束外延法在Bi_2Te_3（111）基底上成功制备了锡烯，并在常温下观察到其拓扑超导性和热电性。锡烯作为一种热门的二维材料，由于其在光学、力学、磁学等方面拥有诸多优良性能，受到世界各国研究者的广泛关注。与硅烯和锗烯相似，锡烯也是一种具有较大褶皱度的二维材料，它具有二维蜂窝状的锡原子层，表现出室温量子自旋霍尔效应。

Cai等人曾根据密度泛函理论计算，报道了锡烯具有72 meV的带隙，在费米能级上有很明显的狄拉克锥。以往的实验和理论研究已经验证了锡烯的带隙是可以调控的。例如，M.Modarresi等人研究了施加外部应变对锡烯电子结构的影响。对锡烯和其他二维材料，构建范德瓦尔斯异质结也是调控带隙的重要方法之一。例如Cao等人研究了锡烯和ZnO的范德瓦尔斯异质结，通过第一性原理计算，研究表明，锡烯/ZnO异质结与原始锡烯相比具有更大的带隙。施加外部电场是调谐单层锡烯带隙的有力策略。M.Fadaie 等人发现，当在锡烯上施加外部电场时，带隙略有增加，结构的褶皱程度更加明显。吸附也是调控带隙的有效方法，Cui 等人研究了 Ni 和 Ru 原子掺杂 InN 二维材料，其电子结构和带隙特性发生了明显变化，随后进一步计算了 Ni、Ru 掺杂 InN 后再吸附某些气体分子后的结构特性，其电子结构也有所改善。

由于锡烯在费米能级处具有狄拉克锥，准金属性限制了其在半导体器件方面的应用，因此在二维材料上掺杂过渡金属已被认为是调整其电子性能的可行途径。通过吸附过渡金属，锡烯打开了带隙，使其发生了由金属向半导体特性的转变，具有应用前景。本章通过第一性原理计算，研究了 Fe、Co、Ni、Cu、Ru、Rh、Pd、Ag、Os、Ir、Pt 和 Au 原子在单层锡烯上的吸附行为，分析了吸附过渡金属原子的单层锡烯的能带结构和态密度图。计算结果表明，单层锡烯的电子性能和磁性可随着不同过渡金属原子的吸附或不同吸附位点而发生变化。这项工作为过渡金属在二维材料上的吸附提供了理论支持，将为基于锡烯的自旋电子学和纳米电子学的发展提供参考。

14.2　计算方法和参数设置

本章模拟计算是基于密度泛函理论的第一性原理方法，在 SIESTA-3.2 计算软件包中运行。采用广义梯度近似（GGA）和 Perdew-Burke-Ernzerhof（PBE）交换关联函数进行结构优化。采用 200 Ry 的能量截止点和 DZP 基组。对所有原子位置都进行了优化，直到每个原子的残余力小于 0.04 eV/Å。此外，能量计算连续迭代的收敛标准采用 10^{-4} eV。*K* 点网格设置为 15 × 15 × 1，用于布里渊区结构弛豫、能带结构和态密度的计算。为了防止相邻层间的相互作用，在 Z 方向采用 25 Å 的真空层。吸附体系采用优化后的 4 × 4 × 1 锡烯超胞，这个超胞包括 32 个锡原子和 1 个过渡金属原子。

14.3 计算结果和讨论

14.3.1 过渡金属吸附在锡烯上的吸附能和吸附位点

本章研究了 12 种过渡金属(Fe、Co、Ni、Cu、Ru、Rh、Pd、Ag、Os、Ir、Pt、Au)在锡烯上的吸附情况,图 14-1 所示是 4×4 锡烯超胞晶体结构,包括 32 个锡原子和 1 个吸附原子,吸附浓度为 3.125%。锡烯单胞被菱形框架包围,经过计算可知,1×1 锡烯弛豫后的晶格常数、褶皱参数和 Sn—Sn 键长分别为 4.674 Å、0.880 2 Å 和 2.833 Å,这些计算结果与以往的研究一致。在图 14-1 中,为了找到最合适的吸附位点,考虑了顶部(Top)、中空(Hollow)、谷部(Valley)和桥部(Brige)4 种吸附位置。吸附原子在单层锡烯上的吸附(结合)能 E_{ad} 定义为

$$E_{ad} = E_{TM-stanene} - E_{TM} - E_{stanene} \quad (14\text{-}1)$$

式中:$E_{TM-stanene}$ 为过渡金属原子吸附在锡烯体系的总能量;E_{TM} 为孤立的过渡金属原子的总能量;$E_{stanene}$ 为原始锡烯的总能量。

通过公式(14-1)计算出 4 个吸附位点的吸附能,结果表明,过渡金属原子吸附在单层锡烯上是稳定的,所给定的吸附能是一个负值。过渡金属吸附在锡烯上的能量绝对值越大,吸附原子与锡烯之间的相互作用越强。计算结果显示,最有利的吸附位点集中在 T 位点和 H 位点。Au 原子吸附的吸附能最低,而 Os 原子吸附的吸附能最高。锡原子与过渡金属原子的最小距离 d_{TM-Sn} 见表 14.1。在 H 位点和 T 位点,两个原子之间的距离最小,这进一步证明了 H 位点和 T 位点是最合适的吸附位点。

表 14.1 过渡金属吸附在锡烯上的结构信息

过渡金属原子	位点	E_{ad}/eV	d_{TM-Sn}/Å	E_b/meV	Q/e	$M_{\mu/\mu B}$
Fe	H	−3.975	2.746	M	−0.248	3.144
Co	T	−5.304	2.727	M	−0.164	2.024
Ni	H	−4.628	2.591	109.4	−0.116	0
Cu	H	−4.552	2.718	M	0.136	0
Ru	T	−5.795	2.737	69.6	0.142	−2.028
Rh	B	−5.763	2.687	M	0.146	1.007

续表

过渡金属原子	位点	E_{ad}/eV	d_{TM-Sn}/Å	E_b/meV	Q/e	$M_{\mu/\mu B}$
Pd	T	–5.967	2.756	32.4	0.184	0
Ag	H	–3.574	2.881	M	0.048	0
Os	B	–5.932	2.671	HM	–0.076	1.995
Ir	H	–6.241	2.712	M	0.092	0
Pt	T	–6.039	2.789	M	0.15	0
Au	T	–3.441	2.923	M	0.006	0

注：表格介绍了过渡金属吸附在锡烯上的中空（H）、桥（B）、谷（V）和顶部（T）最合适的吸附位点、相关吸附能（E_{ad}）、锡原子与过渡金属的最小距离（d_{TM-Sn}）、带隙（E_b）、电荷转移 Q（e）和磁矩（$M\mu$）。M 和 HM 分别代表金属和半金属。

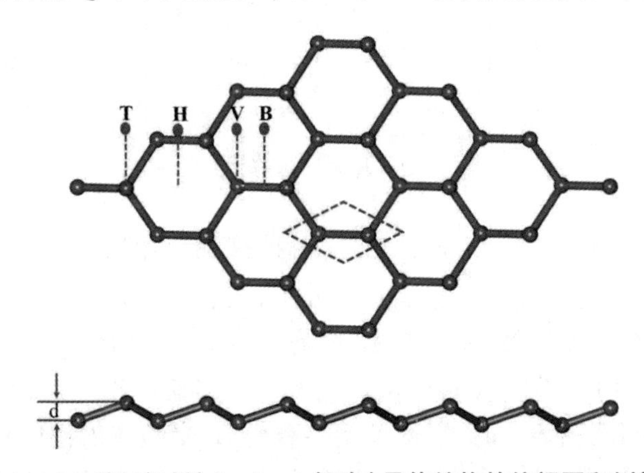

图 14–1　单层锡烯（4×4×1 超胞）晶体结构的俯视图和侧视图

注：虚线表示空心位点（H）、谷部位点（V）、两个锡原子之间的桥点（B）和锡原子的顶部位点（T）。点状菱形表示的是锡烯（1×1）单胞。侧面图中显示的是褶皱参数 d，球代表锡原子。

与吸附了过渡金属原子的石墨烯和磷烯相比，锡烯的吸附能更高。如图 14-2 所示，对于 Fe、Co、Ni、Cu 原子的四种吸附情况，除了 Co 原子吸附在 T 位点吸附能更高外，其他三种原子更倾向于吸附在 H 位点。Co 原子吸附锡烯后从 T 位点转移到 H 位点，说明 H 位点是大部分过渡金属原子最稳定的吸附位点。对于 Ru、Rh 和 Pd 等吸附原子，其吸附能量大约为 –5.0 ~ 6.8 eV。分析可得 Rh 原子从 B 位点转移到 H 位点只需要 0.001 eV。图 14-2（b）（c）具有相同的趋势，Pt 和 Au 原子吸附后从 T

位点转移到 H 位点分别需要 0.440 eV、0.319 eV 的能量。Ir 原子从 T 位点和 B 位点向 H 位点移动分别需要 0.005 eV 和 0.004 eV 的能量。根据四个吸附位点的能量差，可以大致确定过渡金属在锡烯上的扩散路径。

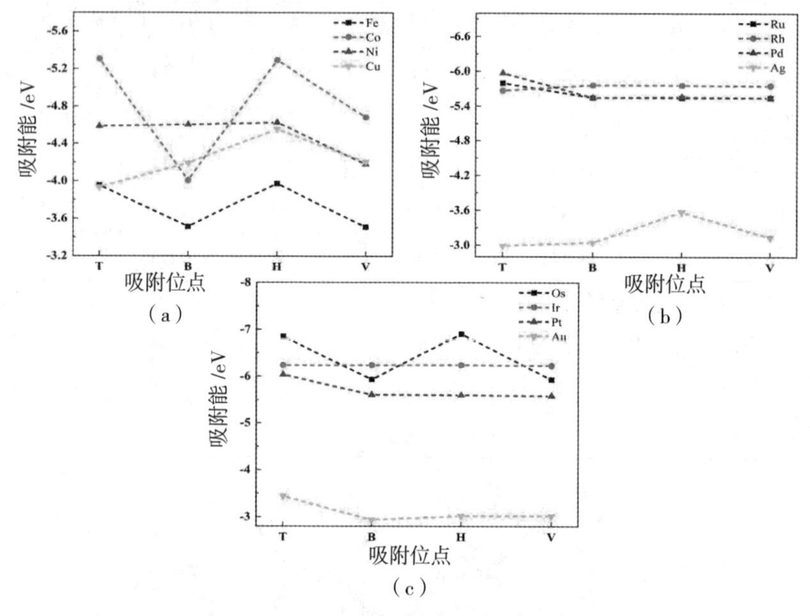

图 14-2 过渡金属原子的吸附能与吸附位点的函数关系

（a）Fe、Co、Ni 和 Cu；（b）Rh、Ru、Pd 和 Ag；

（c）Os、Ir、Pt 和 Au 在单层锡烯上的吸附能

同时，图 14-3 中展示了 H 位点和 V 位点的吸附情况。在 H 位点，当过渡金属吸附在锡烯上时，锡烯模型略有变形，V 位点的锡原子被排除在锡烯结构的平面之外。研究表明，吸附后的锡烯发生重构，如果结构极不稳定，实验中很难合成，这可能是锡烯结构表面的褶皱造成的。过渡金属原子与锡原子有很强的结合能，这是由于过渡金属原子的 3d、4d、5d 轨道容易和锡原子形成化学键。

我们研究的 12 种过渡金属原子吸附除 3d、4d 和 5d 轨道上的 Co 和 Rh 原子外，其他原子的吸附能量随原子序数的增加而增加。3d、4d、5d 轨道前面的 Fe、Co、Ru、Rh 四种元素的吸附伴随着磁性的产生。并且元素周期表中的 8、9、10 族的过渡金属吸附，从 3d 轨道到 5d 轨道，吸附能逐渐增大。在这 3 族中，磁性发生在原子数较少的位置。在 10 族中，磁性消失了。原子 d 轨道对磁性的产生起着重要作用。11 族的 Cu、Ag、Au 原子吸附都没有诱导磁矩，它们的最外层轨道分别为 $4s^1$、$5s^1$、$6s^1$。

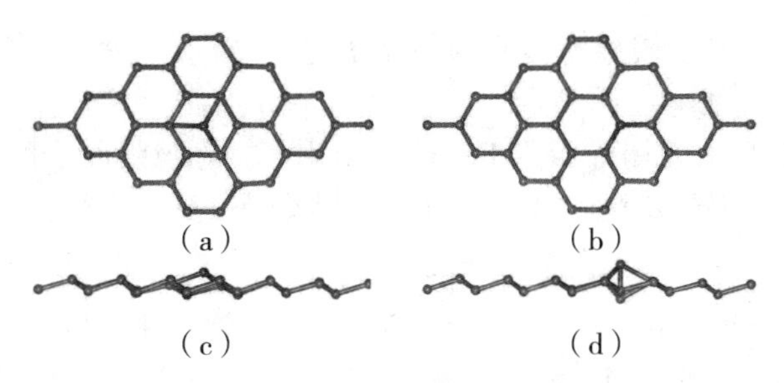

图 14-3　吸附结构的中空位点

(a)俯视图;(c)侧视图

14.3.2 原始锡烯的电子结构

为了比较过渡金属原子吸附锡烯前后的变化,我们分析了原始单层锡烯的电子结构。图 14-4 所示为原始锡烯的能带结构、态密度。从图 14-4 中可以看出,锡烯没有带隙,在 *K* 点处有一个狄拉克锥。并且无论是导带还是价带,锡原子的 5p 轨道比 Sn 原子的 5s 轨道都起着更重要的作用。因为在费米能级周围,锡原子的 5p 轨道对导带和价带的贡献更大。计算结果表明,锡烯是一种带隙为零的二维材料,在半导体方面的应用受限。因此研究人员对如何提高其电子性能给予了很多的关注,本章尝试吸附不同的原子来调控锡烯的电子性能。

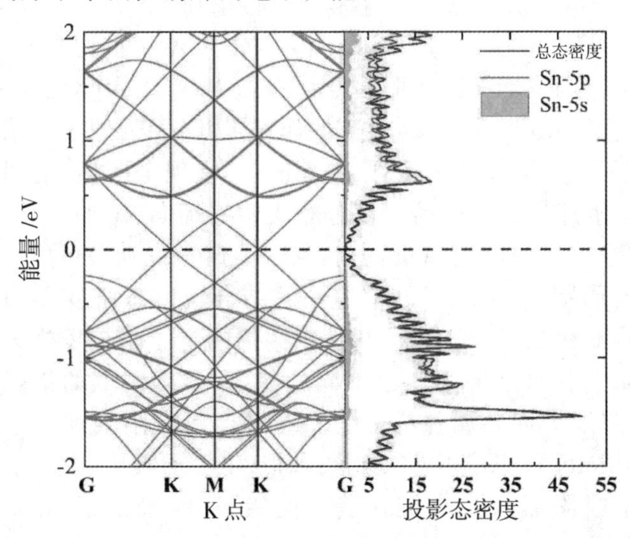

图 14-4　原始单层锡烯(4×4×1)的能带结构和态密度

14.3.3 过渡金属原子吸附对锡烯的电子结构和磁性的影响

图 14-5 所示为锡烯吸附 Fe、Co、Ni 和 Cu 等吸附原子的态密度。Fe 原子向 Sn 原子转移了 0.248 e 电荷量(结合表 14.1 和图 14-6 分析)。在吸附体系中,电荷转移量越大,电子杂化和电子再分配程度越强。轨道态密度表明,Sn 原子的 5p 轨道和 Fe 原子的 3d 轨道在 –0.3 eV 和 –0.4 eV 处发生强杂化,这与体系 Sn-Fe 键的形成有关。从图 14-5(a)中可以看出,Fe 原子的吸附使费米能级跨越了导带,从而产生 n 型掺杂。同样根据密立根(Mulliken)电荷分布,Co 原子向 Sn 原子转移 0.164 e 的电荷量,并且在轨道态密度图中,杂化发生在导带和价带(–0.9 eV,1.5 eV)处,结合电荷密度(见图 14-6),产生 n 型掺杂。电子转移到附近的 Sn 原子上,形成 Sn-Co 键。从图 14-5(c)中可以看出,Ni 原子吸附的锡烯结构出现极弱的自旋极化,狄拉克锥分裂,锡烯的带隙打开了 109.4 meV。Ni 原子转移 0.116 e 的电荷到单层锡烯上。Ni 原子吸附锡烯导致了强烈的相互作用,在 0.3 eV 处出现强峰。如图 14-5(d)所示,对于 Cu 原子来说,它在锡烯上也发生 n 型掺杂,并且没有自旋极化。价带处打开了约 33.8 meV 处的带隙,因此表现出金属性,并且从 Sn 原子向 Cu 原子转移 0.136 e 的电荷量。从电荷转移的数值来看,当过渡金属原子的电负性逐渐增大时,随着原子数的增加,电子值的损失也逐渐减小。电负性较大的过渡金属原子可以从 Sn 原子中获得少量的电荷。

下述分析过渡金属原子(Ru、Rh、Pd 和 Ag)的吸附情况。如图 14-7(a)所示,Ru 原子的吸附在 0.1 eV 处产生了一个峰,主要是 Sn 原子的 5p 轨道与 Ru 原子的 4d 轨道的作用。并且 Ru 原子吸附有效改善了锡烯的电子结构,带隙打开了 69.6 meV,呈现金属性,说明锡烯具有较高的载流子迁移率。电荷密度分布表明锡烯向 Ru 原子转移了 0.142 e 的电荷,图 14-8 的电荷密度图中,Rh 原子在 Sn 原子的顶部,并且两个原子都向周围的 Sn 原子转移电子。结合轨道态密度图,Rh 原子在费米能级周围和 Sn 原子发生杂化,使锡烯的电子结构发生了巨大的变化。自旋向上和自旋向下属于不同的状态,自旋向上的带隙约为 89.7 meV,自旋向下呈现金属性。因此,Rh 原子的吸附表现了半金属性质(Half-Metallicity)。图 14-7(c)描绘了 Pd 原子吸附在锡烯上的态密度,Pd 原子吸附后狄拉克锥在费米能级打开,增加了 32.4 meV 的带隙。Pd 原子有 0.184 e 的电荷转移到了锡烯上,由图 14-8 中的电荷密度分布可以看出,形成了 Sn—Pd 键。结果表明 Ag 原子的吸附对锡烯的影响不大,如图 14-7(d)所示,自旋极化和带隙都没有打开。但 Ag 吸附原子在锡烯中造成 n 型掺杂,表现出金属性能。对于 Ru、Rh、Pd 和 Au 等过渡金属具有较大的电负性,吸附原子的电荷量可以从 Sn 原子中获得。

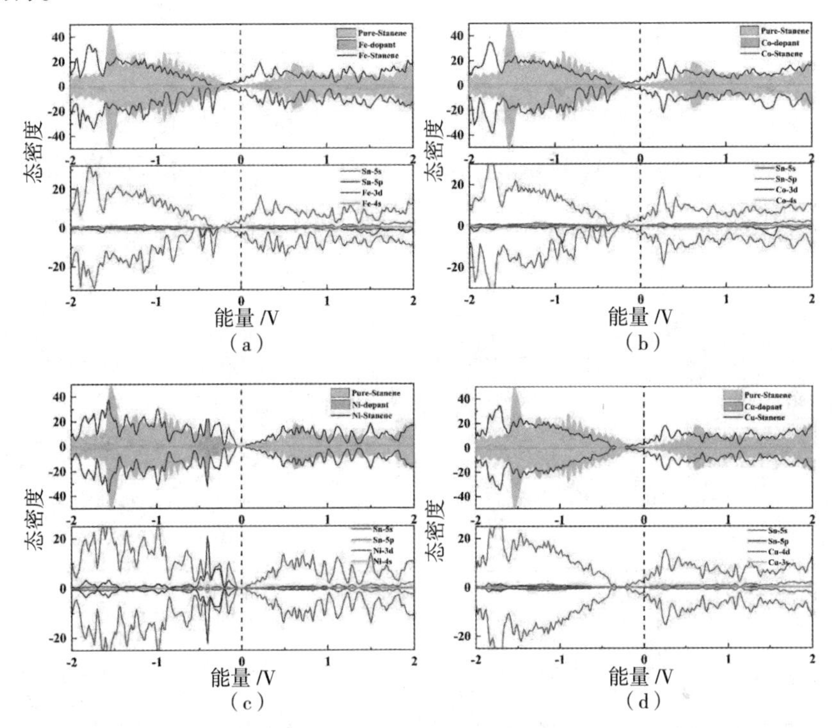

图 14-5　锡烯吸附了原子的态密度

(a)铁;(b)钴;(c);镍;(d)铜

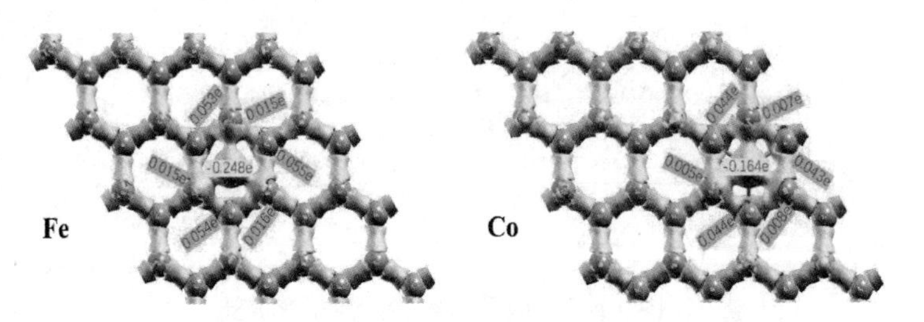

图 14-6　掺杂了 Fe、Co、Ni 和 Cu 原子的锡烯的电荷密度

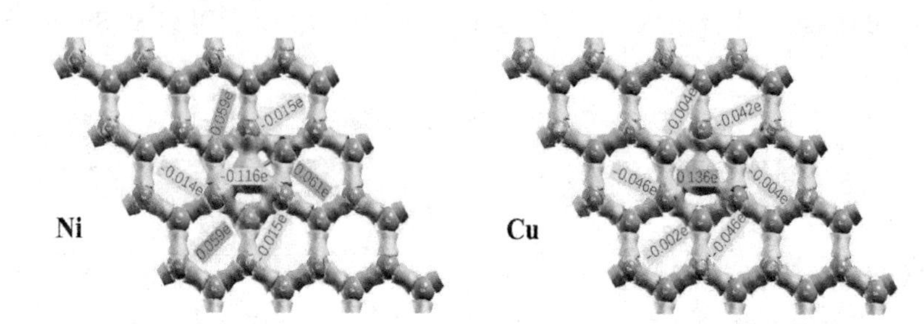

续图 14-6　掺杂了 Fe、Co、Ni 和 Cu 原子的锡烯的电荷密度

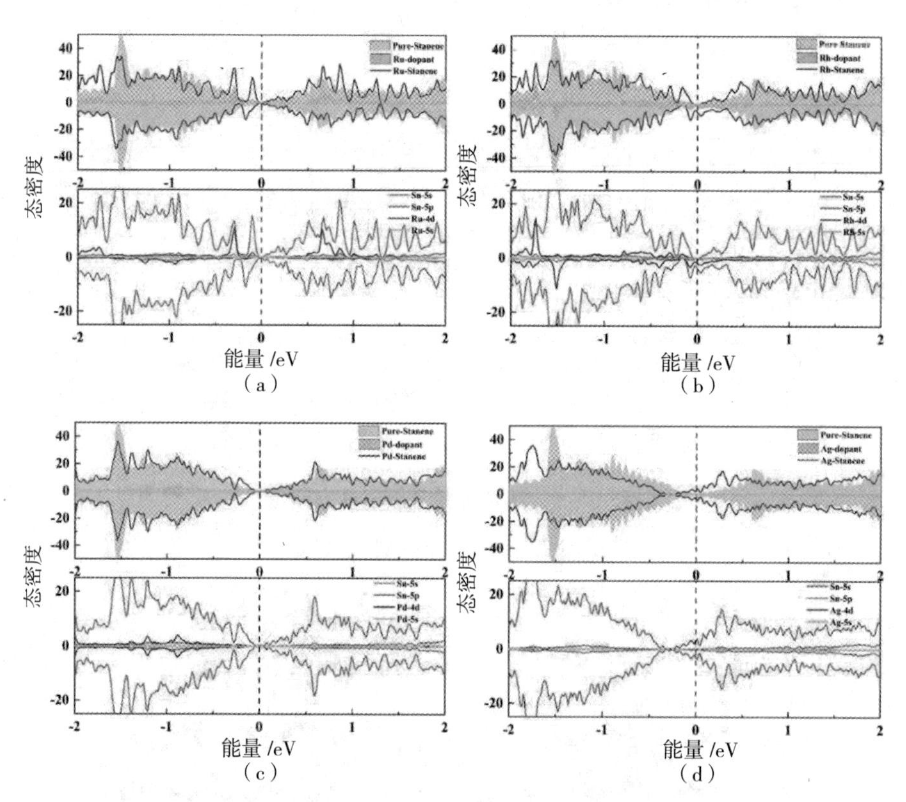

图 14-7　原子吸附锡烯的态密度

(a) Ru; (b) Rh; (c) Pd; (d) Ag

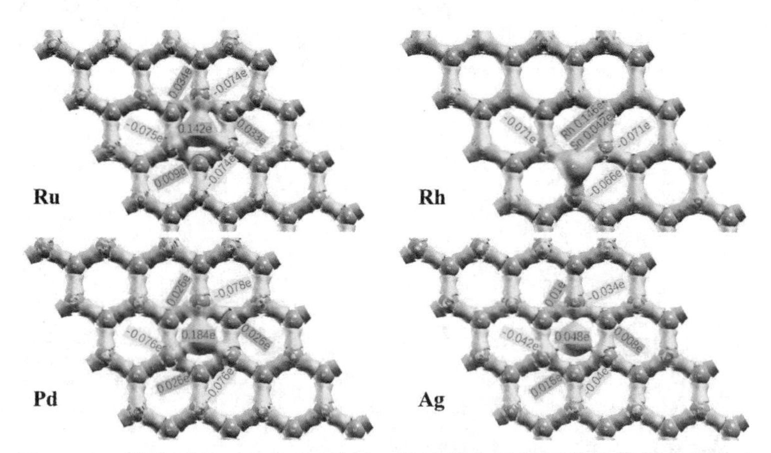

图 14-8　掺杂了 Ru、Rh、Pd 和 Ag 等过渡金属原子的锡烯的电荷密度

最后,研究 Os、Ir、Pt 和 Au 等原子在锡烯上的吸附。半金属(Half-Metallicity)指的是,自旋的一个方向是导体,但另外一个自旋方向表现为半导体或绝缘体。吸附 Os 原子的锡烯和半金属的特征完全一致,自旋向上是金属,自旋向下是 215.5 meV 的半导体,即 Os 原子吸附后锡烯是半金属性。Os 原子的吸附很大程度上改变了锡烯的电子结构。电荷密度表明,有 0.076 e 的电荷从 Os 原子转移到周围的 Sn 原子上,在 Os 原子底部的 Sn 原子的电荷转移到 Os 原子上,这与轨道态密度图一致。从图 14-9 (b) 中可以看出, Ir 原子吸附在锡烯上并没有产生自旋极化,也没有打开带隙。但在费米能级处有一个非常大的峰,表现了金属特征。推断该峰是由于 H 位点的结构不稳定性而产生的,这种变化产生的原因可能是 Ir—Sn 键的形成。对于 Ir 原子,有 0.092 e 电荷量从 Sn 原子转移到 Ir 原子上。在 Pt 原子吸附后,没有产生自旋极化,而且, Pt 原子对锡烯的影响较弱。根据密立根电荷分析,吸附原子从锡烯转移到 Pt 原子上的电荷为 0.15 e。如图 14-9 (d) 所示,在 Au 原子吸附在锡烯上后,导带跨越费米能级,产生 n 型掺杂,使锡烯表现金属性。密立根电荷密度分布表明,从锡烯转移 0.006 e 的电荷到 Au 原子上。Pt 和 Au 原子向 Sn 原子转移的电荷较少,由电荷密度和态密度观察到, Sn 原子和这两个原子的结合可能不太稳定,如图 14-10 所示。

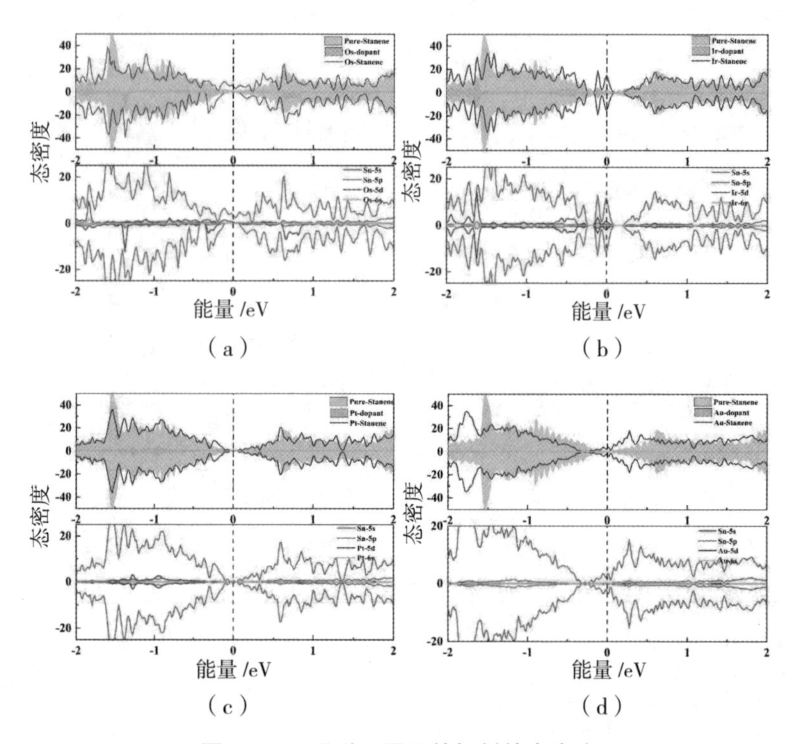

图 14-9　吸附了原子的锡烯的态密度

(a)Os;(b)Ir;(c)Pt;(d)Au

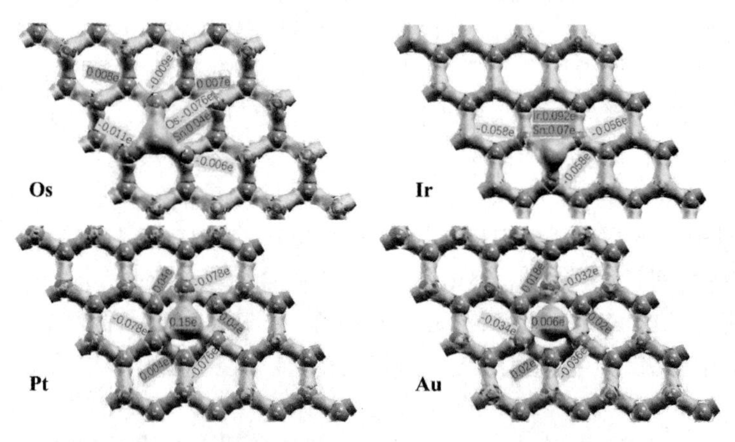

图 14-10　掺杂了 Os、Ir、Pt、Au 的锡烯的电荷密度

Fe 原子吸附导致了锡烯自旋极化的出现。锡烯是无磁性的，所以磁性主要来自周围的 Fe 原子，总磁矩为 3.144 μ_B。根据图 14-11 的自旋密度，自旋向上的电荷积聚在 Fe 原子上，很明显 Fe 原子的掺杂导致锡烯的磁性。同时，Co 原子的吸附也导致锡烯产生磁性，总磁矩为 2.024 μ_B。

在自旋密度中，Co 原子的表面布满了自旋向上的电荷，附近的 Sn、Co 原子的键上布满了自旋向下的电子，可见，锡烯的自旋是由 Co 原子的吸附引起的。而且可以看出 Co 原子和 Sn 原子之间有很强的杂化作用，这与上述轨道态密度的分析一致。Ru 和 Rh 原子的吸附，产生了不同的锡烯自旋极化结果，Ru 原子和附近的 Sn 原子上都可以看到自旋向下的电荷，但 Sn—Ru 键溢出自旋向上的电子，整体呈现自旋向下的磁性，以上的研究与轨道 DOS 图吻合。Rh 和 Ru 原子吸附锡烯的磁矩刚好相反，自旋向上的电子占据了 Rh 原子的顶部，都被 Rh 原子包围。在图 14-11 中，Rh 与 Ru 的吸附同样导致自旋极化的产生，磁矩为 1.007 μB。虽然结果不同，但可以看出，锡烯的磁性是由 Ru、Rh 原子的吸附引起的。如图 14-11 所示，有 Os 原子吸附的锡烯的磁矩为 1.995 μB。在自旋密度图中，Os 原子吸附的锡烯整体呈现自旋向上的趋势，T 位点的 Os 原子被自旋向上的电荷包围。附近的 Sn 原子分布着少部分的自旋向上和自旋向下的电荷密度，都表明 Os 原子引起自旋极化，改变了附近的 Sn 原子的电荷量。

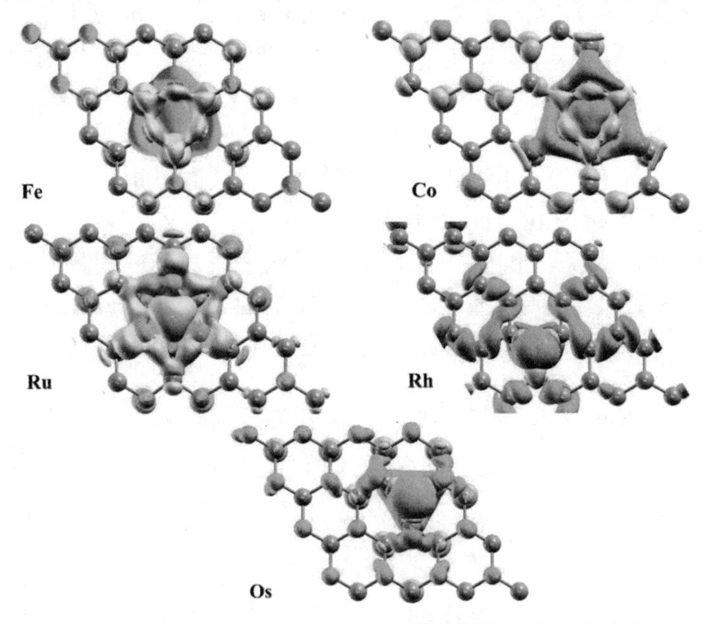

图 14-11　Fe、Co、Ru、Rh 和 Os 吸附锡烯体系的自旋电荷密度，等表面值取 0.000 15 e/Å^3

14.4 总 结

本章利用第一性原理计算研究了过渡金属元素(Fe、Co、Ni、Cu、Rh、Pd、Ag、Os、Ir、Pt 和 Au)吸附在单层锡烯上的电子特性。首先,研究了锡烯吸附的四个位点,除 Rh 原子和 Os 原子喜欢吸附在 B 位点外,其他原子更喜欢吸附在 H 位点和 T 位点, V 位点的吸附能量最低,最不适合过渡金属原子的吸附。结果表明,过渡金属原子在锡烯的 H 位点和 T 位点具有能量优势。锡烯对外来吸附原子具有良好的吸附能力,吸附能量高达 6.241 eV,比磷烯和石墨烯的吸附能更高。在优化过程中, V 位点和 T 位点的吸附原子会转移到 H 位点,与周围的一些原子形成化学键。其次, Ni、Ru 和 Pd 原子吸附在锡烯上可以打开锡烯的狄拉克锥,具有比较窄的带隙,带隙分别为 109.4 meV、69.6 meV 和 32.4 meV。Fe、Co、Cu、Ag、Au 的吸附使锡烯的费米能级上移至导带,造成 n 型掺杂。Rh 和 Os 原子吸附呈现半金属性,其中 Os 原子吸附在锡烯上,自旋向上是金属性质,自旋向下是带隙为 215.5 meV 的半导体。对于 Fe、Co、Ru、Rh 和 Os 原子,它们诱导了锡烯的磁性,其磁矩分别为 3.144 μ_B、2.024 μ_B、2.028 μ_B、1.007 μ_B 和 1.995 μ_B。此外, Fe、Co、Cu、Ag、Pt 等原子吸附的锡烯均表现出金属性,吸附了过渡金属原子的锡烯具有优异的电子性质和磁性,过渡金属吸附可能为锡烯的纳米和自旋电子器件研究提供理论支撑,并希望能为研究其他二维材料的吸附提供理论参考。

第15章　空位和杂原子掺杂对蓝磷烯稳定性、电子结构和磁性的影响

15.1　引　言

自石墨烯被研究以来，二维材料进入了一个快速发展的时期，二维材料以其固有的优良性能得到了广泛的研究。然而，石墨烯、锡烯的零带隙和非磁性限制了其在纳米电子学和自旋电子学中的应用。蓝磷烯作为二维材料中的一员，具有较高的载流子迁移率、可调谐带隙等优点，并且通过分子束外延生长制备在实验上已有报道。同时，蓝磷烯存在带隙大、无磁性、间接带隙等缺陷，抑制了其在光电子、自旋电子等方面的应用。基于这些缺陷，研究人员一直在探索解决带隙和磁性问题的方法。

诱导二维材料磁矩的方法之一是引入缺陷并将金属原子嵌入蓝磷烯中。以往的研究表明，通过在单层锡烯中嵌入过渡金属，可以有效地调控锡烯的磁性。过渡金属原子吸附在石墨烯上，或者石墨烯发生缺陷也可以诱导磁性。同样的现象也出现在其他二维材料中，例如黑磷烯、MoS_2、砷烯等。另外，通过将金属原子嵌入蓝磷烯中，可以调控蓝磷烯从间接带隙转变为直接带隙。例如，Xu等人研究了O_2、—OH、—COOH、—CN吸附在蓝磷烯上，蓝磷烯发生了间接带隙向直接带隙的转变。Chen等人研究了基于原始和Cu掺杂的单层InN的电子结构变化，结果表明Cu原子的掺杂可调控材料的电子结构。同样，硅烯的缺陷也打开了直接带隙，提高了硅烯的电导率。从以上结论可以看出，缺陷对二维材料的磁性和电子性能的调控是非常有效的。大多数二维材料的电子性能、物理性能总是受到缺陷的影响。黑磷烯和硅烯中典型的点缺陷已经被大量研究，它们极大地改善了材料电子结构。

本章采用密度泛函理论来计算空位缺陷和杂原子取代掺杂的蓝磷烯

的电子特性、稳定性和磁性。首先，蓝磷烯是一种具有间接带隙的非磁性二维材料，限制了其在光电子、纳米电子和自旋电子等方面的应用。其次，系统地探讨各种缺陷的电子结构和稳定性，如单原子空位（SV）、两种双原子空位（DV1 和 DV2）、六原子空位（SIXV）缺陷的情况。最后，介绍各种杂原子取代掺杂（Li、Na、Al、Si、Fe、Co、Sn），比如单原子取代掺杂（$P_{97}ATOM_1$）、两种双原子取代掺杂（$P_{96}ATOM_2$-1、$P_{96}ATOM_2$-2）、六原子取代掺杂（$P_{92}ATOM_6$）的蓝磷烯。在本章的研究中，二维蓝磷烯的电子结构和磁性能得到了有效调控。

15.2 计算方法和参数设置

在本章的分析中，基于密度泛函理论，使用 SIESTA-3.2（Spanish Initiative for Electronic Simulations with Thousands of Atoms） 软 件包计算的二维材料的电子特性。采用广义梯度近似和 Perdew-Burke-Ernzerhof（PBE）交换关联函数进行结构优化。能量截止值设定为 200 Ry，基组设定为 DZP 轨道。所有原子位置完全弛豫，直到残余力和总能量分别收敛到 10^{-6} eV 和 0.03 eV/Å。1 × 1 蓝磷烯的晶格参数为 a=b=3.278 Å，与实验结果相吻合。本章使用的结构是 7 × 7 的超胞，包括 98 个 P 原子，为了防止相邻层间的相互作用，在 Z 方向上设置了 25 Å 的真空层。K 点设置为 15 × 15 × 1，用于结构弛豫和电子性质的计算。采用杂化泛函和 SIESTA 软件的 PBE 计算，结果显示 PBE 计算结果与之前的计算数据吻合度很高，下述电子结构计算全部采用 PBE，杂化泛函计算和 PBE 计算结果见表 15.1。

表 15.1 比较 PBE 和加入杂化后的蓝磷烯的结构参数和带隙

缺陷	能隙（eV）–PBE		能隙（eV）– 混杂	
	向上	向下	向上	向下
理想	2.026 6		2.107 6	
SV–（5|9）	0.919 7	0.928 3	0.958 7	0.855 3
DV–（5|8|5）	1.257 5		1.256 8	
DV–（9|4|9）	0.506 6		0.501 1	
SIXV–（18）	1.677 0	1.024 0	1.669 5	0.966 0

15.3　计算结果和讨论

15.3.1 原始蓝磷烯的电子结构

本书通过第一性原理计算原始蓝磷烯的电子结构，蓝磷烯的结构如图 15-1 所示。图 15-1（a）所示为优化后的 7×7 超胞蓝磷烯结构，其中 1×1 原胞被紫色菱形包围，弛豫后的晶格常数、褶皱参数和 P—P 键长度分别为 3.278 Å、1.234 Å 和 2.261 Å，得到的模拟结果与实验结果一致。图 15-2（a）和图 15-2（c）给出了原始蓝磷烯自旋向上和自旋向下的能带结构和态密度，很明显，导带的最低点和价带的最高点对应不同的 K 点，表明蓝磷烯是间接带隙半导体。并且自旋向上和自旋向下的能带结构和态密度一致，因此蓝磷烯没有磁性。综上所述，蓝磷烯是一种间接带隙的非磁性半导体，带隙为 2.03 eV。这些特点限制了蓝磷烯在一些领域的研究，如光电子学、纳米电子学和自旋电子学等，因此在研究中引入了空位缺陷和杂原子掺杂来调控蓝磷烯的电子结构。

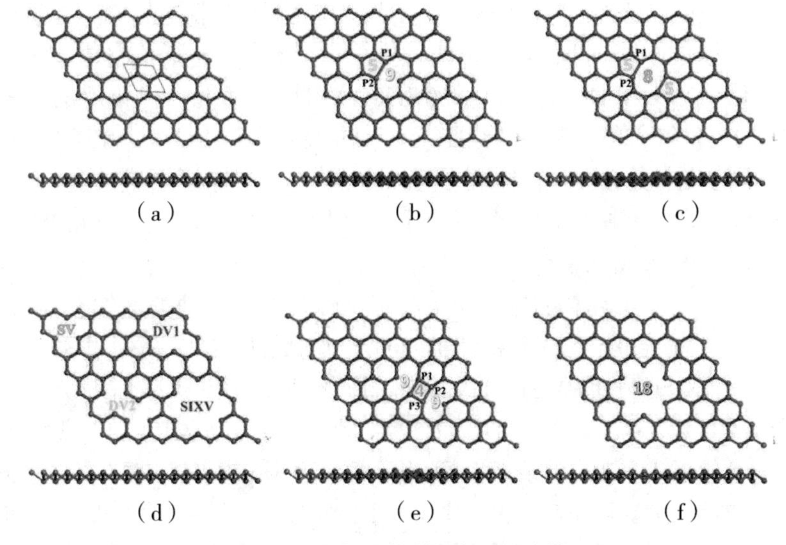

图 15-1　优化结构的俯视图和侧视图

（a）原始蓝磷烯；（b）单空位 SV（5|9）；（c）双空位 DV（5|8|5）；（d）4 种空位缺陷的具体表现；（e）双空位 DV（9|4|9）；（f）六空位 SIXV（18）

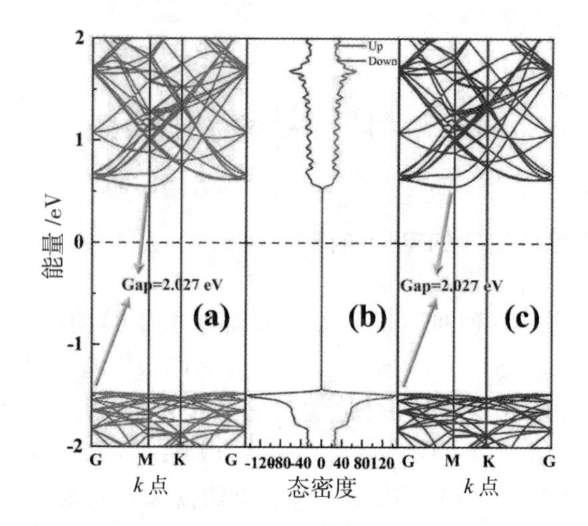

图 15–2　蓝磷烯的能带结构态密度

（a）自旋向上的能带结构；（b）原始蓝磷烯的态密度；（c）自旋向下的能带结构

15.3.2 蓝磷烯的四种空位缺陷

研究缺陷状态对半导体材料的发展和应用是非常重要的。为了模拟蓝磷烯的空位缺陷，我们考虑了四种空位缺陷模型，包括单空位（SV）、两类双空位（DV1 和 DV2）、六空位（SIXV）的缺陷情况。优化后的缺陷结构如图 15.1（b）（c）和图 15-1（e）~ 图 15-1（f）所示，与以往的空位缺陷不同。在我们的工作中，单空位是去掉一个 P 原子形成的，去掉一个 P 原子后发现 SV 缺陷是一个不稳定的结构，会发生畸变，P1 和 P2 原子在蓝磷烯表面形成化学键，键长为 2.58 Å，所以在缺陷位点形成一个五原子环和一个九原子环［见图 15-1（b）］。同时，考虑了两种类型的空位缺陷，其中 DV1 是通过删除两个相邻的 P 原子形成的，DV2 是通过去掉六边形相对的两个原子形成的。DV1 缺陷形成两个五原子环和一个八原子环，所有的悬垂键都是通过形成 2.52 Å 的 P1-P2 键而饱和的［见图 15-1（c）］。优化后 DV2 的剩余四个原子形成四边形，P1-P2、P2-P3 的键长分别为 2.32 Å、2.35 Å，所以 DV2 拥有两个九原子环和一个四原子环［见图 15-1（e）］。通过去除 6 个原子的 7 × 7 蓝磷烯，优化后也没有发生很大变化［见图 15-1（f）］。电荷密度和密立根电荷分布见图 15-3 和表 15.2，SV、DV1 的 P1 和 P2 键具有弱化学键。可以发现，初始缺陷很不稳定，优化后产生新的稳定结构。在图 15-3 和表 15.2 所示的电荷密度中，缺陷态的原子 47 和 62 失去电荷量而转移到周围的原子上。在 DV1

（5|8|5）中，SV 缺陷态的原子失去了电荷，并转移到周围的 P 原子上。在 DV2（9|4|9）中，组成方块的 4 个原子分别失去 0.048 e，这些原子的电荷转移到离它们最近的原子上，所以从这部分可以确定 35，36，49，50 位点的原子和 22，33，52，63 位点的原子形成 P—P 键。在 SIXV（18）中，没有明显得失电子的变化。

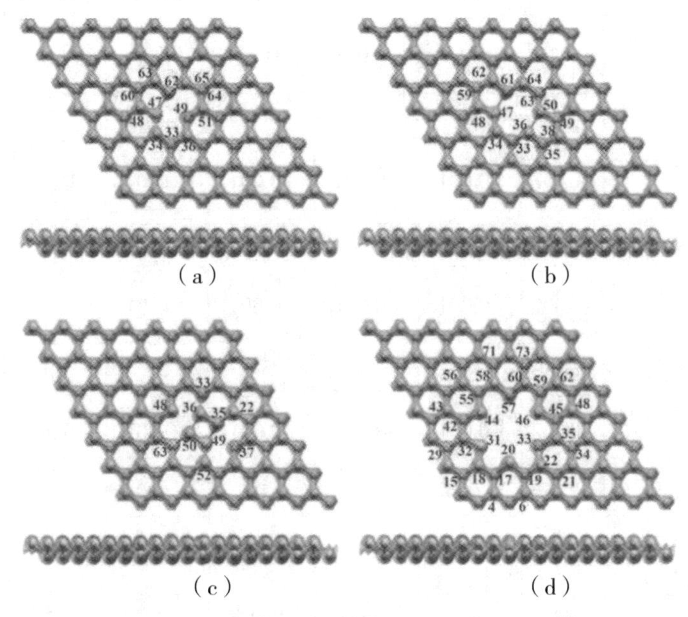

图 15-3　电荷密度，等值面值为 0.08 e /Å^3

（a）SV（5|9）；（b）DV1（5|8|5）；（c）DV2（9|4|9）；（d）SIXV（18）

表 15.2　SV（5|9）、DV（5|8|5）、DV（9|4|9）和 SIXV（18）缺陷态的电荷转移

原子位点	33	34	36	47	48	49	
SV-（5|9）/Q（e）	0.011	0.025	−0.006	−0.036	0.002	0.001	
原子位点	51	60	62	63	64	65	
SV-（5|9）/Q（e）	−0.006	0.009	−0.036	0.002	0.011	0.025	
原子位点	33	34	35	36	38	47	48
DV-（5|8|5）/Q（e）	0.036	0.036	−0.04	−0.034	0.006	−0.034	−0.004
原子位点	49	50	59	61	62	63	64
DV-（5|8|5）/Q（e）	−0.004	−0.034	0.006	−0.034	−0.004	0.036	0.036
原子位点	22	33	35	36	37		

续表

原子位点	33	34	36	47	48	49	
DV-（9|4|9）/Q（e）	0.036	0.036	−0.048	−0.048	0.026		
原子位点	48	49	50	52	63		
DV-（9|4|9）/Q（e）	0.026	−0.048	−0.048	0.036	0.036		
原子位点	20	31	33	44	46	57	
SIXV-（18）/Q（e）	−0.001	−0.001	−0.001	−0.001	−0.001	−0.001	
原子位点	17	18	19	22	32	35	
SIXV-（18）/Q（e）	−0.001	−0.001	−0.001	−0.001	−0.001	−0.001	
原子位点	42	45	55	58	59	60	
SIXV-（18）/Q（e）	−0.001	−0.001	−0.001	−0.001	−0.001	−0.001	
原子位点	4	6	15	21	29	34	
SIXV-（18）/Q（e）	0.002	0.002	0.002	0.002	0.002	0.002	
原子位点	43	48	46	62	71	73	
SIXV-（18）/Q（e）	0.002	0.002	0.002	0.002	0.002	0.002	

15.3.3 蓝磷烯四种空位缺陷的稳定性和磁性

为了测试蓝磷烯空位缺陷的稳定性，计算形成能 E_f 和结合能 E_b，定义为

$$E_f = \frac{1}{m}\left(E_{blueP} - E_{defect}\right) - E_P \tag{15-1}$$

$$E_b = \frac{1}{n}\left(E_{defect} - n \times E_P\right) \tag{15-2}$$

式中：E_{blueP}、E_{defect} 和 E_p 分别为原始蓝磷烯的能量；SV、DV1、DV2 和 SIXV 等缺陷的总能量和孤立 P 原子的能量；m 和 n 分别为蓝磷空位缺陷去掉的 P 原子数和空位缺陷的总原子数，结果见表 15.3 和图 15-4。缺陷蓝磷烯的结合能和形成能的绝对值越大，结构越稳定。根据公式，

计算出蓝磷烯与 SV、DV1、DV2 和 SIXV 的形成能分别为 –5.68 eV、–4.63 eV、–5.47 eV 和 –4.29 eV。结果表明，带缺陷的蓝磷烯是一种稳定的结构。

表 15.3 优化后的蓝磷烯的结构参数、带隙、磁矩 M（μ_B）和结合能（E_b）

缺陷	能隙 /eV（上下）		M/μ_B	E_b/eV	特性
理想	2.026 62		0	–3.331	间接
SV–（5|9）	0.919 7	0.928 3	0.999 992	–3.307	—
DV–（5|8|5）	1.257 5		0	–3.304	间接
DV–（9|4|9）	0.506 6		0	–3.287	间接
SIXV–（18）	1.677	1.024	5.999 974	–3.268	—

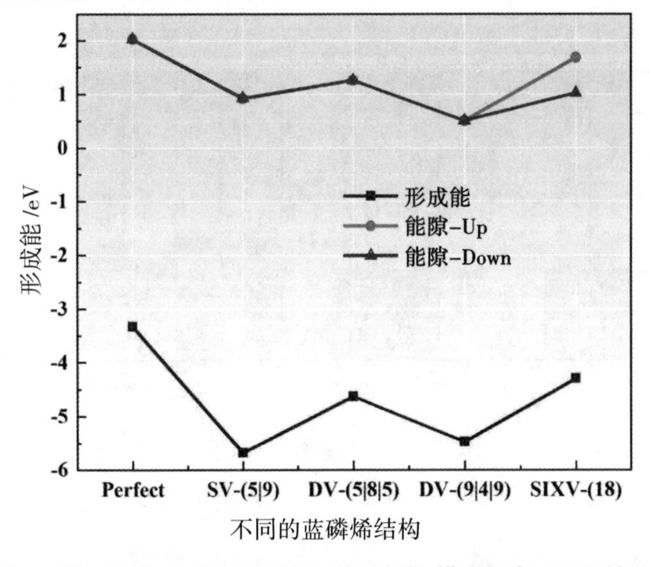

图 15–4　SV、DV1、DV2 和 SIXV 的形成能和能带，横坐标表示不同的蓝磷烯结构，纵坐标 Formation Energy 表示形成能，Band gap 表示能隙

为了讨论含有 SV、DV1、DV2 和 SIXV 缺陷的蓝磷烯的电子结构，分析 SV、DV1、DV2 和 SIXV 体系的态密度。从图 15-5 中可以发现，DV1 和 DV2 蓝磷烯的自旋向上与自旋向下能带结构一致，自旋向上和自旋向下的态密度也对称，这说明 DV1 和 DV2 的蓝磷烯是没有磁性的。而 SV 和 SIXV 的态密度显示，它们的自旋向上和自旋向下的能带结构不同，自旋向上和自旋向下的态密度也不同，这说明 SV 和 SIXV 蓝磷烯存在磁性。根据表 15.3，引入缺陷后带隙均较小，DV2 的带隙仅为 0.506

6 eV,结合能带结构, DV1 和 DV2 蓝磷烯仍为间接带隙。然而, SV 和 SIXV 产生的磁矩约为 1 μ_B 和 6 μ_B。为了更详细地描述 SV 和 SIXV 的磁性,我们绘制了自旋电荷密度图(见图 15-6),考虑到是缺陷周围的悬空键诱导了磁性,缺陷状态周围都有自旋电荷。

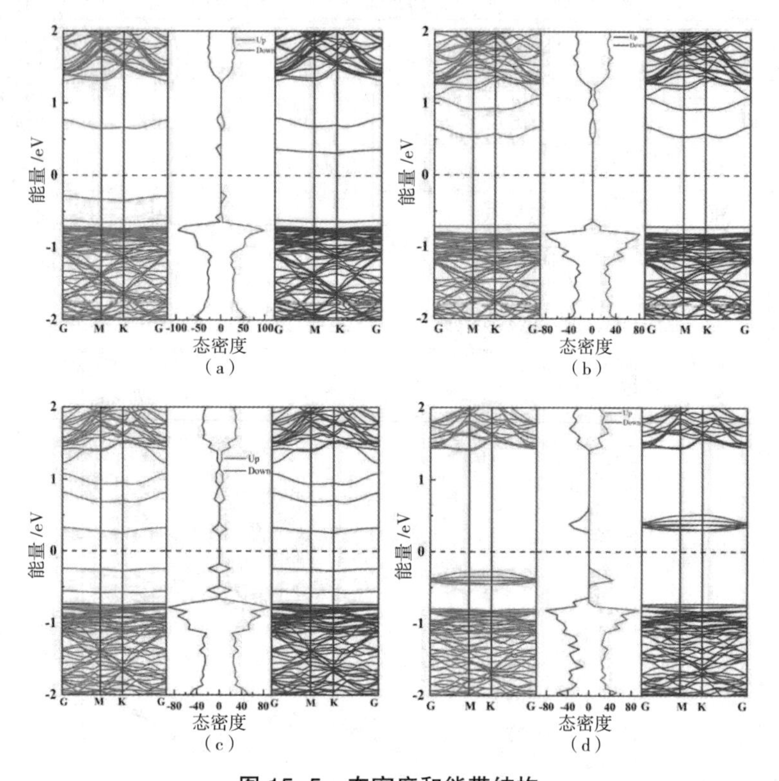

图 15-5 态密度和能带结构

(a)SV;(b)DV1;(c)DV2;(d)SIXV

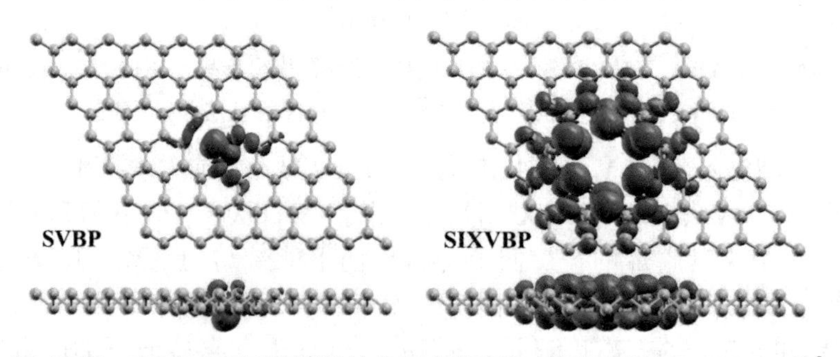

图 15-6 SV 和 SIXV 蓝磷烯的自旋电荷密度,等表面值取 0.000 8 e/Å^3

15.3.4 杂原子取代掺杂蓝磷烯的稳定性和磁性

为了研究杂原子掺杂对蓝磷烯的电子结构和磁性的影响，我们分析了蓝磷烯中杂原子掺杂（Li、Na、Al、Si、Fe、Co、Sn）的能带结构、自旋态密度和磁矩。我们将蓝磷烯中的 1 个 P 原子、2 个 P 原子和 6 个 P 原子被杂原子取代的情况分别命名为 $P_{97}ATOM_1$、$P_{96}ATOM_2$-1、$P_{96}ATOM_2$-2 和 $P_{92}ATOM_6$，杂原子取代掺杂的结构如图 15-7 所示。为了证明蓝磷烯缺陷的稳定性，计算杂原子掺杂蓝磷烯的形成能和结合能。形成能 E_f、结合能 E_b 的计算方法如下[415]：

$$E_f = \frac{1}{M}\left(E_{\mathrm{M-defect}} - E_{\mathrm{defect}}\right) - E_{\mathrm{M}} \tag{15-3}$$

$$E_b = \frac{1}{M+N}\left(E_{\mathrm{M-defect}} - N \times E_{\mathrm{P}} - M \times E_{\mathrm{M}}\right) \tag{15-4}$$

式中：$E_{\mathrm{M-defect}}$、E_{defect}、E_{M} 和 E_{P} 分别为杂原子掺杂 $P_{97/96/92}ATOM_{1/2/6}$- 蓝磷烯、含缺陷蓝磷烯的总能量，掺杂原子的能量和孤立 P 原子的能量。其中 M 和 N 为蓝磷烯中掺杂原子和 P 原子的数量。形成能如图 15-8 所示，可以发现，杂原子取代掺杂蓝磷烯能够实现稳定的结构，结合能越大，结构越稳定。Si 原子掺杂在蓝磷烯中的形成能最大，是最稳定的结构，其次是 Al 和 Fe 原子掺杂在蓝磷烯中。

然后计算杂原子（Li、Na、Al、Si、Fe、Co、Sn）的取代掺杂在蓝磷烯中的磁矩。结果表明，在 $P_{97/96/92}ATOM_{1/2/6}$- 蓝磷烯中进行杂原子掺杂时，不同的原子可以诱导不同的磁矩。已知 Li、Na、Al、Si、Fe、Co 和 Sn 原子分别有 1 μ_B、1 μ_B、1 μ_B、2 μ_B、4 μ_B、3 μ_B 和 2 μ_B 的磁矩。

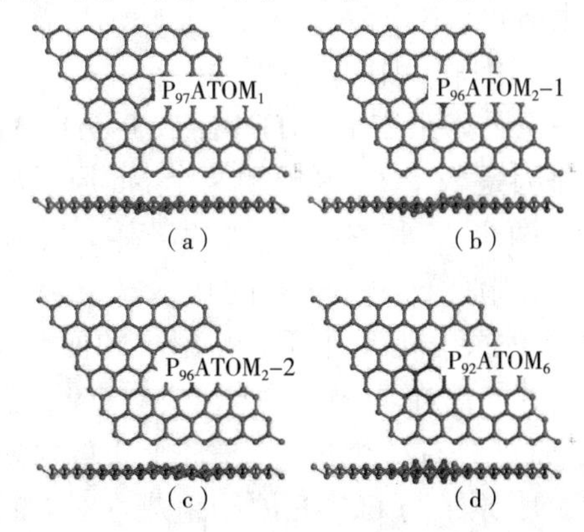

图 15-7　不同原子掺杂的几何结构

（a）$P_{97}ATOM_1$；（b）$P_{96}ATOM_2$-1；（c）$P_{96}ATOM_2$-2；（d）$P_{92}ATOM_6$

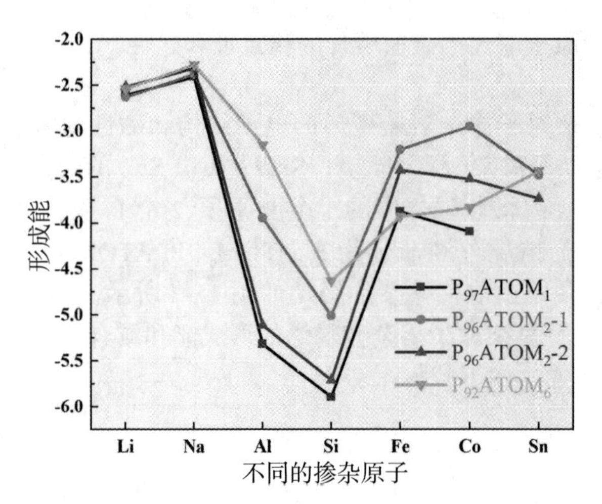

图 15-8　$P_{97/96/92}ATOM_{1/2/6}$– 蓝磷烯的形成能

所计算的磁矩见表 15.4，Li、Na、Si 原子的 s 轨道与 p 原子在 $P_{97}ATOM_1$、$P_{96}ATOM_2$-2 蓝磷烯中强烈杂化，Fe、Co 原子的 d 轨道与 p 原子在 $P_{96}ATOM_2$-1、$P_{92}ATOM_6$ 蓝磷烯中强烈杂化，诱导了蓝磷烯的磁矩。根据 $P_{97}ATOM_1$、$P_{96}ATOM_2$-2 蓝磷烯中 Li、Na、Al 原子掺杂的情况，计算出的磁矩分别为 1.999 712 μ_B、1.999 816 μ_B、1.987 73 μ_B、1.997 385 μ_B、1.000 001 μ_B 和 1.999 986 μ_B。掺杂在 $P_{97}ATOM_1$ 蓝磷烯中的 Li、Na、Si 原子，Li 原子有 1 个价电子，P 原子有 5 个价电子，Li 原子掺杂在蓝磷烯后形成一对 Li—P 键，但附近的两个 P 原子并不饱和，因此产生磁矩。Na 原子产生磁矩的原因也是一样的。Si 原子有 4 个价电子，形成 3 对 Si—P 键，还有 1 个价电子不饱和，所以产生磁矩。对于 Li、Na、Si 原子取代掺杂，产生磁矩的原因与 $P_{97}ATOM_1$ 的原因相同。Li、Na 原子与周围的 P 原子杂化产生磁矩。在 $P_{96}ATOM_2$-2 蓝磷烯中掺入两个 Si 原子后，Si 的剩余两个价电子不饱和，因此产生磁矩。

在 Li、Na、Si 等原子掺杂在 $P_{96}ATOM_2$-1、$P_{92}ATOM_6$ 的情况下，计算出的磁矩为 0 μ_B。原因是两个 Li 原子和两个 Na 原子掺杂 $P_{96}ATOM_2$-1、$P_{92}ATOM_6$ 蓝磷烯时，两个 Li 和 Na 原子发生杂化，与附近的 P 原子没有相互作用，导致 Li—Li 键、Na—Na 键的形成。Si 原子取代掺杂后，Si 的两个价电子与两个 P 原子相互作用，Si 剩余的两个价电子成对，因此两个 Si 原子都是饱和的，磁矩为零。对于 $P_{92}ATOM_6$ 蓝磷烯中的 Li、Na 原子掺杂，Li 和 Na 原子只有一个价电子，环上正好对应 6 个 Li/Na 原子组成 6 对 Li—P 键，Na 原子与 6 个 P 原子组成六对 Na—P 键，所以不产生磁矩。对于 Si 原子，有 4 个价电子，与相邻的 P 原子结合成 Si—P 键。

Si 的其他两个价电子与相邻的 Si 原子杂化，最后每个 Si 原子还剩下一个价电子，形成三对 Si—Si 双键，没有产生磁矩。

掺杂在蓝磷烯中的 Al 原子，P 原子的三个价电子与 Al 原子的三个价电子形成 Al—P 键，换句话说，Al 的三个价电子取代 P 的三个价电子达到饱和，不产生磁矩。Sn 原子与 Al 原子取代掺杂的情况类似。在 $P_{97}ATOM_1$ 蓝磷烯中掺杂的 Fe 原子，形成三个 Fe—P 键，其余三个价电子不饱和。而掺杂在 P_{96}ATOM2-2 蓝磷烯中的 Fe 原子，形成两个 Fe–P 键和一个 P—P 键，其余价电子不饱和。此外 $P_{92}ATOM_6$ 蓝磷烯中的 Fe 原子掺杂，道理同上，没有达到饱和。而 Co 原子取代掺杂 $P_{97}ATOM_1$ 蓝磷烯中没有产生磁矩，理由是 Co—P 键的形成，使价电子饱和。Co 原子掺杂在 $P_{96}ATOM_2$–1、$P_{96}ATOM_2$–2 蓝磷烯中，没有达到饱和。因此，Li、Na、Si、Fe、Co 等原子对蓝磷烯取代掺杂，可以成为诱导磁性的有效技术，拓展了蓝磷烯在自旋电子学领域的应用。

为了进一步研究掺杂在蓝磷烯中的 Li、Na、Si、Fe 和 Co 原子的磁性，绘制了自旋密度分布，如图 15-9 和图 15-10 所示。图 15-9 中，Li、Na、Si 原子掺杂 $P_{97}ATOM_1$ 和 $P_{96}ATOM_2$-2 蓝磷烯中，导致自旋极化，把 Li、Na 原子掺杂进 $P_{97}ATOM_1$ 和 $P_{96}ATOM_2$-2 中，自旋向上的电荷包裹了 Li 原子，与上述分析一致。Na 原子的自旋密度分布与 Li 原子一致。对于蓝磷烯中的 Fe 原子掺杂，自旋向上电荷密度环绕 Fe 原子周围，与密立根电荷密度分布一致。如图 15-10（a）所示，两个 Fe 原子的取代掺杂，自旋向下的电荷密度一般大于自旋向上的电荷密度。如图 15-10（c）所示，Co 原子也被自旋向下的电荷包围。图 15-10（b）与图 15-10（a）相反，Fe 原子自旋向上的电荷比自旋向下的电荷多，因此整体呈现自旋向下的状态。总体来说，自旋电荷密度与密立根电荷分布计算的磁矩大致表现一样。

表 15.4　杂原子取代掺杂蓝磷后的结构参数，包括带隙、磁矩 M（μB）和结合能 E_b

原子缺陷	能隙 /eV（上下）		M/μ_B	E_b	特性
$P_{97}Li_1$	1.469 9	0.843 9	1.999 712	–3.3	—
$P_{97}Na_1$	1.367	0.927	1.999 816	–3.298	—
$P_{97}Al_1$	1.8931		0	–3.327	直接
$P_{97}Si_1$	1.545 7	1.256 8	1.000 001	–3.333	—
$P_{97}Fe_1$	0.691 4	1.350 4	3	–3.317	—

续表

原子缺陷	能隙 /eV（上下）		M/μ_B	E_b	特性
$P_{97}Co_1$	0.938 2		0	−3.321	间接
$P_{96}Li_2$−1	0.459 8		0	−3.29	间接
$P_{96}Na_2$−1	0.408 6		0	−3.285	间接
$P_{96}Al_2$−1	1.256 1		0	−3.317	直接
$P_{96}Si_2$−1	1.251 2		0	−3.339	直接
$P_{96}Fe_2$−1	0.691 4	1.307 2	−6.000 025	−3.311	—
$P_{96}Co_2$−1	0.456 3		0	−3.308	直接
$P_{96}Sn_2$−1	0.874 9		0	−3.308	间接
$P_{96}Li_2$−2	0.455	0.532 6	1.987 73	−3.271	—
$P_{96}Na_2$−2	0.565 2	0.453	1.997 385	−3.267	—
$P_{96}Al_2$−2	1.723		0	−3.324	直接
$P_{96}Si_2$−2	1.502 6	1.111 6	1.999 986	−3.336	—
$P_{96}Fe_2$−2	0.806 8		0	−3.31	间接
$P_{96}Co_2$−2	0.663 3		0	−3.309	间接
$P_{96}Sn_2$−2	0.317 5		0	−3.296	间接
$P_{92}Li_6$	1.256 9		0	−3.224	间接
$P_{92}Na_6$	0.993 6		0	−3.208	间接
$P_{92}Al_6$	0.720 8		0	−3.261	间接
$P_{92}Si_6$	1.277 9		0	−3.352	间接
$P_{92}Fe_6$	1.374 7	0.594 4	21.999 968	−3.306	—
$P_{92}Co_6$	0.568 2	0.500 1	−13.999 982	−3.318	—
$P_{92}Sn_6$	0.544 4		0	−3.278	间接

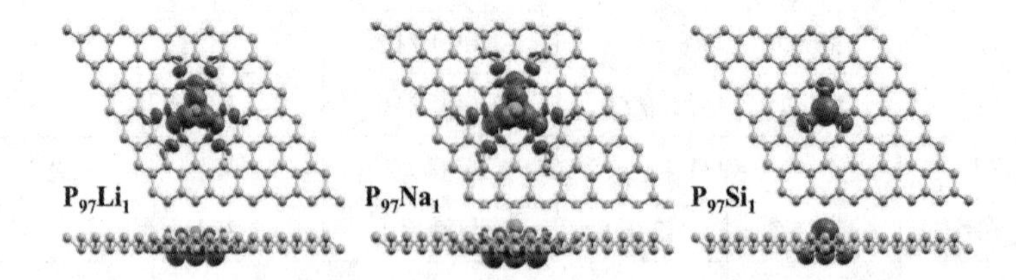

图 15-9　Li、Na、Si 等原子取代掺杂 $P_{97}ATOM_1$、$P_{96}ATOM_2$−2 蓝磷中的自旋密度分布，等表面值取 0.000 8 e/Å^3

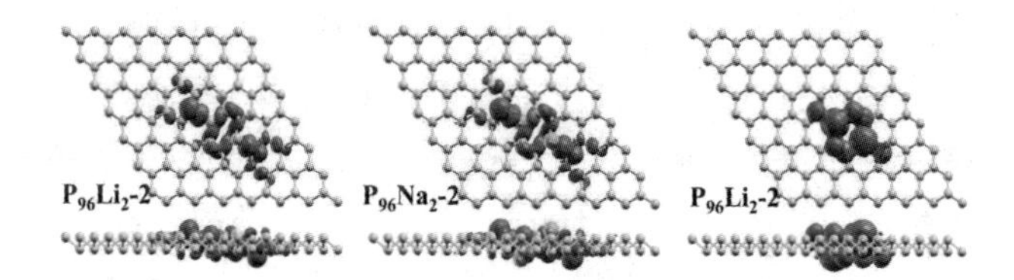

续图 15-9 Li、Na、Si 等原子取代掺杂 $P_{97}ATOM_1$、$P_{96}ATOM_2$-2 蓝磷中的自旋密度分布，等表面值取 0.000 8 e/Å^3

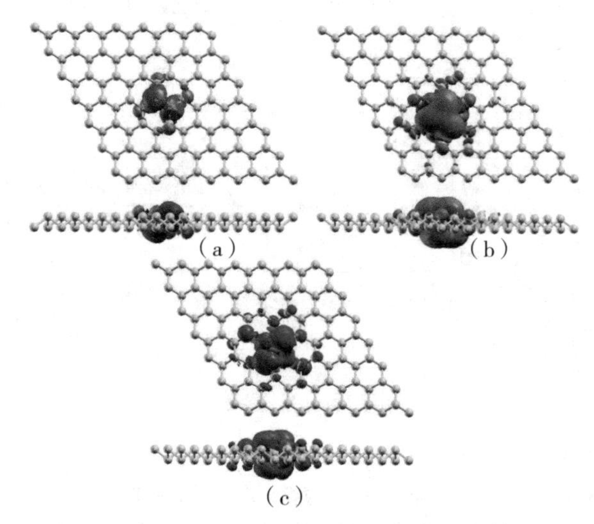

图 15-10 自旋密度分布，等表面值取为 0.000 8 e/Å^3

(a)$P_{96}Fe_2$-1；(b)$P_{92}Fe_6$；(c)$P_{92}Co_6$

15.3.5 杂原子取代掺杂蓝磷烯后的电子结构

现在研究杂原子取代蓝磷烯中磷原子的电子特性。原始蓝磷烯是一种间接带隙半导体，带隙约为 2.026 eV。如图 15-11 所示，Li、Na、Si、Fe 原子掺杂 $P_{97}ATOM_1$ 后可以看出，自旋向上和自旋向下的态密度是不对称的，这说明 Li、Na、Si、Fe 取代掺杂 $P_{97}ATOM_1$ 体系的 P 原子后具有磁性，与上述自旋密度图和密立根电荷密度分布的计算结果一致。在图 15-11 中可以发现，Al、Fe 原子取代掺杂 $P_{97}ATOM_1$ 体系中 P 原子后，自旋向上和自旋向下是对称的，这种掺杂之后的结果仍旧是非磁性的。Co 原子掺杂 $P_{97}ATOM_1$ 中，结合态密度图，原子掺杂后仍旧为间接带隙半导体。但是 Al 原子掺杂后带隙由间接带隙变为直接带隙，原因是 Al 取代掺杂后和 P 原子发生杂化，与原始蓝磷烯相比，带隙减小了近 0.2 eV。

对于杂原子取代掺杂 $P_{96}ATOM_2$-1，由于自旋向上和自旋向下的态密度不对称，Fe 原子掺杂后的蓝磷烯具有磁性（见图 15-12）。Li、Na、Co 和 Sn 取代掺杂 $P_{96}ATOM_2$-1 体系，它们仍然具有半导体特性。

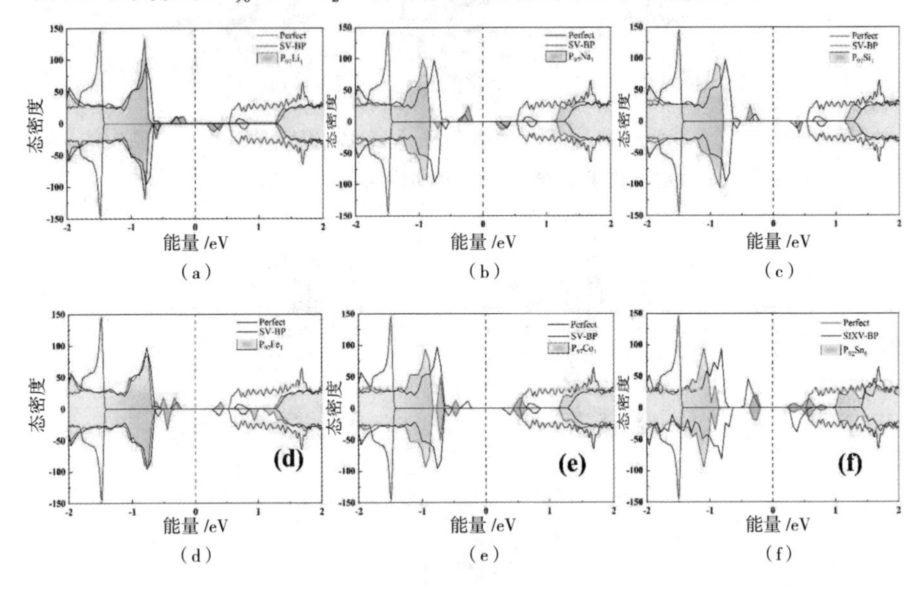

（a）　　（b）　　（c）

（d）　　（e）　　（f）

图 15-11　态密度

（a）$P_{97}Li_1$；（b）$P_{97}Na_1$；（c）$P_{97}Si_1$；（d）$P_{97}Fe_1$；（e）$P_{97}Co_1$；（f）$P_{92}Sn_6$

注：Perfect 表示理想的蓝磷烯，SV-BP 表示单空位蓝磷烯，SIXV-BP 表示六空位蓝磷烯，$P_{97}Li_1$ 表示掺杂一个锂原子的结构，其他的依此类推

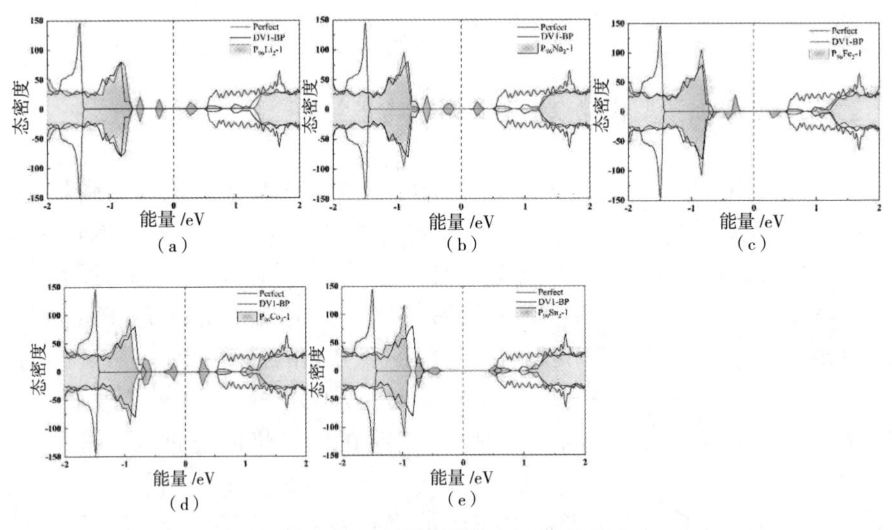

（a）　　（b）　　（c）

（d）　　（e）

图 15-12 不同两原子掺杂结构的态密度

（a）$P_{96}Li_2$-1；（b）$P_{96}Na_2$-1；（c）$P_{96}Fe_2$-1；（d）$P_{96}Co_2$-1；（e）$P_{96}Sn_2$-1

注：Perfect 表示理想的蓝磷烯，DV-BP 表示双空位蓝磷烯，$P_{96}Li_2$-1 表示一种掺杂两个锂原子的结构，其他的依此类推

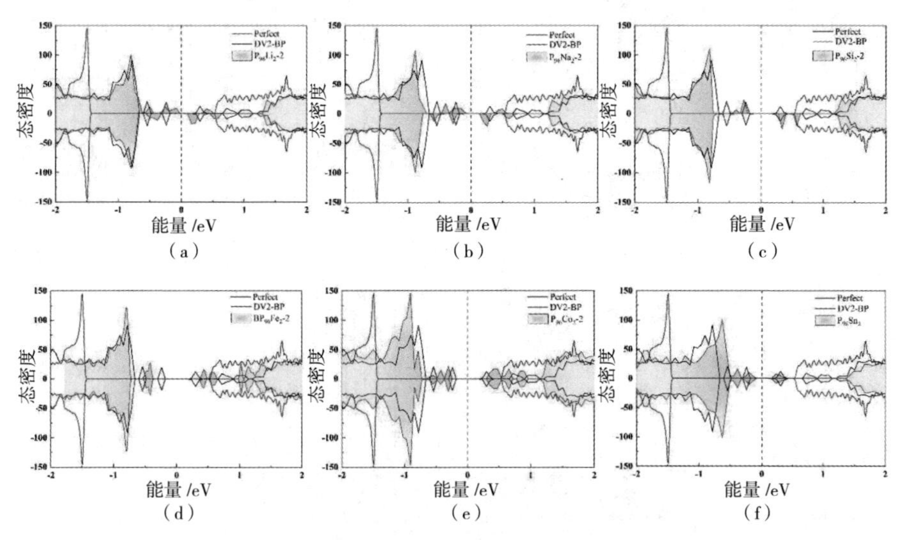

图 15-13 不同两原子掺杂结构的态密度

(a)$P_{96}Li_2$-2;(b)$P_{96}Na_2$-2;(c)$P_{96}Si_2$-2;(d)$P_{96}Fe_2$-2;(e)$P_{96}Co_2$-2;(f)$P_{96}Sn_2$-2

注: Perfect 表示理想的蓝磷烯, DV2-BP 表示双空位蓝磷烯, $P_{96}Li_2$-2 表示一种掺杂两个锂原子的结构,其他的依此类推

Li、Na 和 Si 原子掺杂 $P_{96}ATOM_2$-2 的情况,如图 15-13 所示,由于磁性的存在,自旋向上和自旋向下的态密度是不对称的。对于 Al、Fe、Sn 和 Co 原子取代掺杂 $P_{96}ATOM_2$-2 的情况,自旋向上和自旋向下的态密度是对称的,没有发生自旋极化。在图 15-14 中,可以发现 $P_{96}Al_2$-2 的自旋向上和自旋向下都位于 G 点上。在 $P_{92}ATOM_6$ 蓝磷烯中掺杂 Fe、Co 原子后,态密度中自旋向上和自旋向下的轨道不一致,呈现出如图 15-15 所示的磁性。其他杂原子取代掺杂在蓝磷烯中表现为非磁性状态,归因于自旋向上和自旋向下的态密度的不对称。原子掺杂诱导了蓝磷烯的磁性,发现部分原子被取代掺杂后,蓝磷烯的带隙发生了变化。态密度进一步证明了杂原子取代掺杂对 $P_{97}ATOM_1$、$P_{96}ATOM_2$-1、$P_{96}ATOM_2$-2 和 $P_{92}ATOM_6$ 蓝磷烯电子结构的重要影响。

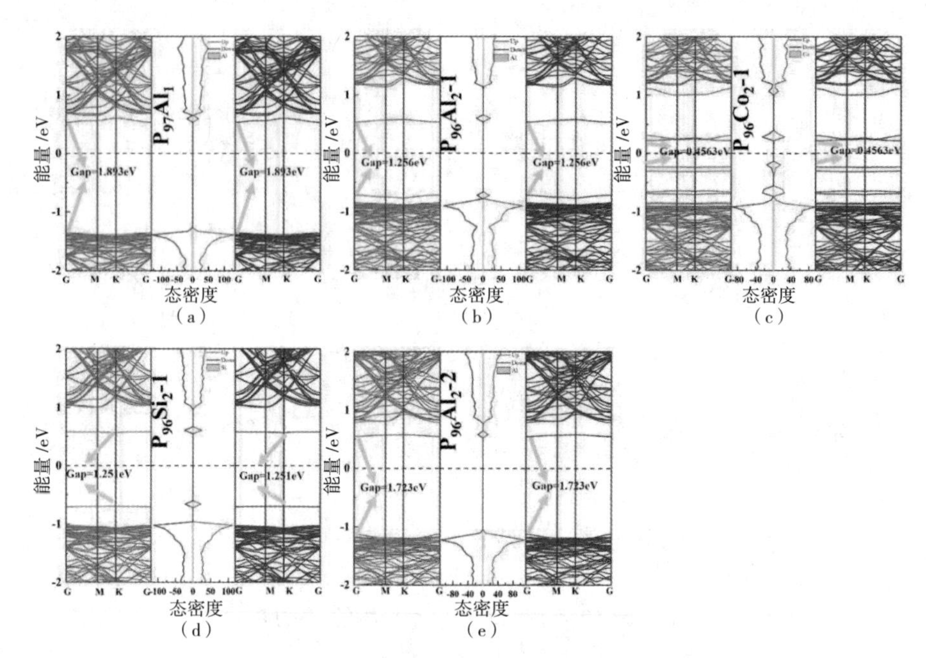

图 15-14　单原子和双原子掺杂蓝磷烯能带结构和态密度

(a)$P_{97}Al_1$;(b)$P_{96}Al_2$-1;(c)$P_{96}Co_2$-1;(d)$P_{96}Si_2$-1;(d)$P_{96}Al_2$-2

注: Up 和 Down 分别表示不同方向的自旋, Al 表示其掺杂的态密度, $P_{97}Al_1$ 表示一种掺杂一个铝原子的结构,其他的依此类推, Gap 表示能隙

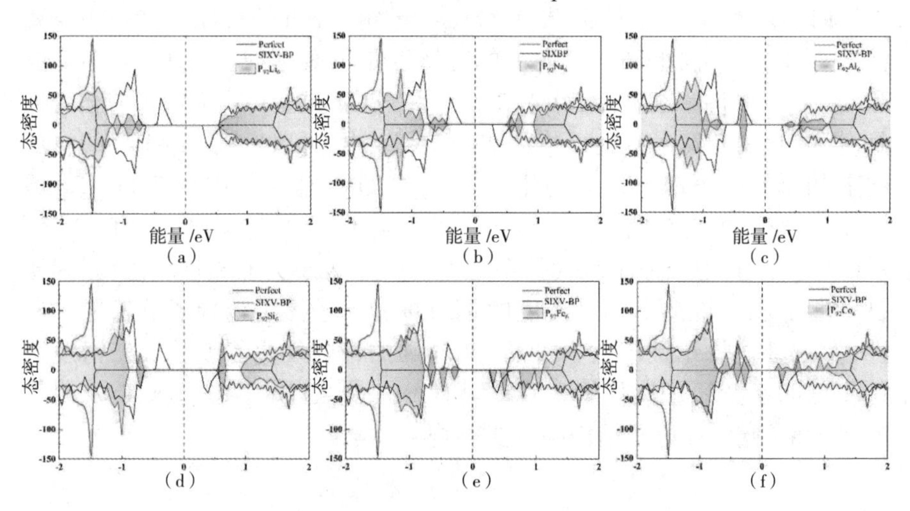

图 15-15　六原子掺杂蓝磷烯的态密度

(a)$P_{92}Li_6$;(b)$P_{92}Na_6$;(c)$P_{92}Al_6$;(d)$P_{92}Si_6$;(e)$P_{92}Fe_6$;(f)$P_{92}Co_6$

15.4 总　结

本章通过第一性原理计算了原始蓝磷烯、四种蓝磷烯空位缺陷(SV-、DV1-、DV2-、SIXV-)、七种杂原子(Li、Na、Al、Si、Fe、Co、Sn)取代掺杂蓝磷烯中P原子($P_{97}ATOM_1$、$P_{96}ATOM_2$-1、$P_{96}ATOM_2$-2和$P_{92}ATOM_6$)的电子结构、稳定性和磁性。首先,计算了原始蓝磷烯的电子结构,结果表明蓝磷烯是一种具有间接带隙的非磁性二维材料,在光电子、纳米电子和自旋电子等应用方面受限。然后系统地探讨了各种缺陷状态的电子结构和稳定性,计算的结合能揭示了所有结构的稳定性。态密度和自旋密度揭示了SV、SIXV蓝磷烯在引入空位缺陷后被诱导出磁性,这说明空位缺陷对自旋电子器件的响应很好。此外,结果表明Li、Na、Si原子可以有效调控$P_{97}ATOM_1$、$P_{96}ATOM_2$-2-蓝磷烯的磁性,Fe原子加入自旋极化后可以诱导$P_{97}ATOM_1$、$P_{96}ATOM_2$-1、$P_{92}ATOM_6$蓝磷烯的磁性。Co原子也能诱导$P_{92}ATOM_6$的磁性。研究结果显示,缺陷和杂原子掺杂都可以调控蓝磷烯的带隙,并且蓝磷烯中两种缺陷态DV1BP、DV2BP和Al、Si原子取代掺杂磷原子可以显著调控蓝磷烯从间接带隙到直接带隙的转变,考虑是Al、Si原子和P原子之间的轨道杂化。缺陷和杂原子掺杂的存在有效地调控了蓝磷烯的电子特性。并且通过在蓝磷烯中引入SV、DV缺陷,可以诱导磁性。该结果为未来的带隙调控和磁性引入提供了理论指导。

第 16 章　通过电场和层间距离调控蓝磷烯 / 锡烯异质结的电子特性

16.1　引　言

自 2004 年成功合成石墨烯以来，不同的二维材料因其良好的光电性能和潜在的应用价值而被广泛报道。然而，单一的二维材料一般不能满足纳米电子器件的需求。石墨烯仍然面临着许多挑战，比如与目前硅基电子技术不兼容、缺乏固有带隙等，阻碍了其在电子器件中的应用。

在此之后，很多二维材料都被探索，其中锡烯是一种蜂窝状的锡原子单层。基于它的高导电性，锡烯可能是石墨烯的一个具有竞争性的候选材料。但是锡烯和石墨烯一样没有带隙，在费米能级有狄拉克锥，因此，人们一直致力于打开石墨烯和锡烯的带隙，或寻找其他具有类似石墨烯的蜂窝状结构的二维材料，以打开带隙。到目前为止，许多常见的方法，包括应变、掺杂、吸附和构建异质结等，都有效地改善了这个问题。其中，在其他二维材料表面堆叠石墨烯或锡烯层形成基于石墨烯和锡烯的异质结，已被证实是调控它们电子特性的有效方法。人们通过施加电场、应变来调控类石墨烯的电子结构。如 M.Modarresi 所预测的那样，施加外部应变打开了锡烯的带隙。

此外，Zhu 等人预测了一种新的二维半导体材料——蓝磷烯，其具有相当大的带隙和超高的迁移率等优良性能，引起了研究人员广泛的兴趣。2016 年首次在 Au（111）衬底上通过外延生长制备了单层蓝磷烯。其在超导、热电材料等方面存在潜在应用。同时，对其一维结构如蓝磷纳米带和蓝磷纳米管的稳定性和电子特性进行了大量的理论研究和理论计算，探讨掺杂、外部刺激（如电场和应变）的施加对蓝磷烯电子性质的影响。

由于锡烯与吸附原子之间的相互作用和电荷转移,也引入了不必要的掺杂效应。避免这一麻烦的有效方法是构建异质结构,不仅可以避免强杂化,而且可以提高自旋轨道耦合强度,还可通过界面相互作用在锡烯层间打开一个带隙。因此,基于蓝磷烯和锡烯的异质结构的电子特性引起了研究人员的关注。这些堆叠的双层异质结,具有优异的的电子和光学特性。此外,施加电场和应变也能调控异质结的电子特性。JH.Wong 等人报道,单轴应变可以使双层石墨烯中的狄拉克点发生偏移或消失,在压缩单轴应变下,直接出现一个小的带隙,如 12% 应变下打开了石墨烯约 50 meV 的带隙。

受上述启发,本书产生了构建锡烯 / 蓝磷烯双层异质结的想法,以寻求调控锡烯和蓝磷烯电子性质的有效途径。基于密度泛函理论的第一性原理计算,系统研究锡烯 / 蓝磷烯异质结不同堆叠模式的稳定性和层间距离对异质结的稳定性和电子结构的影响。同时,对双层异质结施加双轴应变和电场,以调控锡烯和蓝磷烯的电子结构。

16.2　计算方法和参数设置

在该项工作中,所有的结构弛豫和电子计算都是基于密度泛函理论(DFT)的第一性原理方法,电子交换关联采用了 PBE 泛函的广义梯度近似 GGA,通过软件包 SIESTA 来完成所有的计算。将平面波截止能量设为 130 Ry,采用大于 20 Å 的真空层对单层二维材料进行结构优化,采用大于 25 Å 的真空层对异质结进行电子结构计算,来防止相邻层之间的相互作用。对于单层锡烯和蓝磷烯电子结构的计算,使用 $10 \times 10 \times 1$ 的 Monkhorst-Pack 网格。所有原子位置完全弛豫,直到能量收敛标准和残余力分别收敛到 10^{-5} eV 和 0.01 eV/Å。

16.3 计算结果和讨论

16.3.1 锡烯 / 蓝磷烯异质结的稳定性、晶体结构和电子性能

优化 1 × 1 单层锡烯和单层蓝磷烯晶体结构得到的晶格常数分别为 4.647 Å 和 3.278 Å，这与以往的结果一致。需要注意的是，即使采用 2 × 2 锡烯和 3 × 3 蓝磷烯组成的超胞，其晶格失配也高达 5.5%。匹配率比较大的时候，异质结可能会变形或者垮掉，而当失配率较小时，通常会形成匹配的异质结构。双层体系中合适的超胞可以通过诱导锡烯和蓝磷烯之间的相对旋转来获得。因此在本章中，为了得到较为匹配的晶格常数，使用 5 × 5 超胞的蓝磷烯和 $\sqrt{12}$ × $\sqrt{12}$ 超胞的锡烯，晶格常数分别为 16.389 Å 和 16.429 Å，晶格匹配率低至 0.2%。

本研究表现出较小的晶格失配（0.2%），表明在蓝磷烯基底上生长锡烯是可行的，完全达到了所需的制备条件。锡烯和蓝磷都是六角蜂窝结构，如图 16-1 所示，$d_{\text{BlueP/Stanene}}$ 为锡烯和蓝磷烯的层间距离。我们考虑了锡烯在蓝磷烯基底上的两种堆叠排列模式。一种是两个 P 原子在锡烯六边形中心 [见图 16-1（a）]，另一种是蓝磷烯中六个 P 原子被 Sn 原子的六角环包围 [见图 16-1（b）]。

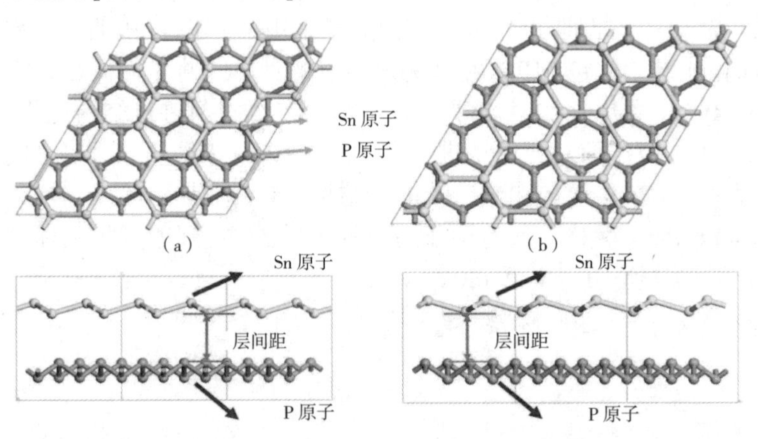

图 16-1　锡烯 / 蓝磷烯异质结两种堆叠模式的俯视图和侧视图

为了确定以上两种堆叠模式的锡烯 / 蓝磷烯异质结的稳定性，计算异质结的结合能，即

$$E_{\text{binding}} = E_{\text{BlueP/Stanene}} - E_{\text{BlueP}} - E_{\text{Stanene}} \tag{16-1}$$

式中：$E_{\text{BlueP/Stanene}}$、E_{Stanene} 和 E_{BlueP} 分别是锡烯 / 蓝磷烯异质结、单层锡烯和蓝磷烯的能量。计算的两种堆叠模式异质结层间距离为 3.6 Å 的结合能分别为 −69.4 meV 和 −69.0 meV，表明异质结界面的物理相互作用较弱，为了进一步确定结构的稳定性，还研究了两种堆叠模式在不同层间距离的结合能，它们在不同层间距离的结合能大致一样。但是(a)堆叠模式的结合能更高，因此在后面研究中使用第一种堆叠模式。图 16-2 为 A 堆叠模式锡烯和蓝磷烯双层异质结的结合能和带隙与锡烯和蓝磷烯层间距离的函数关系。可以看出，在 $d_{\text{BlueP/Stanene}}$ =3.75 Å 处的结合能最低，这时候的锡烯和蓝磷烯双层结构是最稳定的。在接下来的研究中，使用 A 堆叠模式、层间距离为 3.75 Å 的结果来分析双层锡烯 / 蓝磷烯的电子特性。

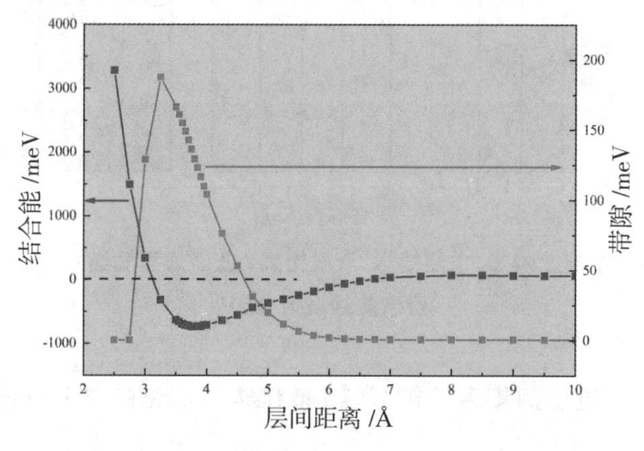

图 16-2　锡烯 / 蓝磷烯异质结的结合能和带隙与层间距离的函数关系

本章分析了锡烯、蓝磷烯和锡烯 / 蓝磷烯异质结的电子性质，它们的能带结构如图 16-3 所示。原始单层锡烯在费米能级附近保持零带隙与狄拉克色散关系，在 G 点处有一个狄拉克锥，它是一种没有带隙的准金属材料，狄拉克锥体的具有较大的载流子迁移率，这对于电子器件的潜在应用是非常特殊的。打开锡烯的带隙，可以有效调控锡烯的电子结构，其中构建异质结是一种经常使用的方法。但在实际应用中，必须寻找良好的基底。单层蓝磷烯的带隙为 2.00 eV 左右，且导带最小值和价带最大值不在同一点上，是间接带隙半导体。我们预测，蓝磷烯可能是一种理想的基底，可用来调控锡烯的电子结构。基于这些考虑，我们在这项工作中探索了锡烯 / 蓝磷烯异质结构的电子性能。图 16-3 所示是锡烯和蓝磷烯在层间距离为 3.75 Å 的能带结构。双层异质结构与单层的锡烯和单层的蓝磷烯的能带结构相比，发生了明显的变化，锡烯层的狄拉克锥体仍然保存良好，说明锡烯层和蓝磷烯层之间的范德华相互作用相当弱。与独立的锡烯层相比，双层锡烯和蓝磷烯中的锡烯层的导带最小值（Conduction Band Minimum，CBM）向上移动，价带最大值（Valence Band Maximum，VBM）向下移动，使其带隙打开了 136 meV。

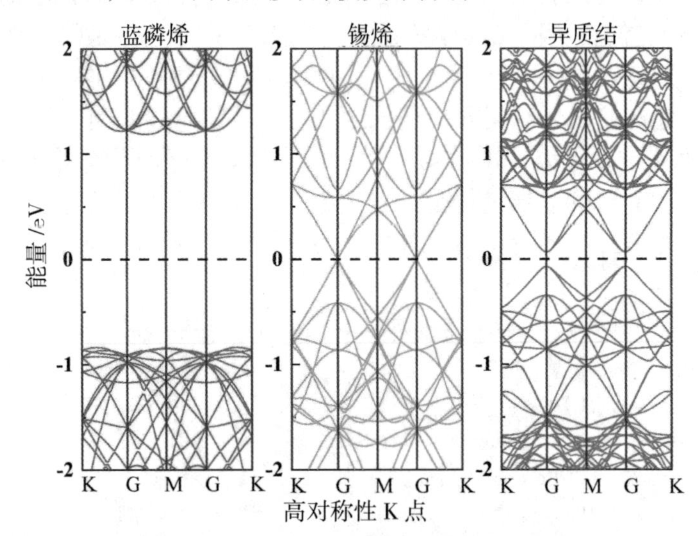

图 16-3 单层蓝磷烯、单层锡烯，双层锡烯 / 蓝磷烯异质结的的能带结构，费米能级设为 0 eV

16.3.2 通过层间耦合调控锡烯 / 蓝磷烯异质结的电子性能

层间耦合效应对调控异质结的电子特性起着重要的作用，因此，我们通过改变锡烯和蓝磷烯的层间距离，研究了锡烯 / 蓝磷烯的电子结构。层间距离越小，锡烯和蓝磷烯的相互作用越强。在图 16-2 中，可以观察到层间距离在 3.0 Å 以下的时候，带隙是 0 eV，表现出金属性质。层间距离在 3.0 ~ 3.25 Å 时，带隙增大，且在 3.25 Å，带隙达到最大值 187 meV。但是层间距离在 3.25 ~ 6.5 Å，随着层间距离的增大，带隙反而减小。为了进一步研究带隙和层间距离的关系，给出层间距离为 3.00 ~ 4.25 Å 的能带结构，如图 16-4 所示。

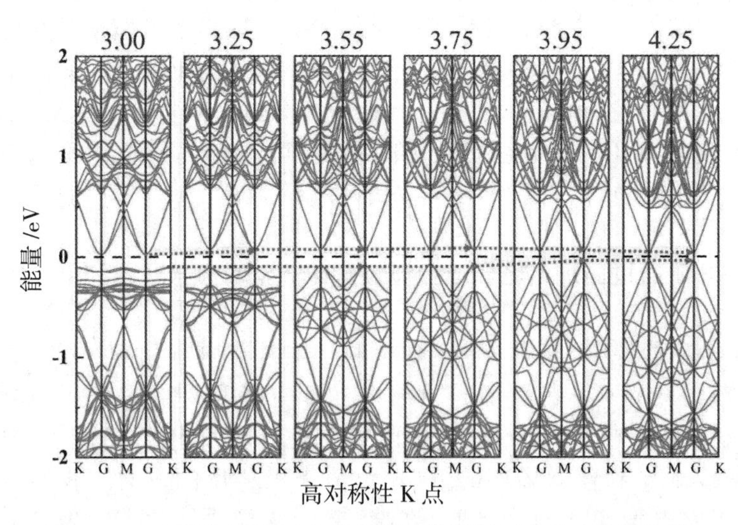

图 16-4　不同层间距离下的锡烯 / 蓝磷烯异质结的能带结构

当层状材料以堆叠的方式重新构建时，由于层间耦合作用，体系将会出现丰富的电子性质变化。在第一性原理计算中，层间耦合的强弱可以通过层间距离进行调控。而在实验中，通常可以改变层与层之间的厚度、在两种层之间掺入金属元素或者氢原子等，以达到调控层间耦合的目的。层间耦合会本质地决定层间磁有序，并且对电子性质产生显著影响。如图 16-4 所示，通过尝试调控锡烯与蓝磷烯的层间距离，来观察锡烯 / 蓝磷烯电子结构和带隙的变化。当层间距离为 3.0 Å 时，导带底位于倒空间的 G 点而价带顶位于 M 点，体系呈现出明显的间接带隙，带隙值约为 0.128 eV。当层间距离增加至 3.25 Å 时，电子结构的一个明显的特征可以被观察到：费米面以下的价带顶从 M 点转移到了 G 点，体系发生了从间接带隙到直接带隙半导体的转变。我们发现导带底有所上移，而价带底略微下移，导致带隙值增大。于是我们继续增大层间距离，结果发现，当层间距离增加至 3.25 Å 时，可以获得最大的直接带隙值，进一步增大层间距离，带隙值反而减小，并且通过异质结打开的狄拉克锥具有重新形成的趋势。另外，在增大层间距离的过程中，能带的展宽有一个非常重要的变化特征。费米能级以上的能带结构，受到层间距离的影响，展宽基本保持不变。然而，处于价带 –0.7 ～ 0 eV 的能带结构,随着层间距离的增加,轨道展宽逐渐增强。特别地,在费米能级以下的两条能带,G 点周围的能带陡峭程度表明电子在 G 点的有效质量逐渐减小,将有利于电子跃迁。相反,在 –2 ~ –0.7 eV 的能带,随着层间距离的增加,轨道展宽发生了明显的减弱。轨道的展宽通常是由电子关联的强度引起的。我们推断,层间距离的增大导致锡烯 / 蓝磷烯的电子分布发生变化,电子关联发生了局部的增强与减弱。研究结果表明,通过改变锡烯 / 蓝磷烯之间的层间距离,可以有效调控异质结的电子特性。

16.3.3 通过施加电场和应变调控锡烯 / 蓝磷烯异质结的电子性能

在实际器件中,异质结构的电子特性对外部电场和应变很敏感。因此,本节讨论锡烯 / 蓝磷烯异质结在外部电场和外部应变下的电子性质。在图 16-5 中,可以看到带隙随外部电场的变化而变化,其中正值表示从锡烯层到蓝磷烯层的方向,负值表示相反的方向。我们可以看到,在正向电场增加的情况下,锡烯 / 蓝磷烯异质结的带隙先增加到最大值,然后逐渐减小,而带隙随着反向电场的减小而增加。其主要原因如下。

施加的正电场与内置电场方向相反,导致总电场减小,带隙先增大。当内置电场完全偏移时,带隙随正电场的增大而减小。负外电场与内电场方向一致,因此,总电场增大,带隙随负电场的减小而单调增大。这些结果对于锡烯 / 蓝磷烯的光电特性调控具有重要意义。为了进一步了解电场对锡烯 / 蓝磷烯异质结构电子特性的影响,我们绘制了其在不同正负电场下的能带结构(见图 16-6)。结果表明,当施加正电场为 0.7 V/Å 时,导带底向上移动,价带顶向下移动,导致带隙增加,直到 0.7 V/Å 时达到最大值,并且异质结仍旧保留了锡烯的狄拉克锥。此后,导带逐渐减小,并且价带最大值由 G 点转移到 G ~ M 点之间的位置,发生了从直接带隙到间接带隙的转变。当施加负电场时,肉眼可见带隙随着反向电场的增大而减小,反向电场很大时虽然也使带隙逐渐增大,但是增大程度仍然很小,可见正向电场对异质结带隙调控更加敏感。

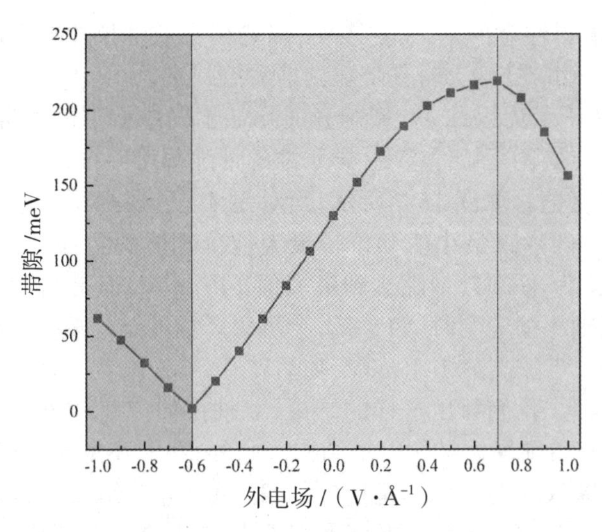

图 16-5　电场作用下锡烯 / 蓝磷烯异质结的能带变化

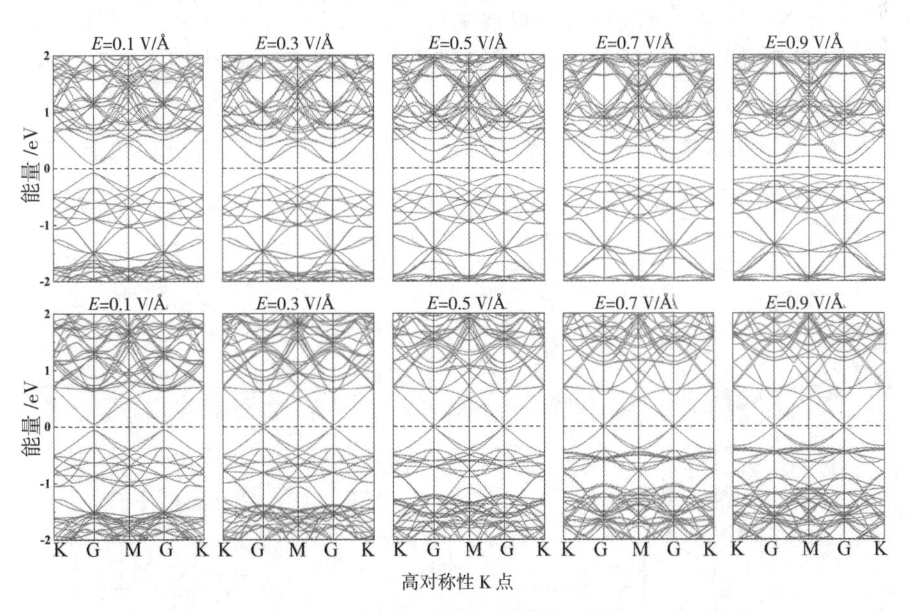

图 16-6　不同电场作用下锡烯 / 蓝磷烯异质结的能带结构

为了探讨应变对锡烯 / 蓝磷烯双 层异质结电子性能的影响，在双层异质结上施加了平面内的双轴应变。其被定义为

$$\varepsilon=\left(a-a_0\right)/a_0 \tag{16-2}$$

式中：a 和 a_0 分别表示锡烯和蓝磷烯异质结的有应变和无应变的晶格参数。

通过改变锡烯和蓝磷烯异质结的晶格参数，施加的应变从 –3% 到

4% 不等。值得注意的是，研究表明，锡烯层在双轴拉伸应变增大时其带隙增大，在压缩应变增大时其带隙先增大后减小。

图 16-7 所示为锡烯 / 蓝磷烯异质结在不同应变下的能带结构变化。无论是压缩应变还是拉伸应变，异质结的带隙都可以打开，电子结构的变化取决于应变值。如图 16-7 所示，当对锡烯 / 蓝磷烯异质结施加拉伸应变时，异质结的导带最小值和价带最大值分别向两边移动，导致带隙增大，拉伸应变为 4% 时，带隙达到最大值 146 meV，但是当双层异质结承受较大的双轴压缩应变时（如 5%），会出现严重的结构畸变。外加压缩应变为 –2% 时，带隙高达 141 meV，随后就开始减小，为 –3% 时，带隙仅为 74 meV。因此，我们得出这样的结论，双轴拉伸应变和压缩应变能有效调控锡烯 / 蓝磷烯异质结的电子结构。此外，我们还发现在双轴应变下，锡烯 / 蓝磷烯双层结构仍然是稳定的，这说明异质结在受到应变作用时不易分离。最后，须指出的是，锡烯的导带最小值呈上升趋势，价带最大值呈先下降后上升的趋势，导致锡烯的带隙打开。将蓝磷烯作为锡烯基底，构建锡烯 / 蓝磷烯异质结，不仅打开了锡烯的带隙，也改善了蓝磷烯间接带隙的问题。

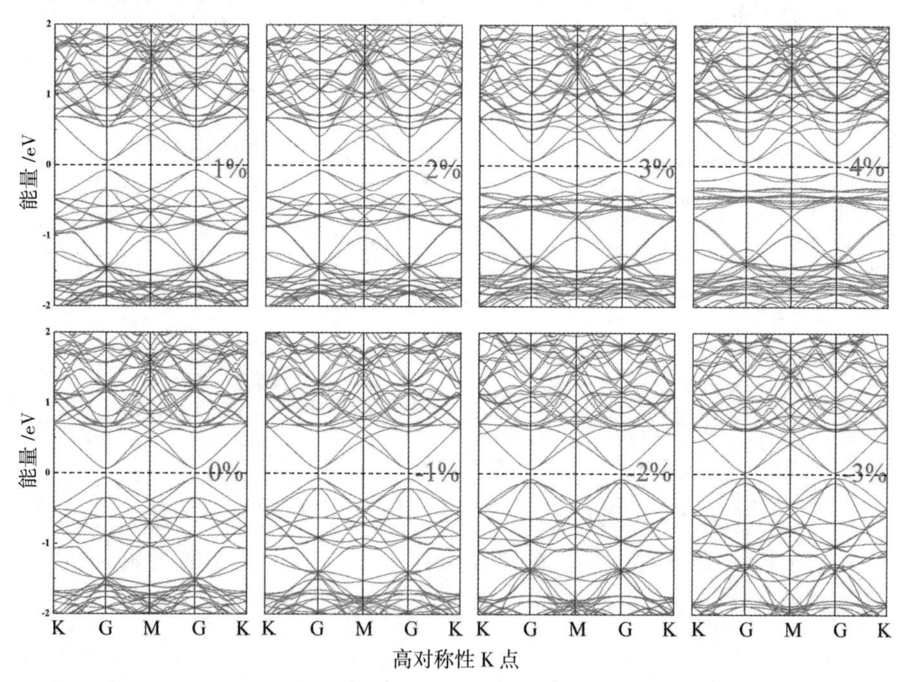

图 16-7　双轴应变下 –1%，–2%，–3%，0%，1%，2%，3%，4%（拉伸和压缩应变）的能带结构

16.4 总　结

本章通过第一性原理计算，系统地研究了锡烯 / 蓝磷烯异质结的电子特性。先分析了锡烯 / 蓝磷烯异质结在两种堆叠构型中的结构和电子特性。蓝磷烯基底在锡烯中 G 点处诱导带隙，并保留了锡烯的线性狄拉克锥。计算结果表明，A 构型比其他构型更稳定。在此基础上计算了 A 构型最合适的层间距离，在 3.75 Å 的结合能最低，结构最稳定。此外，将层间距离为 2.00 ~ 10.00 Å 的能带结构进行了调控，以获得锡烯 / 蓝磷烯异质结构的电子特性。有趣的是，当层间距离小于 3.0 Å 时，异质结表现出金属性，当层间距离小于 3.25 Å 大于 3.00 Å 时，会发生间接带隙到直接带隙的转变，当层间距离小于 3.25 Å，带隙减小，从半导体转化为金属性。随着层间距离的增大，带隙增大，且在 3.25 Å，带隙达到最大值，为 187 meV。此外，锡烯 / 蓝磷烯异质结构和层间距离的函数关系和上述研究表明，具有可调谐层间的锡烯 / 蓝磷烯异质结构可作为一种新型的纳米电子和光电子器件，以及潜在的光催化剂，具有诱人的应用前景。并且预测在施加电场时，锡烯 / 蓝磷烯双层材料的带隙可有效调控。在正向电场增加的情况下，锡烯 / 蓝磷烯异质结的带隙先增加到最大值 219 meV，然后逐渐减小，并且从直接带隙转化为间接带隙，但是带隙随着反向电场的施加先减小后增加。最后着重研究了外部应变对锡烯 / 蓝磷烯异质结的影响，外部应变将改变锡烯和蓝磷烯的层间间距和晶格常数。结果表明，锡烯 / 蓝磷烯异质结的带隙可以通过外部应变来调控，以满足实验和器件设计的需求。研究表明，双轴应变、外加电场和层间距离能够有效调控锡烯和蓝磷烯异质结的电子性质，这为调控二维材料的电子性质提供了一种途径，以期为纳米和光电器件的物理特性研究提供参考。

第 17 章 探索新型二维材料 X_3Y（X=C、Si，Y=N、P）在有应变和无应变下的稳定性、电子和光学性质

17.1 引 言

二维材料如石墨烯、磷烯、硅烯、g-C_3N_4、C_3N、过渡金属二硫化物等，在电子、磁性和光学性能方面带来了巨大的惊喜。虽然目前这些二维材料在各个领域发挥着重要的作用，但研究人员仍然希望突破所有二维材料的研究。随着计算凝聚态物理的兴起，研究人员发现从计算中发现新的二维材料也是一种有效的途径。

由第 14、15 族元素（C、Si、Sn、P、As、Te）组成的单元素二维材料在实验和理论计算中都被广泛研究。例如，2004 年成功剥离的单层石墨烯，在二维材料研究领域激起了巨大的反响。近十年来，它的发展非常好，也引发了人们对其他二维材料的研究热情。同时，其他二维材料比如磷烯，也在探索中，它具有 1.51 eV 的带隙，高载流子迁移率（10 000 ~ 26 000 $cm^2 \cdot V^{-1} \cdot s^{-1}$），可应用在场效应晶体管器件方面。少数层或单层的氢钝化硅烯、锡烯和锗烷材料对各种气体或气体分子表现出优异的气体传感响应。

单原子组成的单层二维材料表现出优异的性能，这让研究者们开始探索由两种元素组成的二维材料是否有更优异的性能。因此，两种或两种以上元素组成的二维材料也开始被科学家们探索，如 MoS_2、C_3N、g-C_3N_4 等。由层状材料衍生出的六方氮化硼和过渡金属二硫化物（TMDCs），它们具有独特的物理性能，并且单层二维结构与体相结构相比也有所不同。除了这些研究较多的多元素二维材料外，还有其他一

些新型的二维材料也得到了研究者的广泛探索。近年来,研究人员利用六氨基苯(Hexaamino Benzene, HAB)三盐酸盐的单晶裂解制备了二维 C_3N。此后, Chen 等人对 C_3N 施加应变来调整其电子和光学性能,他们认为二维 C_3N 在新型纳米电子器件中大有可为。Kar 等人预测了一种新的二维材料 CP_3 具有优异的热、动力学和机械稳定性。费米速度与石墨烯接近,可以在电子、光学和光伏领域得到比较好的发展。在以往对 SnP_3 研究的基础上, Sun 等人构建了单层和双层的二维 SnP_3 模型,并通过应变工程调控了其带隙。CaP_3 具有新颖的电子、电荷迁移率和光学性质, Lu 等人通过第一性原理计算预测了其电子、电荷迁移率和光学性质。SnN_3、GeN_3 的电子性能也得到了研究,有望成为一种优良的光催化剂。

上述研究激发了人们探索新型二维材料的兴趣。第 14 组和第 15 组元素合成的新型二维材料,发展迅速。本章通过第一性原理研究,系统地研究 X_3Y(X=C、Si, Y=N、P)的稳定性、电子性能和光学性能,以便更深入地了解其稳定性结构和在纳米电子学和光电子学中的适用性。首先,计算材料的声子谱、分子动力学模拟,对新型二维材料 C_3P、Si_3N、Si_3P 的动力学稳定性、热稳定性和机械稳定性进行评估。其次,研究二维材料 X_3Y(X=C、Si, Y=N、P)的电子结构,然后对它们施加压缩应变和拉伸应变,以有效调控 X_3Y(X=C、Si, Y=N、P)的电子结构。最后,研究有应变和无应变情况下二维材料的光学性能。并对其电子结构和光学吸收光谱进行全面的研究,以满足其在电子、光学以及光伏领域的潜在应用。

17.2 计算方法和参数设置

我们的计算是基于密度泛函理论(DFT)的 SIESTA-3.2 软件包。采用广义梯度近似(GGA)方法与 Perdew-Burke-Ernzerhof(PBE)交换关联函数来优化所有的结构和电子性质、光学性质。为了避免垂直方向的周期性层间相互作用,设置真空层为 Z=20 Å,计算过程中采用规范守恒赝势(Normconserving Pseudopotontial, NCP)和 DZP 基组。波函数的截止能量设置为 130 Ry,所有原子位置完全弛豫,直到能量收敛标准和残余力分别收敛到 10^{-6} eV 和 0.005 eV/Å。在结构优化方面,用 $25 \times 25 \times 1$ 的 K 点网格对材料原胞的布里渊区采样。为了考察 X_3Y(X=C、

Si, Y=N、P）的动力学稳定性，用 SIESTA 软件中的 PHONOPY 代码进行了声子色散计算。为了证明热稳定性，采用了 SIESTA 的分子动力学模拟（AIMD）计算。Nosé 恒温器分别在 300K 和 500K 下用 2×2×1 超胞进行总时长为 2 ps，时间步长为 1 fs 的计算。

17.3 计算结果和讨论

17.3.1 单层二维材料 X_3Y（X=C、Si，Y=N、P）的结构

我们的研究是基于之前构建的石墨烯、硅烯和 C_3N 的模型。如图 17-1（a）所示，C_3N 的蜂窝状原子结构可以看成是石墨烯的 2×2 超胞，两个相对的 C 原子被两个 N 原子取代。C_3P 的结构来源于 C_3N 超胞的空间群 P6/MMM，其中 P 原子被 N 原子取代。Si_3N 结构可以看成是一个 2×2 的硅烯超胞，两个 Si 原子被 N 原子取代，同样，Si_3P 的结构也是由 Si_3N 中 P 原子取代 N 原子得到的。替换后我们对这四种材料的结构进行优化，其结构如图 17-1 所示。

C_3N 的空间群仍为 P6/MMM，C_3P 在优化后也保留了 P6/MMM 空间群，但是 Si_3N 和 Si_3P 的空间群为 164 号的 P-3M1。由于三种结构都有褶皱，所以详细的晶格常数、原子距离等信息见表 17.1。X 和 Y 的原子半径对晶格常数有很大的作用。C_3P 的晶格常数是 C_3N 的 90%，Si_3N 的晶格常数比 C_3N 多 1.92Å，Si_3P 的晶格常数比 C_3P 多 2.0Å。我们将晶格常数的巨大差异归因于原子半径、键长。Si—N 键长度大于 C—N 和 C—P 键，Si—Si 键比 C—C 键长 0.9Å。

表 17.1 单层 X_3Y（X=C、Si，Y=N、P）的晶格参数 a 和 b，原子之间的键角 α、β 和 γ，键长 L_{X-X} 和 L_{X-Y}，键角 $\angle_{X-X-X}$ 和 $\angle_{X-Y-X}$

X_3Y	a/Å	b/Å	L_{X-X}/Å	L_{X-Y}/Å	α/（°）	β/（°）	γ/（°）	$\angle_{X-X-X}$/（°）	$\angle_{X-Y-X}$/（°）
C_3N	4.89	4.89	1.42	1.41	90	90	120	120	120
C_3P	5.42	5.42	1.42	1.84	90	90	120	120	106.66
Si_3N	6.81	6.81	2.33	1.79	90	90	120	105.56	119.42
Si_3P	7.51	7.51	2.32	2.29	90	90	120	112.61	105.30

17.3.2 单层 X_3Y（X=C、Si，Y=N、P）的稳定性

材料的稳定性决定了它能否在实验中被制备出来。利用声子谱可以预测二维材料的动力学稳定性。因此，我们利用 SIESTA 软件对 X_3Y（X=C、Si，Y=N、P）进行了 PHONOPY 计算，结果如图 17-2 所示。在三种二维材料中，都没有虚频产生，初步证明 C_3P、Si_3N 和 Si_3P 是动力学稳定的。C_3N 的声子谱已经计算出来，与之前的实验数据一致，因此在此基础上计算其他三种材料的声子谱是有依据的。C_3P 的最高声子频率达到 1 497 cm^{-1}，高于 SnN_3（1 386 cm^{-1}）、GeN_3（1 417 cm^{-1}）。Si_3N 拥有 823 cm^{-1} 的声子频率，比硅烯（580 cm^{-1}）和 SnP_3（500 cm^{-1}）高，Si_3P（510 cm^{-1}）比 GeP_3（480 cm^{-1}）和 MoS_2（473 cm^{-1}）的声子频率高。这可以用来解释 X 原子和 Y 原子之间的强离子键。

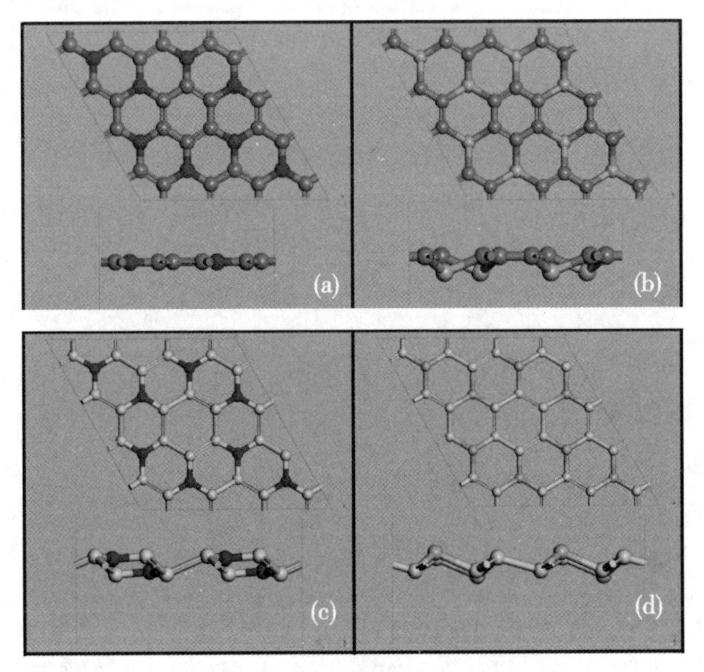

图 17-1　单层的俯视图和侧视图

（a）C_3N；（b）C_3P；（c）Si_3N；（d）Si_3P

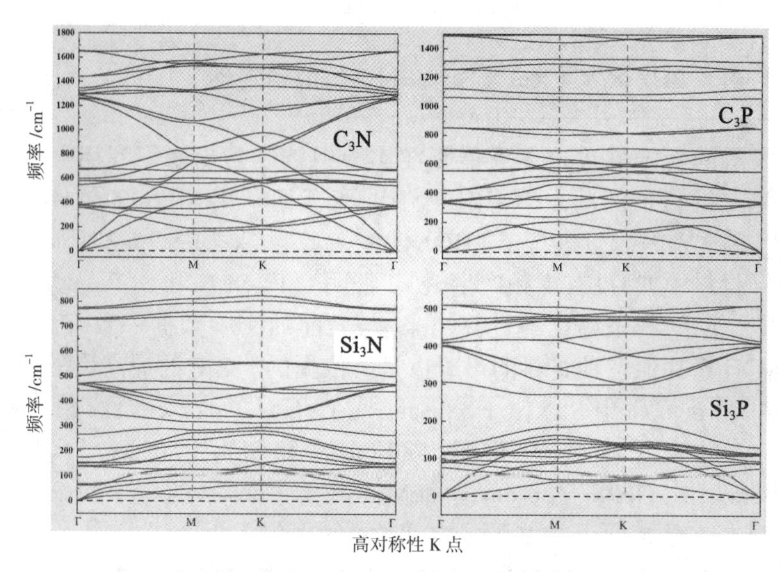

图 17-2　X_3Y（X=C、Si，Y=N、P）的声子色散

对 X_3Y 的分子动力学模拟，以证明该二维材料的热力学稳定性。图 17-3（b1）和图 17-3（b2）为 C_3P 在 300 K 和 500 K 下的分子动力学模拟结果，C_3P 的 C—C 和 C—P 键没有断裂，在 2 000 fs，总能量维持在一个数量级的波动，从而揭示了 C_3P 在室温下的热力学稳定性。图 17-3（c1）和图 17-3（c2）为 Si_3N 在 300 K 和 500 K 下的分子动力学模拟结果，Si_3N 的 2×2 超胞仍保持着良好的六角蜂窝结构，Si—Si 六边形环没有被破坏，说明二维材料在 300 K 和 500 K 下是稳定的。图 17-3（d1）和图 17-3（d2）为 2×2 超胞 Si_3P 在 300 K 和 500 K 下的分子动力学模拟结果。Si—Si 六边形环和 Si—P 键没有断裂，在 2 000 fs 的最小值期间，总能量维持在一个数量级的波动，从而揭示了 Si_3P 在 300 K 和 500 K 下的热力学稳定性。机械稳定性也是一个应该考虑的问题，因此我们计算了双轴拉伸应变对二维材料的影响，结果如图 17-4 所示。从图中可以看出，C_3N、C_3P、Si_3N 和 Si_3P 具有较高的理想强度，最大应力应变分别为 14%、14%、11% 和 12%。图 17-4 显示，C_3N、C_3P 的最大应力应变均为 14%，因此我们对 C_3N、C_3P 在 14% 的应变状态下的动力学稳定性进行了探究。结果表明，C_3N、C_3P 在 11%、12%、13% 是动力学稳定的。Si_3N 的最大应力应变为 11%，但计算的声子谱在 8% 时出现虚频，结构在应力应变为 7% 后变得不稳定，Si_3P 的状态在拉伸应力应变 11% 前是动力学稳定的。随着拉伸应变的增大，由于键的削弱，声子频率降低。因此，这四种材料除了 Si_3N 在应力应变 7% 后声子谱出现了虚频，在其他三种双轴

拉伸应变后仍保持力学和动力学上的稳定,意味着其他三种新型材料具有相当高的机械稳定性,如图 17-5 所示。

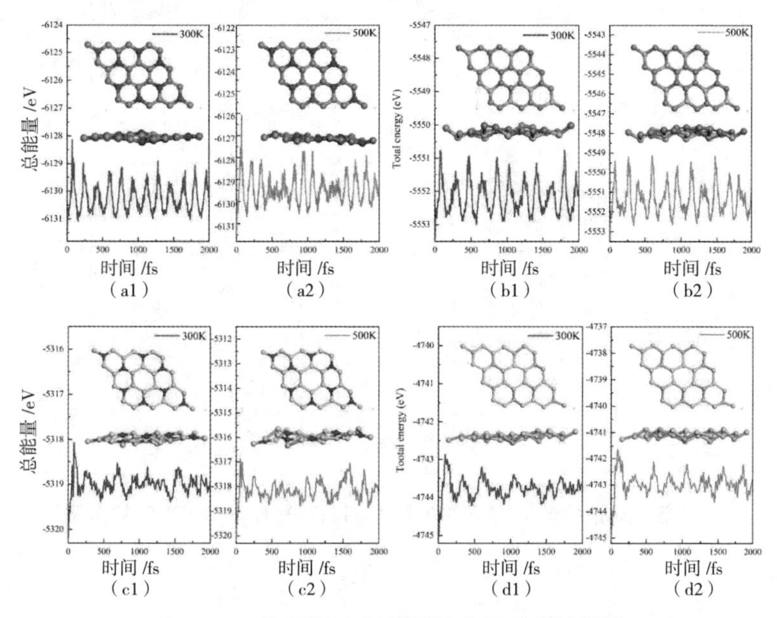

图 17-3 不同温度下模型的分子动力学模拟

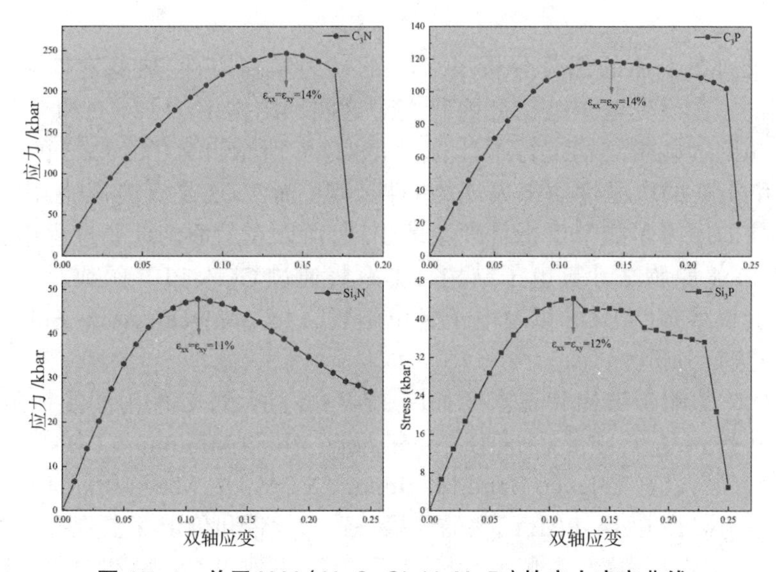

图 17-4 单层 X_3Y(X=C、Si,Y=N、P)的应力应变曲线

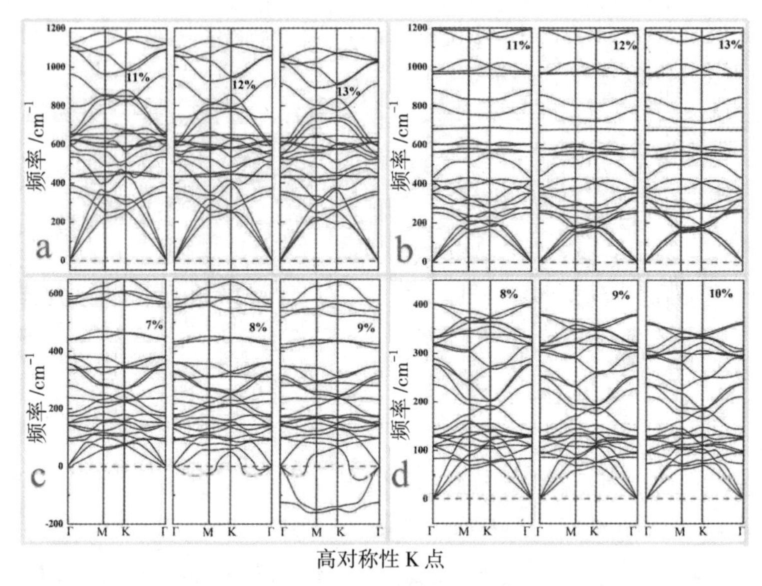

图 17-5 双轴拉伸应变下的单层 C_3N, C_3P, Si_3N 和 Si_3P 的声子谱

(a) C_3N; (b) C_3P; (c) Si_3N; (d) Si_3P

17.3.3 X_3Y (X=C、Si, Y=N、P) 的电子结构

我们在上面的部分分析了 X_3Y 的动力学稳定性、热稳定性和机械稳定性。在研究电子结构之前我们对这四种结构 1×1、2×2 和 3×3 的三种超胞的能带结构进行了计算，如图 17-6 所示，1×1 和 3×3 的 C_3N、C_3P 和 Si_3P 的电子性质都表现为间接带隙，而 2×2 是直接带隙，出现这种现象的原因是能带反折叠现象的出现，所以在后面的计算过程中我们采用 1×1 原胞来计算电子结构。本章将通过 GGA-PBE 函数对这些材料的能带结构、PDOS 以及电子定位函数(Elecrtonlocalization Fulction, ELF)进行分析。

C_3N 的能带结构和态密度如图 17-7 (a) 所示，C_3N 为间接带隙，带隙为 0.395 eV，其导带最小值(Concluction Bomd Mintmum, CBM)在 Γ 点，价带最大值(Valence Band Maximum, VBM)在 M 点，我们计算出的带隙也与以往 GGA-PBE 函数的结果一致。导带和价带都主要由 C 原子的 2p 轨道占据，这与我们上面的分析一致，表现出 C—N 和 N—N 键的共价键特征。最后，我们进一步用 ELF 研究了成键条件，N—N 和 C—N 键的 ELF 值接近 0.25，说明相邻原子之间的价电子是杂化的。C_3P 是结构 C_3N 中的两个 C 原子被 P 原子占据形成的，P 原子的价电子为 $3s^23p^3$，

C 原子的价电子为 $2s^22p^2$。P 原子的原子半径比 N 原子的原子半径大，C_3P 的带隙也比 C_3N 的带隙大，间接带隙为 1.564 eV。态密度中，可以看到 CBM 主要由 C 的 2p 和 2s 轨道主导，在 VBM 中主要由 P 原子的 3p 和 3s 轨道和 C 的 2s 轨道占据。图 17-7（b）和图 17-7（e2）所示，内部电子的 C 和 P 原子轨道杂化，证明了 C—C 和 C—P 键的形成。图 17-7(c)的能带结构表明 Si_3N 的导带和价带跨越了费米能级，表现出金属性质。由态密度 [见图 17-7（c1，c2）]，可以看出，穿过费米能级的能带主要被 Si 原子的 3p 轨道和 N 原子的 2s 轨道占据。从图 17-7（e3）中也可以看出 Si—Si、Si—N 键的形成。Si_3P 的 CBM 和 VBM 的态密度如图 17-7(d)所示，对于单层 Si_3P，VBM 在 M 点，CBM 在 Γ 点，因此 Si_3P 是一种间接带隙为 0.274 eV 的半导体，从 Si_3P 的态密度中可以观察到多个范霍夫奇点(Van Hove Singulari-ties，VHSs)。此外，价带顶和导带底由 Si 原子的 3p 轨道和 P 原子的 3p 轨道占据，很明显，Si 原子的 3p 轨道和 P 原子的 3p 轨道在导带和价带附近表现出强烈的杂化。单层 Si_3P 的共价键可以通过图 17-7(e)中的 ELF 进一步证明。Si—P 键的 ELF 值均大于 0.06，说明相邻原子的价电子杂化，形成 Si—P、P—P 共价键。

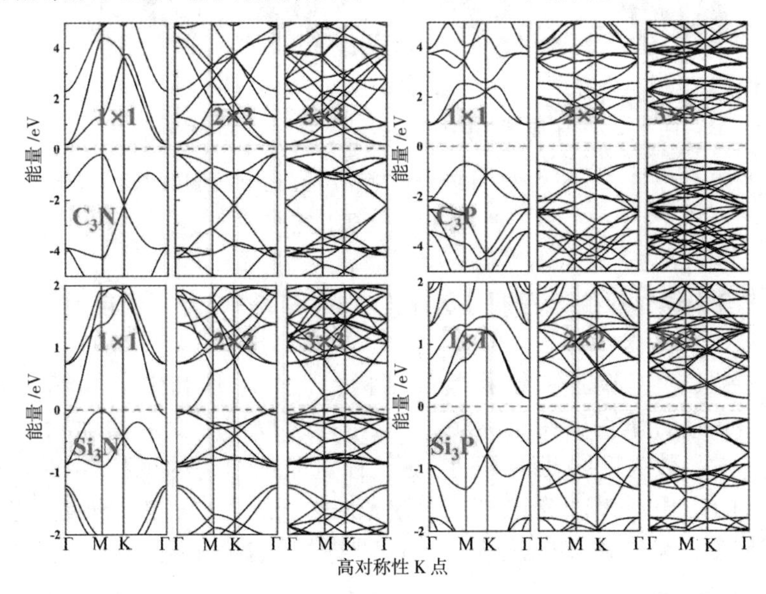

图 17-6　单层 X_3Y (X=C、Si，Y=N、P) 在 1×1，2×2，3×3 超胞下的能带结构

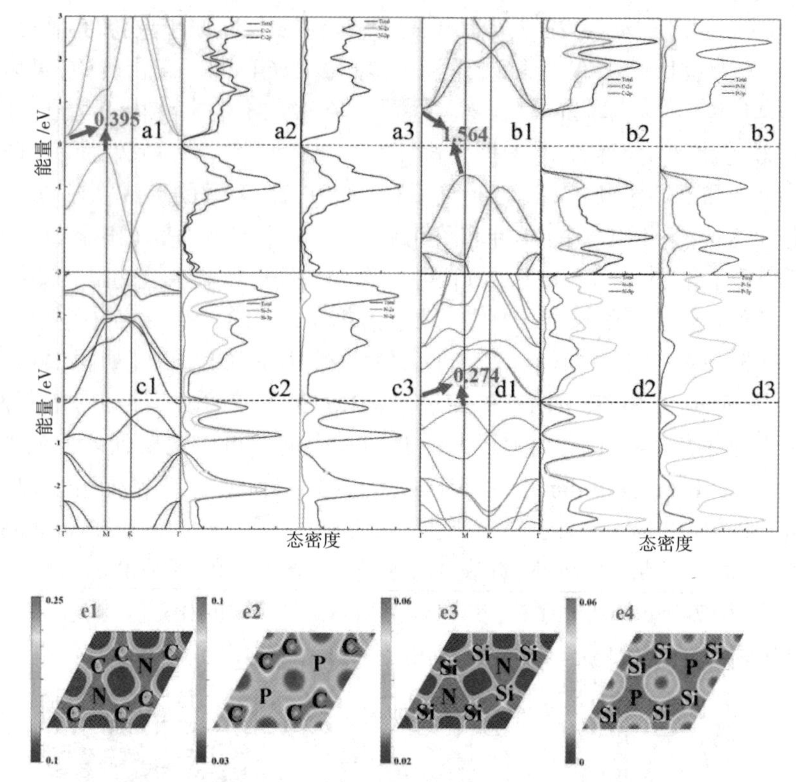

图 17–7 不同模型的能带结构、态密度和电子定位函数

注：(a)C_3N,(b)C_3P,(c)Si_3N 和(d)Si_3P 的能带结构、态密度和电子定位函数(ELF)。费米能级被设置为零。

17.3.4 通过应变工程调控 X_3Y (X=C、Si，Y=N、P)的带隙

应变工程对调控二维材料的结构、力学、电子和输运性能方面起着至关重要的作用。在实际应用中，压缩或拉伸应变对处理异质结方面的晶格参数失配也很有用，应变工程对能带结构的可控性拓宽了二维材料的应用范围。为了扩展 X_3Y (X=C、Si，Y=N、P)的应用范围，我们研究了 X_3Y 在双轴应变下的能带结构，结果如图 17-8 ~ 图 17-10 所示。

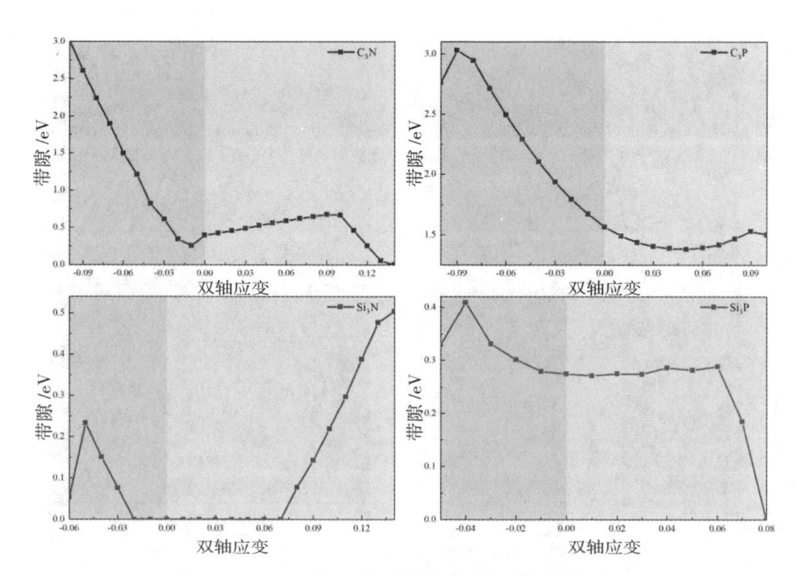

图 17-8　双轴压缩、拉伸应变与带隙的关系

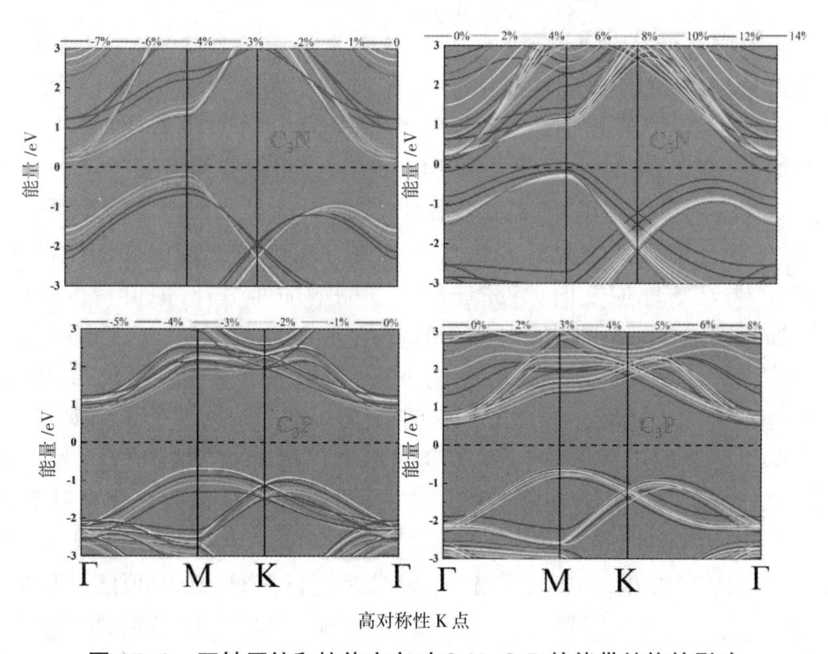

图 17-9　双轴压缩和拉伸应变对 C_3N、C_3P 的能带结构的影响

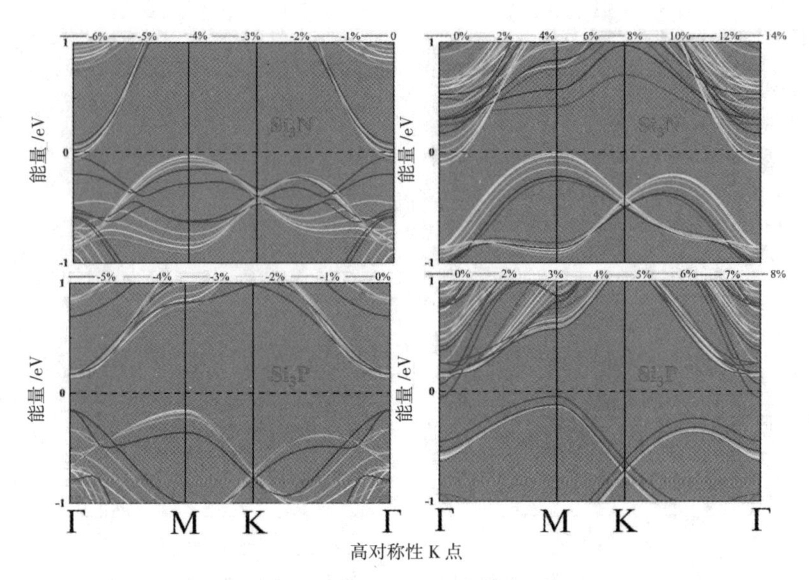

图 17–10　双轴压缩和拉伸应变对 Si_3N、Si_3P 的能带结构的影响

应力应变的公式为：$\delta = \Delta a / a_0$，其中 a_0 为原始晶格常数，$\Delta a = a - a_0$ 为应变值减原始的晶格常数值。如图 17-8 和图 17-9 所示，当压缩应变为 0 ~ 1% 时，带隙减小到 0.25 eV，但应变为 1% 时，随着压缩应变的增大而增大，在 10% 时达到最大值 3.01 eV。而随着拉伸应变的增加，带隙在 9% 时达到最大值 0.67 eV，之后开始减小，甚至在 14% 时带隙减小到 0 eV，由半导体转变为金属。从图 17-9 所示的所有拉伸应变的能带结构可以看出，在压缩应变时，导带底随应变的增加而上升，但价带顶随应变的增加而下降，最终带隙最大为 3.01 eV。在拉伸应变时，应变值越大，导带底在 8% 前缓慢上升，之后迅速下降，越过费米能级，而价带顶也在 12% 处越过费米能级。因此 C_3N 的带隙可以通过应变进行有效调控。

单层 C_3P 的带隙随着压缩应变的增加而增加，在 9% 时达到最大值 3.03 eV（见图 17-9）。在能带结构中，导带底和价带顶的变化杂乱无章，但其带隙值的变化逐渐增大。随着拉伸应变的增大，带隙由减小变为增大。拉伸应变为 0~6% 时，在 Γ 点导带底缓慢降低，价带顶随拉伸应变的增大而上升。但导带底仍在 Γ 点，价带顶在 M 点，带隙的性质没有改变，仍为间接带隙。压缩应变和拉伸应变对 C_3P 单层的电子结构的调控有重要意义。

单层 Si_3N 在无应变时的带隙为 0 eV，表现出金属性。当压缩应变增加到 3% 时，带隙打开，带隙从 0.08 eV 增加到 0.23 eV。但在压缩应变为 6% 时，带隙又降低到 0.05 eV。结合图 17-10，CBM 从费米能级以下上升到费米能级以上。当压缩应变为 0 ~ 5% 时,价带顶下降。当压缩应变为 6% 时,Si_3N 由高对称点 M 变为 Γ 点,从而实现了从金属到间接带隙半导体,再到直接带隙半导体的过渡。在应变为 7% 之前表现出金属性,拉伸应变在 7% 时打开了带隙,带隙值为 0.08 eV,随后随着拉伸应变的增加,带隙增大,最后在拉伸应变为 14% 时达到最大值 0.5 eV。以上结果表明,单层 Si_3N 的电子特性可以通过应变工程进行有效调控,从而扩展了其在电子学中的实际应用。并且直接带隙对材料在光学方面的应用有重大意义,如图 17-8 和图 17-10 所示,Si_3P 的带隙随着压缩应变的增大而增大,在 3% 时达到最大值 0.41 eV,而 CBM 保持在同一水平,并随着拉伸应变的增大而增大,同时 VBM 从 M 点转移到 Γ 点,导致间接带隙向直接带隙过渡。在拉伸应变为 0 ~ 6% 的范围内,带隙维持在 0.27 ~ 0.29 eV。拉伸应变达到 6% 后,带隙急剧下降,最后带隙降至 0 eV,表现出金属特性。在图 17-10 所示的 Si_3P 单层中,拉伸应变达到 7% 时,CBM 越过费米能级,VBM 上升,不难看出,压缩应变在 8% 时就变成了金属性质。以上结果表明,应变工程有效地改善了单层 Si_3P 的电子性能,这对其在光电子学中的应用具有重要意义。

17.3.5 X_3Y(X=C、Si,Y=N、P)的光学性质

吸收特性由介电方程,式(17-1)计算,这里以 ω 代表频率,用光学吸收系数 $a(\omega)$ 来衡量光学特性,其表示式为

$$\varepsilon(\omega)=\varepsilon_1(\omega)+\mathrm{i}\varepsilon_2(\omega) \tag{17-1}$$

$$\alpha(\omega)=\sqrt{2}\omega\left[\sqrt{\varepsilon_1(\omega)^2+\varepsilon_2(\omega)^2}-\varepsilon_1(\omega)\right]^{\frac{1}{2}} \tag{17-2}$$

ε_1 和 ε_2 分别是复介电常数的实部和虚部,介电常数的实部和虚部的函数为

$$\varepsilon_2(\omega)=\frac{4\pi^2e^2}{\Omega}\lim_{q\to 0}\frac{1}{\boldsymbol{q}^2}\sum_{c,v,k}2\omega_k\delta(\varepsilon_{ck}-\varepsilon_{vk}-\omega)\left\langle\mu_{ck}+e_\alpha\middle|\mu_{vk}\right\rangle\left\langle\mu_{ck}+e_\beta\middle|\mu_{vk}\right\rangle^* \tag{17-3}$$

$$\varepsilon_1(\omega)=1+\frac{2}{\pi}\boldsymbol{P}\int_0^\infty\frac{\varepsilon^2(\omega')\omega'}{\omega'^2-\omega^2+i\eta}\mathrm{d}\omega' \tag{17-4}$$

式中:Ω 表示单位体积;矢量 $\boldsymbol{q}$, $\boldsymbol{\eta}$、$\boldsymbol{P}$ 和标量 $\boldsymbol{q}$ 分别表示入射波的布洛赫矢量、无穷小数、主值和笛卡尔坐标中的分量。向量 $\boldsymbol{k}$ 在导带和价带中的特征态分别用 μ_{ck} 和 μ_{vk} 表示,其能量分别用 ε_{ck} 和 ε_{vk} 表示。

为了研究其光学吸收系数，通过 PBE 计算出单层 X_3Y（X=C、Si，Y=N、P）的平面内和平面外吸收光谱。计算出的 C_3N 和 C_3P 的平面内吸收系数如图 17-11 所示。C_3N 在紫外区和可见光区有很强的吸收，可见光区的第一个吸收峰高达 $4.5\times10^5\ cm^{-1}$，但 C_3P 的吸收峰高达 $4.0\times10^5\ cm^{-1}$。C_3P 可见光区的吸收明显低于 C_3N，光的吸收系数还可以结合态密度进行定性分析。计算的光吸收谱吸收系数跟能带结构的带隙值有一定的差别，有两个方面的原因，第一是因为 PBE 计算会低估带隙值，并且以往的研究中也有一样的结果，第二是因为图 17-11 的光吸收谱的吸收系数太大，整体看起来很大，实际计算的光吸收系数 C_3N、C_3P 的是 0.76 eV 和 1.78 eV。有趣的是，Si_3N、Si_3P 的平面外吸收系数远低于 C_3N、C_3P，Si_3N 的吸收峰，Si_3P 的吸收峰只有 $10^4\ cm^{-1}$。这些光学特性表明，C_3N、C_3P 和 Si_3N 是很有前途的新型二维材料，在太阳能电池和光电器件中具有潜在的应用价值。

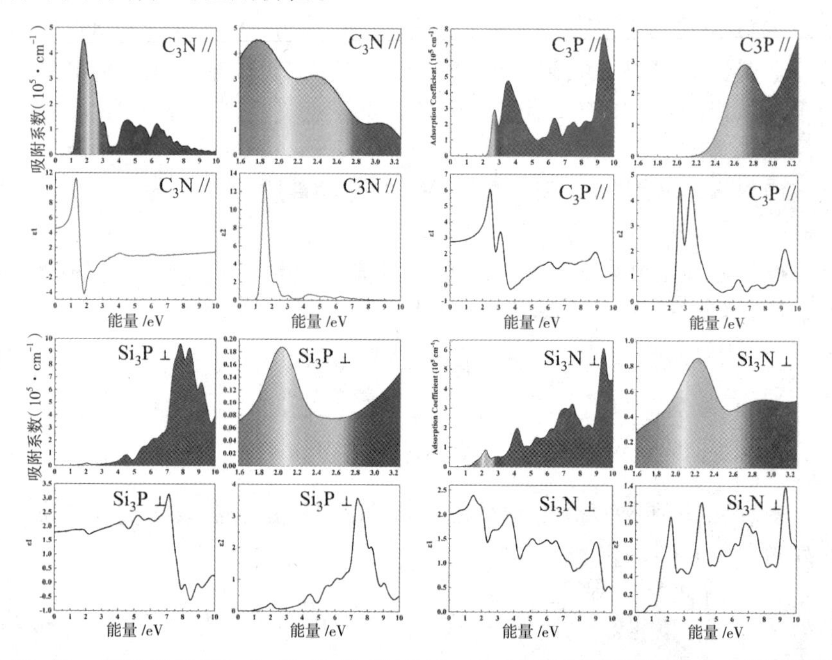

图 17-11　单层 X_3Y（X=C、Si，Y=N、P）在 0~10 eV 光子能量范围内的光学吸收谱、可见光吸收谱、介电常数的实部和虚部，ε_1 和 ε_2 分别是复介电常数的实部和虚部

17.3.6 应变对单层 X_3Y（X=C、Si，Y=N、P）光学性能的影响

我们还分析了双轴应变对光学性质的影响。图 17-12（a1）和图 17-12（a2）是 C_3N 在 –10%~10% 下的光吸收情况。在拉伸应变下，单层 C_3N 的吸收边缘逐渐向红外区（Infrared Radiation，IR）方向移动，表明光吸收范围扩大。在压缩应变下，吸收边缘向紫外区（Ultraviolet Rays，UV）方向移动，这说明应变在新型二维 C_3N 在光伏领域的潜在应用。C_3P 的光吸收系数如图 17-12（b1）和图 17-12（b2）所示，拉伸应变下吸收边向红外区偏移，吸收系数也比原始 C_3P 单层的吸收系数大，这可以用窄带隙来解释。压缩应变显著地改变了吸收曲线，由于 VBM 上 M 点和 K 点之间的带隙较低，因此 2.4 eV 左右的吸收边被推到了右边。在可见光区域，Si_3N 的吸收系数随拉伸应变的增大而减小，随压缩应变的增大而增大[见图 17-12（c1）、图 17-12（c2）]。Si_3P 对应变的刺激不如前三种材料显著，但在压缩应变为 –10% ~ –6% 时，可见光区的吸附系数仍有增强[见图 17-12（d1）、图 17-12（d2）]。新的二维材料（C_3N、C_3P、Si_3N 和 Si_3P）在可见光区和紫外光区都有很好的光吸收行为，这说明这四种材料可能在光伏器件中具有潜在的应用价值。

17.4　总　结

本章对 14 族 C、Si 原子和 15 族 N、P 原子进行了两两组合，形成了四种二维材料 X_3Y（X=C、Si，Y=N、P）。先研究了这四种材料的结构和稳定性，以单层石墨烯、硅烯和 C_3N 为原模型，构建了 C_3P、Si_3N 和 Si_3P 三种新型的二维结构。计算了 X_3Y（X=C、Si，Y=N、P）的声子谱，这三种结构都没有虚频，说明这些新型材料具有动力学稳定性。而且用分子动力学模拟，在 300 K 和 500 K 退火后，总势能只在一个恒定的幅度上下波动，模拟结束后结构没有发生较大的变形。这一结果表明，X_3Y（X=C、Si，Y=N、P）具有较高的热稳定性，其最高频率分别达到 1 400 cm^{-1}、1 400 cm^{-1}、800 cm^{-1}、600 cm^{-1}，比 GeP_3、MoS_2 和磷烯高，证明了 X-X 和 X-Y 键的形成。我们进一步研究了双轴拉伸应变对新型二维材料的影响，所有材料发生的结构变形都为 11% 左右，说明理想强度相当高。接着计算了二维材料在双轴拉伸应变为 11% 左右的声子谱，除了

Si_3N 在结构变形为 11% 时具有虚频，其他三种材料都是动力学稳定的，这意味着三种新型二维材料具有较高的机械稳定性。C_3N、C_3P、Si_3N 和 Si_3P 的带隙分别为 0.39 eV、1.56 eV、0 eV 和 0.27 eV。半导体有望在电子和光学器件中发挥重要作用，X_3Y（X=C、Si，Y=N、P）的电子结构可以通过双轴压缩应变和拉伸应变来调控。压缩和拉伸应变使 Si_3N 从金属性质转化为半导体性质，Si_3P 从间接带隙转化为直接带隙，C_3N、Si_3P 从半导体过渡到金属。此外，还研究了新型二维材料体系的光学性能，C_3P 和 Si_3N 在可见光范围内表现出优异的光学吸收能力。我们还研究了压缩应变和拉伸应变对四种材料光学性质的影响，对应变下的吸收系数有一定程度的增强。结果表明，拉伸应变和压缩应变可以显著提高 X_3Y 在可见光区域的吸收系数。这一新发现可以为半导体电子器件的设计和应用提供更多的参考。此外这些优异的电子和光学性能有望在纳米电子和光电子器件中得到应用。

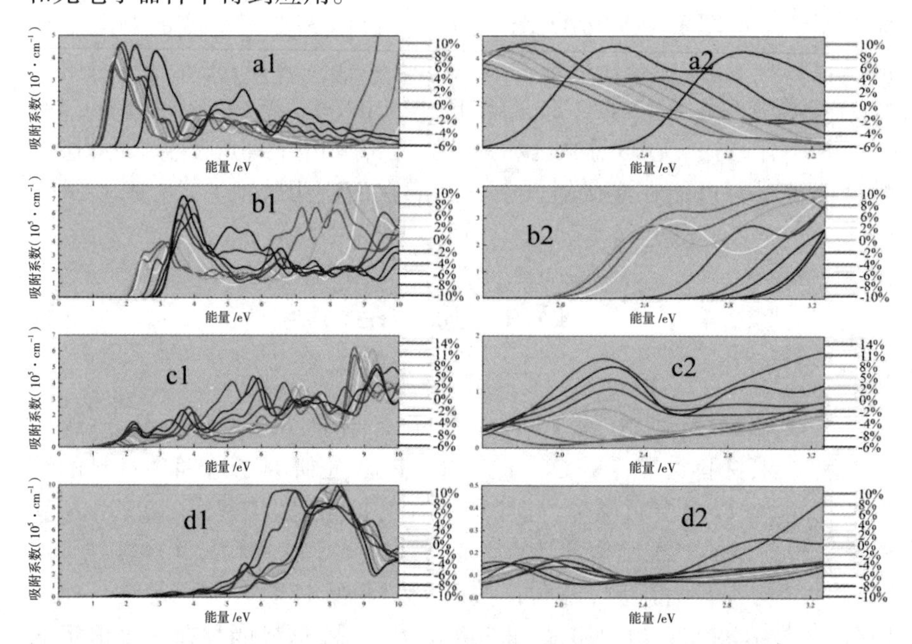

图 17.12　单层 X_3Y（X=C、Si，Y=N、P）在光子能量范围 0~10 eV 的光学吸收系数

注：平面外（//）模式（a1，a2）C_3N，（b1，b2）C_3P，平面内（⊥）模式（c1，c2）Si_3N，（d1，d2）Si_3P

第 18 章　结论和展望

18.1　结　论

石墨烯、硅烯、锗烯、硼烯、锡烯和蓝磷烯近年来受到广泛的研究和探索，这对电子性能的调控是至关重要的。锡烯和石墨烯一样，狄拉克锥限制了它在半导体方面的应用，科研人员通过外界因素来调控锡烯的电子性能，过渡金属元素掺杂锡烯就是一个很有效的方法。但是过渡金属原子掺杂是一个复杂的工程，我们首次对 12 种过渡金属原子掺杂在锡烯上进行了全面的研究和分析，为实验和理论研究提供了参考。蓝磷烯是间接带隙非磁性半导体，我们通过缺陷和取代掺杂，有效调控了蓝磷烯的磁性和电子性质。此外，锡烯 / 蓝磷烯异质结的构建对锡烯和蓝磷烯的电子性能调控非常有意义，在此之前，由于锡烯和蓝磷烯晶格常数不匹配，因此没有被人探索过。研究发现，锡烯和蓝磷烯异质结具有合适的带隙，通过施加电场和调谐层间距离，打开了锡烯的带隙并且使蓝磷烯的间接带隙转化为直接带隙，可应用于光学性质的研究。新型二维材料的探索一直是广大科研人员的重点，我们首次对 C_3P、Si_3N、Si_3P 进行预测，并探索它们的电子和光学性质。主要归纳为下述几条：

（1）边缘氢钝化的硼烯纳米带要比未钝化的更稳定，由于具有各向异性，因此分别对 A 型和 Z 型两种周期性方向进行了计算，氢钝化还能够改变 Z 型硼烯纳米带的自旋性质。本书进一步研究了硼烯纳米带的输运性质、电流 - 电压曲线，相比而言，A 型硼烯纳米带的负微分电阻效应更明显，Z 型硼烯纳米带则在施加正负偏压时，表现出更好的整流效应。分析认为这与硼烯在不同周期性方向上的对称性有关。这为将来硼烯电子器件的潜在应用提供了理论依据。

（2）本书研究了纳米带宽度的改变对磷烯纳米带的电子特性和输运性能的影响。结果表明：对于 APNRs，随着纳米带宽度的增加，带隙逐渐减小；对于 ZPNRs，随着纳米带宽度的增加，其由直接带隙半导体转变成了金属性质。通过对电子结构和透射谱的分析，揭示了负微分电阻的机理。我们还预测，在具有较大带隙的磷烯纳米带系统中可以发现负微分电阻效应，研究的结果为其在磷烯电子器件中的潜在应用提供了可能性和理论依据。

（3）本书主要探索了硼烯 / 磷烯构成不同层间距离异质结的电子性质和输运性能。结果表明，通过改变层间距离可以调节其带隙，在一定范围内能减小两者的层间距离，磷烯的半导体特性占据主导地位，表现出半导体特性；在一定范围内增加两者的层间距离，硼烯的金属性占据主导地位，表现出金属特性。

（4）本书基于第一性原理研究了 12 种过渡金属原子吸附对锡烯的电子结构和磁性的影响。当 Ni、Ru 和 Pd 过渡金属原子吸附在锡烯上时，锡烯的狄拉克锥被打开，其带隙分别为 109.4 meV、69.6 meV 和 32.4 meV。锡烯对外来吸附原子具有良好的吸附能力，吸附能高达 6.241 eV，比磷烯和石墨烯的吸附能力强。对于 Fe、Co、Ru、Rh 和 Os 原子吸附的锡烯，诱发了 3.144 μ_B、2.024 μ_B、2.028 μ_B、1.007 μ_B 和 1.995 μ_B 的磁矩。有趣的是，当 Os 和 Rh 原子吸附在锡烯上时，体系显示出半金属特性，这为基于锡烯的自旋电子器件的设计与应用提供了参考。

（5）本书系统研究了 4 种空位缺陷和 6 种杂原子取代掺杂对蓝磷烯的稳定性、电子结构和磁性的影响。研究结果表明，缺陷和杂原子取代掺杂都可以调控蓝磷烯的带隙，并且杂原子取代掺杂可以使蓝磷烯发生从间接带隙到直接带隙的转变。缺陷和杂原子掺杂的存在有效调控了蓝磷烯的电子特性，通过在蓝磷烯中引入缺陷和取代掺杂，可以诱导磁性，有望为蓝磷烯的电子器件设计提供理论参考。

（6）本书构建了锡烯和蓝磷烯异质结，结果表明层间距离可以对电子结构进行有效调控，其中层间距离为 3.75 Å 时，异质结构最稳定。对层间距离为 3.75 Å 的 A 构型异质结施加双轴应变和外加电场来调控锡烯 / 蓝磷烯异质结的能带结构，这为我们对二维材料异质结的电子性质的调控提供了理论指导。

（7）本书选取了元素周期表中 14 族的 C、Si 和 15 族的 N、P 共四种元素进行两两组合，以单层 C_3N 结构为原型，构建了 C_3P、Si_3N、Si_3P 三种新型的二维结构模型。计算其对应的声子谱，这三种结构都没有虚频，说明体系的动力学稳定性较好。对 C_3N、C_3P、Si_3N、Si_3P 进行分子动力学模拟，分别在 300 K 和 500 K 退火后，总势能仅在一个恒定量级上下波动，模拟结束时没有进行结构重构。这一结果表明，C_3N、C_3P、Si_3N、Si_3P

具有较好的热稳定性。我们进一步计算了双轴拉伸应变对新型二维材料的影响，最大应力为 11% 左右时，结构发生形变，表明理想强度相当高。C_3N、C_3P、Si_3N、Si_3P 在 11% 的双轴拉伸应变下的声子谱在动力学上是稳定的，这意味着这三种新型二维材料具有很好的机械稳定性。此外我们还研究了新型二维材料体系的光学性质，C_3P、Si_3N、Si_3P 在可见光范围内表现出优异的光学吸收性能，并且通过应变可调控其光学性质。这一新发现可以给半导体电子器件和光学器件的设计与应用提供更多参考。

18.2　展　望

关于二维材料的第一性原理研究，其目前的计算都是基于软件的推导，期望在以后的研究工作中，可以借助实验的方法实现。此外本书所研究的二维材料还有很多其他方面的性能没有探索，比如光学性质、输运性质，希望在未来能够有机会完善。本书对气体分子吸附过渡金属、再吸附二维材料的研究并没有进行探索，这是一个有趣的研究方向。因此，我们建议对以上的新型材料进行研究，探讨它们作为气体分子检测传感器的可能性，这将为实验人员进一步研究其对气体分子的传感行为提供一定的指导。另外，新型二维材料是否能在实验上制备，这是一件至关重要的事情，需要实验人员探索和研究。对于所研究的二维材料比较有趣的性质，期望更深入的探索，并能应用于实际生活中。本书还可以从以下几个方面进行进一步的探讨：第一，从硼烯纳米带的一些自旋性质入手，进行更深入的研究，希望能为基于硼烯纳米带的自旋电子器件的设计提供理论依据。第二，由于改变纳米带宽度会对磷烯纳米带的电子性质产生影响，因此我们可以寻找其他手段去调节其带隙，如缺陷、掺杂等，为基于磷烯纳米带的电子器件的设计和应用提供参考依据。第三，硼烯与其他半导体纳米材料构成异质结，可以进一步研究其电子性质和输运性能，为异质结电子器件的设计和应用提供理论依据。第四，结合生活实际，基于硼烯纳米带、磷烯纳米带或异质结的电子器件，可以有目的性地去吸附各种气体，特别是有毒有害气体，为分子器件的设计提供理论依据。

参考文献

[1] LIANG X G, FU Z L, CHOU STEPHEN Y. Graphene transistors fabricated via transfer-printing in device active-areas on large wafer[J]. Nano Letters, 2007, 7(12)：3840-3844.

[2] SHEEHY D E, SCHMALIAN J. Optical transparency of graphene as determined by the fine-structure constant[J]. Physical Review B, 2009, 80(19)：193411.

[3] BALANDIN A A, GHOSH S, BAO W Z, et al. Superior thermal conductivity of single-layer graphene[J]. Nano Letters, 2008, 8(3)：902-907.

[4] NOVOSELOV K S, GEIM A K, MOROZOV S V, et al. Two-dimensional gas of massless Dirac fermions in graphene[J]. Nature, 2005, 438(7065)：197-200.

[5] WANG Q H, KALANTAR Z K, KIS A, et al. Electronics and optoelectronics of two-dimensional transition metal dichalcogenides[J]. Nature Nanotechnology, 2012, 7(11)：699-712.

[6] LI L K, YU J, YE G J, et al. Black phosphorus field-effect transistors[J]. Nature Nanotechnology, 2014, 9(5)：372.

[7] 李峰 . 一些二维纳米材料结构和性质的理论研究 [D]. 南京：南京理工大学 , 2014.

[8] STOLLER M D, PARK S, ZHU Y W, et al. Graphene-based ultracapacitors[J]. Nano Letters, 2008, 8(10)：3498-3502.

[9] TIWARI S K, SAHOO S, WANG N N, et al. Graphene research and their outputs：status and prospect[J]. Journal of Science：Advanced Materials and Devices, 2020, 5(1)：10-29.

[10] 黄毅 , 陈永胜 . 石墨烯的功能化及其相关应用 [J]. 中国科学：B 辑 , 2009, 39(9)：887-896.

[11] PADILHA J E, FAZZIO A, DA SILVA A J R. van der Waals

heterostructure of phosphorene and graphene: tuning the schottky barrier and doping by electrostatic gating[J]. Physical review letters, 2015, 114(6): 066803.

[12] CAHANGIROV S, TOPSAKAL M, AKTÜRK E, et al. Two- and one-dimensional honeycomb structures of silicon and germanium[J]. Physical Review Letters, 2009, 102(23): 236804.

[13] TSAI W F, HUANG C Y, CHANG T R, et al. Gated silicene as a tunable source of nearly 100% spin-polarized electrons[J]. Nature Communications, 2013, 4(2): 1500.

[14] LIN X, NI J. Much stronger binding of metal adatoms to silicene than to graphene: a first-principles study[J]. Physical Review B Condensed Matter, 2012, 86(7): 53-58.

[15] TANG Q, ZHOU Z. Graphene-analogous low-dimensional materials[J]. Progress in Materials Science, 2013, 58(8): 1244-1315.

[16] ZHOU X, ZHONG Y, YANG M, et al. Sb nanoparticles decorated N-rich carbon nanosheets as anode materials for sodium ion batteries with superior rate capability and long cycling stability[J]. Chemical Communications, 2014, 50(85): 12888-12891.

[17] LIU C C, FENG W, YAO Y. Quantum spin hall effect in silicene and two-dimensional germanium[J]. Physical Review Letters, 2011, 107(7): 2989-2996.

[18] EZAWA M. Valley-polarized metals and auantum anomalous hall effect in silicene[J]. Physical Review Letters, 2012, 109(5): 515-565.

[19] EZAWA M. Photoinduced topological phase transition and a single dirac-cone state in silicene[J]. Physical Review Letters, 2013, 110(2): 026603-026605.

[20] GARCIA J C, LIMA D B D, ASSALI L V C, et al. Group IV graphene- and graphane- like nanosheets[J]. Journal of Physical Chemistry C, 2012, 115(27): 13242-13246.

[21] ZHANG C, Yan S. First-principles study of ferromagnetism in two-dimensional silicene with hydrogenation[J]. Journal of Physical Chemistry C, 2014, 116(6): 4163-4166.

[22] OSBORN T H, Farajian A A, Pupysheva O V, et al. Ab initio simulations of silicene hydrogenation[J]. Chemical Physics Letters, 2011, 511(1-3): 101-105.

[23] 江东亮，李龙士，欧阳世翕，等．中国材料工程大典第 8 卷无机非金属材料工程 (上) [M]. 北京：化学工业出版社 ,2006.
[24] 张俊宝，雷廷权，温广武，等．先驱体法合成氮化硼研究进展 [J]. 材料科学与工艺，2000, 8(2)：1-6.
[25] 顾立德．新型无机非金属材料，氮化硼陶瓷 [M]. 北京：中国建筑工业出版社，1982.
[26] BLASE X, RUBIO A, LOUIE S G, et al. Stability and band gap constancy of boron nitride Nanotubes[J]. Epl, 2007, 28(5)：335-340.
[27] TONGAY S, ZHOU J, ATACA C, et al. Broad-range modulation of light emission in two-dimensional semiconductors by molecular physisorption gating[J]. Nano Letters, 2013, 13(6)：2831-2836.
[28] MATTHEISS L F. Band structures of transition-metal-dichalcogenide layer compounds[J]. Physical Review B, 1973, 8(8)：3719.
[29] TERRONES H, CORRO E D, FENG S, et al. New first order raman-active modes in few layered transition metal dichalcogenides[J]. Scientific Reports, 2014, 4：4215.
[30] CHHOWALLA M, SHIN H S, EDA G, et al. The chemistry of two-dimensional layered transition metal dichalcogenide nanosheets[J]. Nature Chemistry, 2013, 5(4)：263-275.
[31] CHHOWALLA M, LIU Z, Zhang H. Two-dimensional transition metal dichalcogenide (TMD) nanosheets[J]. Chemical Society Reviews, 2015, 44(9)：2584-2586.
[32] SPLENDIANI A, SUN L, ZHANG Y, et al. Emerging photoluminescence in monolayer MoS2[J]. Nano letters, 2010, 10(4)：1271-1275.
[33] EDA G, YAMAGUCHI H, VOIRY D, et al. Photoluminescence from chemically exfoliated MoS2[J]. Nano letters, 2011, 11(12)：5111-5116.
[34] LEE C, YAN H, BRUS L E, et al. Anomalous lattice vibrations of single-and few-layer MoS2[J]. ACS nano, 2010, 4(5)：2695-2700.
[35] DAS S, CHEN H Y, PENUMATCHA A V, et al. High performance multilayer MoS2 transistors with scandium contacts[J]. Nano letters, 2013, 13(1)：100-105.
[36] LOPEZ-SANCHEZ O, LEMBKE D, KAYCI M, et al. Ultrasensitive photodetectors based on monolayer MoS2[J]. Nature Nanotechnology, 2013, 8(7)：497-501.

[37] ZHU F F, CHEN W J, XU Y, et al. Epitaxial growth of two-dimensional stanene[J]. Nature materials, 2015, 14(10)：1020-1025.
[38] TANG P, CHEN P, CAO W, et al. Stable two-dimensional dumbbell stanene：a quantum spin Hall insulator[J]. Physical Review B, 2014, 90(12)：121408.
[39] SAXENA S, Chaudhary R P, Shukla S. Stanene：atomically thick free-standing layer of 2D hexagonal tin[J]. Scientific reports, 2016, 6(1)：1-4.
[40] MODARRESI M, KAKOEE A, MOGULKOC Y, et al. Effect of external strain on electronic structure of stanene[J]. Computational Materials Science, 2015, 101：164-167.
[41] XU Y, TANG P, Zhang S C. Large-gap quantum spin Hall states in decorated stanene grown on a substrate[J]. Physical Review B, 2015, 92(8)：81112.
[42] KADIOGLU Y, ERSAN F, GÖKOĞLU G, et al. Adsorption of alkali and alkaline-earth metal atoms on stanene：a first-principles study[J]. Materials Chemistry and Physics, 2016, 180：326-331.
[43] XIONG W, XIA C, WANG T, et al. Tuning electronic structures of the stanene monolayer via defects and transition-metal-embedding：spin-orbit coupling[J]. Physical Chemistry Chemical Physics, 2016, 18(41)：28759-28766.
[44] WEI Q, PENG X. Superior mechanical flexibility of phosphorene and few-layer black phosphorus[J]. Applied Physics Letters, 2014, 104(25)：251915.
[45] JAIN A, MCGAUGHEY A J H. Strongly anisotropic in-plane thermal transport in single-layer black phosphorene[J]. Scientific reports, 2015, 5(1)：1-5.
[46] BRENT J R, SAVJANI N, LEWIS E A, et al. Production of few-layer phosphorene by liquid exfoliation of black phosphorus[J]. Chemical Communications, 2014, 50(87)：13338-13341.
[47] DING Y, Wang Y. Structural, electronic, and magnetic properties of adatom adsorptions on black and blue phosphorene：a first-principles study[J]. The Journal of Physical Chemistry C, 2015, 119(19)：10610-10622.
[48] ZENG J, CUI P, ZHANG Z. Half layer by half layer growth of a blue

phosphorene monolayer on a GaN (001) substrate[J]. Physical review letters, 2017, 118(4)：46101.

[49] MUKHERJEE S, KAVALSKY L, SINGH C V. Ultrahigh storage and fast diffusion of Na and K in blue phosphorene anodes[J]. ACS applied materials & interfaces, 2018, 10(10)：8630-8639.

[50] SHAHID I, AHMAD S, SHEHZAD N, et al. Electronic and photocatalytic performance of boron phosphide-blue phosphorene vdW heterostructures[J]. Applied Surface Science, 2020, 523：146483.

[51] MARIA J P, BHUVANESWARI R, NAGARAJAN V, et al. Exploring adsorption behavior of ethylene dichloride and dibromide vapors on blue phosphorene nanosheets：a first-principles acumens[J]. Journal of Molecular Graphics and Modelling, 2020, 95：107505.

[52] YANG S, LI W, YE C, et al. C3N-A 2D crystalline, hole-free, tunable-narrow-bandgap semiconductor with ferromagnetic properties[J]. Advanced Materials, 2017, 29(16)：1605625.

[53] MAHMOOD J, LEE E K, JUNG M, et al. Two-dimensional polyaniline (C3N) from carbonized organic single crystals in solid state[J]. Proceedings of the National Academy of Sciences, 2016, 113(27)：7414-7419.

[54] SHI L B, ZHANG Y Y, XIU X M, et al. Structural characteristics and strain behavior of two-dimensional C3N：first principles calculations[J]. Carbon, 2018, 134：103-111.

[55] ZHOU X, FENG W, GUAN S, et al. Computational characterization of monolayer C3N：a two-dimensional nitrogen-graphene crystal[J]. Journal of Materials Research, 2017, 32(15)：2993.

[56] MAKAREMI M, MORTAZAVI B, SINGH C V. Adsorption of metallic, metalloidic, and nonmetallic adatoms on two-dimensional C3N[J]. The Journal of Physical Chemistry C, 2017, 121(34)：18575-18583.

[57] FENG C, WANG Z, MA Y, et al. Ultrathin graphitic C3N4 nanosheets as highly efficient metal-free cocatalyst for water oxidation[J]. Applied Catalysis B：Environmental, 2017, 205：19-23.

[58] XIE L, YANG L, GE W, et al. Bandgap tuning of C3N monolayer：a first-principles study[J]. Chemical Physics, 2019, 520：40-46.

[59] BAFEKRY A, YAGMURCUKARDES M, SHAHROKHI M, et al. Electro-optical properties of monolayer and bilayer boron-doped C3N：tunable electronic structure via strain engineering and electric field[J]. Carbon, 2020, 168：220-229.
[60] LIU F, GAN H, TANG D M, et al. Growth of large-scale boron nanowire patterns with identical base-up mode and in situ field emission studies of individual boron nanowire[J]. Small, 2014, 10(4)：685-693.
[61] BOUSTANI I, QUANDT A. Nanotubules of bare boron clusters：Ab initio and density functional study[J].Epl, 2007, 39(5)：527.
[62] MANUEL P. Computational aspects of carbon and boron nanotubes[J]. Molecules, 2010,15(12)：8709-8722.
[63] GINDULYTE A, LIPSCOMB W N, MASSA L. Proposed boron nanotubes[J]. Inorganic Chemistry, 1998, 37(25)：6544.
[64] QUANDTA, BOUSTANI I. Boron Nanotubes[J]. Chemphyschem, 2005, 6(10)：2001-2008.
[65] KUNSTMANN J, QUANDT A. Constricted boron nanotubes[J]. Chemical Physics Letters, 2005,402(1)：21-26.
[66] WANG J, LIU Y, LI Y C.A new class of boron nanotube[J]. Chemphyschem, 2010, 10(17)：3119-3121.
[67] SINGH A K, SADRZADEH A, YAKOBSON B I. Probing properties of boron alpha-tubes by Ab initio calculations[J]. Nano Letters, 2008, 8(5)：1314-1317.
[68] CIUPARU D, KLIE R F, ZHU Y, et al. Synthesis of Pure Boron Single-Wall Nanotubes[J]. Cheminform, 2004, 35(26)：3967-3969.
[69] 胡麟 . 一些二维材料的第一性原理计算与设计 [D]. 合肥：中国科学技术大学 , 2016.
[70] 夏文奇 . 气体分子在低维材料上的第一性原理研究 [D]. 合肥：中国科学技术大学 , 2015.
[71] 刘伟 . 若干低维材料的表面吸附行为 [D]. 长春：吉林大学 , 2009.
[72] 宋二红 . 过渡金属掺杂石墨烯表面若干催化过程的第一原理研究 [D]. 长春：吉林大学 , 2013.
[73] 胡双林 . 低维材料第一性原理计算研究 [D]. 合肥：中国科学技术大学 , 2009.
[74] BORN M, OPPENHEIMER R. Zur quantentheorie der molekeln[J]. Annalen der physik, 1927, 389(20)：457-484.

[75] BECKE A D. A new mixing of hartree–fock and local density - functional theories[J]. The Journal of Chemical Physics, 1993, 98(2)：1372-1377.
[76] SLATER J C. A simplification of the hartree-fock method[J]. Physical Review, 1951, 81(3)：385.
[77] TELLER E. On the stability of molecules in the Thomas-fermi theory[J]. Reviews of Modern Physics, 1962, 34(4)：627.
[78] KOHN W. Nobel lecture：electronic structure of matter-wave functions and density functionals[J]. Reviews of Modern Physics, 1999, 71(5)：1253.
[79] KOHN W, SHAM L J. Self-consistent equations including exchange and correlation effects[J]. Physical Review, 1965, 140(4A)：A1133.
[80] HOHENBERG P, KOHN W. Density functional theory (DFT)[J]. Physical Review, 1964, 136：B864.
[81] 胡振芃．基于第一性原理计算的 STM 相关问题研究 [D]. 合肥：中国科学技术大学，2008.
[82] VOSKO S H, WILK L, NUSAIR M. Accurate spin-dependent electron liquid correlation energies for local spin density calculations：a critical analysis[J]. Canadian Journal of physics, 1980, 58(8)：1200-1211.
[83] ZIESCHE P, KURTH S, PERDEW J P. Density functionals from LDA to GGA[J]. Computational Materials Science, 1998, 11(2)：122-127.
[84] MEDASANI B, HARANCZYK M, CANNING A, et al. Vacancy formation energies in metals：a comparison of MetaGGA with LDA and GGA exchange-correlation functionals[J]. Computational Materials Science, 2015, 101：96-107.
[85] CHENG Y C, ZHU Z Y, SCHWINGENSCHLÖGL U. Doped silicene：evidence of a wide stability range[J]. Epl, 2011, 95(1)：17005.
[86] DENG X Q, ZHANG Z H, TANG G P, et al. Electronic and spin transport properties in zigzag silicene nanoribbons with edge protrusions[J]. Rsc Advances, 2014, 4(103)：58941-58948.
[87] LIAN C, NI J. The structural and electronic properties of silicon nanoribbons on Ag(110)：a first principles study[J]. Physica B Condensed Matter, 2012, 407(24)：4695-4699.

[88] CHEN J. Effect of doping on transport properties of zigzag silicene nanoribbons[D]. Suzhou: Suzhou University, 2015.

[89] LE M Q, NGUYEN D T. The role of defects in the tensile properties of silicene[J]. Applied Physics A, 2015, 118(4): 1437-1445.

[90] AN X T, ZHANG Y Y, LIU J J, et al. Quantum spin hall effect induced by electric field in silicene[J]. Applied Physics Letters, 2012, 102(4): 146802.

[91] QIN R, WANG C H, ZHU W, et al. First-principles calculations of mechanical and electronic properties of silicene under strain[J]. Aip Advances, 2012, 2(2): 1191.

[92] WANG R, XU M, PI X. Chemical modification of silicene[J]. Chinese Physics B, 2015, 24(8): 35-55.

[93] SAHIN H, SIVEK J, LI S, et al. Stone-wales defects in silicene: formation, stability and reactivity of defect sites[J]. Physical Review B, 2013, 88(4): 7795-7799.

[94] LI H, ZHANG R. Vacancy-defect-induced diminution of thermal conductivity in silicene[J]. Epl, 2012, 99(3): 313-316.

[95] BERDIYOROV G R, PEETERS F M. Influence of vacancy defects on the thermal stability of silicene: a reactive molecular dynamics study[J]. Rsc Advances, 2013, 4(3): 1133-1137.

[96] AN R L, WANG X F, VASILOPOULOS P, et al. Vacancy effects on electric and thermoelectric properties of zigzag silicene nanoribbons[J]. Journal of Physical Chemistry C, 2014, 118(37): 21339-21346.

[97] CHAVEZCASTILLO M R, RODRIGUEZMEZA M A, MEZAMONTES L. Size, vacancy and temperature effects on Young' s modulus of silicene nanoribbons[J]. Rsc Advances, 2015, 5(116): 96052-96061.

[98] JING Y, SUN Y, NIU H, et al. Atomistic simulations on the mechanical properties of silicene nanoribbons under uniaxial tension[J]. Physica Status Solidi (b), 2013, 250(8): 1505-1509.

[99] GAO J, ZHANG J, LIU H, et al. Structures, mobilities, electronic and magnetic properties of point defects in silicene[J]. Nanoscale, 2013, 5(20): 9785-9792.

[100] DONG H, FANG D, GONG B, et al. Electronic and magnetic

properties of zigzag silicene nanoribbons with stone-wales defects[J]. Journal of Applied Physics, 2015, 117(6): 064307.

[101] LIN X, LU J, ZHU H. The stability and electronic properties of a new allotrope of silicene and silicon nanotube[J]. Superlattices & Microstructures, 2016, 101: 480-487.

[102] XIAO H J, ZHANG L Z. Domain boundaries in silicene: density functional theory calculations on electronic properties[J]. Chinese Physics B, 2015, 24(8): 116-119.

[103] PENG X, AHUJA R. Symmetry breaking induced bandgap in epitaxial graphene layers on SiC[J].Nano Letters, 2008, 8(12): 4464-4468.

[104] SINGH R, KROLL P. Magnetism in graphene due to single-atom defects: dependence on the concentration and packing geometry of defects[J]. J Phys Condens Matter, 2009, 21(21): 196002.

[105] TING X, RUI W, SHAOFENG W, et al. Charge transfer of edge states in zigzag silicene nanoribbons with Stone-Wales defects from first-principles[J]. Applied Surface Science, 2016, 383: 310-316.

[106] SAHIN H, SIVEK J, LI S, et al. Stone-wales defects in silicene: formation, stability and reactivity of defect sites[J]. Physical Review B, 2013, 88(4): 7795-7799.

[107] SYAPUTRA M, ARMAN WELLA S, PURQON A, et al. External and internal influences in silicene monolayer[J]. Advanced Materials Research, 2015, 1112: 133-138.

[108] NI Z Y, LIU Q H, TANG K C, et al. Tunable bandgap in silicene and germanene[J]. Nano Letters, 2012, 12(1): 113-118.

[109] AZEVEDO S, KASCHNY J R, DE CASTILHO C M, et al. A theoretical investigation of defects in a boron nitride monolayer[J]. Nanotechnology, 2007, 18(49): 495707.

[110] KIM K K, HSU A, JIA X, et al. Synthesis and characterization of hexagonal boron nitride film as a dielectric layer for graphene devices[J]. Acs Nano, 2012, 6(10): 8583-8590.

[111] GIOVANNETTI G, KHOMYAKOV P A, BROCKS G, et al. Substrate-induced band gap in graphene on hexagonal boron nitride: Ab initio density functional calculations[J]. Physical Review B, 2007, 76(7): 3009-3014.

[112] CI L, SONG L, JIN C, et al. Atomic layers of hybridized boron nitride and graphene domains[J]. Nature Materials, 2010, 9(5): 430-435.
[113] SUTTER P, CORTES R, LAHIRI J, et al. Interface formation in monolayer graphene-boron nitride heterostructures[J]. Nano Letters, 2012, 12(9): 4869-4874.
[114] SON Y W, COHEN M L, LOUIE S G. Half-metallic graphene nanoribbons[J]. Nature, 2006, 444(7117): 347-349.
[115] RAI H M, SAXENA S K, MISHRA V, et al. Half-metallicity in armchair boron nitride nanoribbons: a first-principles study[J]. Solid State Communications, 2015, 212: 19-24.
[116] KAN E J, WU X, LI Z, et al. Half-metallicity in hybrid BCN nanoribbons[J]. Journal of Chemical Physics, 2008, 129(8): 84712.
[117] HOD O, VERÓNICA BARONE , AND J E P, et al. Enhanced half-metallicity in edge-oxidized zigzag graphene nanoribbons[J]. Nano Letters, 2007, 7(8): 2295-2299.
[118] KAN E J, WU X, LI Z, et al. Half-metallicity in hybrid BCN nanoribbons[J]. Journal of Chemical Physics, 2008, 129(8): 84712.
[119] WANG Z, HU H, ZENG H. The electronic properties of graphene nanoribbons with boron/nitrogen codoping[J]. Applied Physics Letters, 2010, 96(24): 243110.
[120] DING Y, WANG Y, NI J. The stabilities of boron nitride nanoribbons with different hydrogen-terminated edges[J]. Applied Physics Letters, 2009, 94(23): 233107.
[121] CHEN W, LI Y, YU G, et al. Hydrogenation: a simple approach to realize semiconductor- half- metal -metal transition in boron nitride nanoribbons[J]. Journal of the American Chemical Society, 2010, 132(5): 1699-1705.
[122] ZHAO R, WANG J, YANG M, et al. Graphene quantum dots embedded in a hexagonal BN sheet: identical influences of zigzag/armchair edges[J]. Physical Chemistry Chemical Physics, 2013, 15(3): 803-806.
[123] LIU C C, FENG W, YAO Y. Quantum spin Hall effect in silicene and two-dimensional germanium[J]. Physical Review Letters, 2011, 107(7): 2989-2996.
[124] LI L, LU S, PAN J, et al. ChemInform abstract: buckled germanene

formation on Pt(111)[J].Cheminform, 2015, 45(40): 4820-4824.
[125] DÁVILA M E, XIAN L, CAHANGIROV S, et al. Germanene: a novel two-dimensional germanium allotrope akin to graphene and silicene[J]. New Journal of Physics, 2014, 16(9): 3579-3587.
[126] NOVOSELOV K S, GEIM A K, MOROZOV S V,et al. Room-temperature electric field effect and carrier-type inversion in graphene films[J]. Physics,2004,306: 666-669.
[127] STANKOVICH S, DIKIN D A, DOMMETT G H B, et al. Graphene-based composite materials[J]. Nature, 2006, 442(7100): 282-286.
[128] WATCHAROTONE S,DIKIN D A,STANKOVICH S,et al. Graphene-silica composite thin films as transparent conductors[J]. Nano Letters, 2007, 7(7): 1888-1892.
[129] NOVOSELOV K S , JIANG Z , ZHANG Y , et al. Room-temperature quantum Hall effect in graphene[J]. Science, 2007, 315(5817): 1379.
[130] NOVOSELOV K S, MCCANN E, MOROZOV S V, et al. Unconventional quantum Hall effect and Berry' s phase of 2 pi in bilayers graphene[J]. Nat. Phys, 2006, 2, 177.
[131] BING H, YAN Q M, LI Z Y, et al. Towards graphene nanoribbon-based electronics [J]Front. Phys. China,2009,4(3): 269.
[132] ZHANG D, LONG M , ZHANG X, et al. Designing of spin-filtering devices in zigzag graphene nanoribbons heterojunctions by asymmetric hydrogenation and B-N doping[J]. Journal of Applied Physics, 2015, 117(1): 14311.1-14311.6.
[133] CUI L L , LONG M Q , ZHANG X , et al. Spin-dependent transport properties of hetero-junction based on zigzag graphene nanoribbons with edge hydrogenation and oxidation[J]. Physics Letters A, 2015, 380(5): 730-738.
[134] GUZMAN-VERRI G G , VOON L C L Y . Electronic structure of silicon-based nanostructures[J]. Physical Review B Condensed Matter, 2007, 76(7): 75131.
[135] CAHANGIROV S , TOPSAKAL M , AKTUERK E, et al. Two- and one-dimensional honeycomb structures of silicon and germanium[J]. Physical Review Letters, 2009, 102: 236804.
[136] MORISHITA T , NISHIO K , MIKAMI M. Formation of single-and double-layer silicon in slit pores[J]. Physical Review. B, Condensed

Matter, 2008, 77(8): 81401.
[137] SPENCER M J S , MORISHITA T , SNOOK I K. Reconstruction and electronic properties of silicon nanosheets as a function of thickness[J]. Nanoscale, 2012, 4(9): 2906.
[138] YANG X , NI J . Electronic properties of single-walled silicon nanotubes compared to carbon nanotubes[J]. Physical Review B, 2005, 72(19): 195426.
[139] ZHANG D, LONG M, ZHANG X, et al. Bipolar spin-filtering, rectifying and giant magnetoresistance effects in zigzag silicene nanoribbons with asymmetric edge hydrogenation[J]. Chemical Physics Letters, 2014: 616-617.
[140] ZHANG D, LONG M, XIE F, et al. Hydrogenations and electric field induced magnetic behaviors in armchair silicene nanoribbons[J]. Scientific Reports, 2016, 6: 23677.
[141] LIN C L, ARAFUNE R, KAWAHARA K, et al. Structure of silicene grown on Ag(111)[J]. Applied Physics Express, 2012, 5(4): p.45802.1-45802.3.
[142] FENG B, DING Z, MENG S, et al. Evidence of silicene in honeycomb structures of silicon on Ag(111)[J], Nano Lett,2012,12 (7): 3507.
[143] VOGT P, PADOVA P D, QUARESIMA C, et al. Silicene: compelling experimental evidence for graphene like two-dimensional silicon [J]. Physical Review Letters, 2012, 108(15): 155501.
[144] FLEURENCE A , FRIEDLEIN R , OZAKI T , et al. Experimental evidence for epitaxial silicene on diboride thin films[J]. Physical Review Letters, 2012, 108(24): 245501.
[145] AUFRAY B, KARA A, VIZZINI S, et al. Graphene-like silicon nanoribbons on Ag(110): a possible formation of silicene[J]. Applied Physicsletters, 2010, 96(18): 183102.1-183102.3.
[146] PADOVA P D, QUARESIMA C, OLIVIERI B, et al. sp2-1ike hybridization of silicon valence orbitals in silicene nanoribbons[J]. Applied Physics Letters, 2011, 98(8): 81909.1-81909.3.
[147] DE PADOVA P, QUARESIMA C, OTTAVIANI C, et al. Evidence of graphene-like electronic signature in silicene nanoribbons[J]. Applied Physics Letters, 2010, 96(26): 261905.

[148] TSAI W F, HUANG C Y, CHANG T R, et al. Gated silicene as a tunable source of nearly 100% spin-polarized electrons[J]. Nature Communications, 2013, 4: 1500.

[149] TAHIR M, SCHWINGENSCHLOGL U. Valley polarized quantum hall effect and topological insulator phase transitions in silicene[J]. Scientific Reports, 2012, 3(6118): 1075.

[150] XU C, LUO G, LIU Q, et al. Giant magnetoresistance in silicene nanoribbons[J]. Nanoscale, 2012, 4(10): 3111.

[151] AN X T, ZHANG Y Y, LIU J J, et al. Quantum spin hall effect induced by electric field in silicene[J]. Applied Physics Letters, 2013, 102(4): 43113.

[152] WANG X Q, LI H D, WANG J T. Induced ferromagnetism in one-side semihydrogenated silicene and germanene[J]. Physical Chemistry Chemical Physics, 2012, 14(9): 3031.

[153] LIANG Y, WANG V, MIZUSEKI H, et al. Band gap engineering of silicene zigzag nanoribbons with perpendicular electric fields: a theoretical study[J]. Journal of Physics Condensed Matter, 2012, 24(45): 455302.

[154] ZHENG F B, ZHANG C W, YAN S S, et al. Novel electronic and magnetic properties in N or B doped silicene nanoribbons[J]. Journal of Materials Chemistry C, 2013, 1(15): 2735.

[155] WANG B, WANG J, GUO H. Current partition: a nonequilibrium green’s function approach[J]. Physical Review Letters, 1999, 82(2): 398-401.

[156] ORDEJÓN P, ARTACHO E, SOLER J M. Soler self-consistent order-N density-functional calculations for very large systema[J]. Physical Review B, 1996,53: 10441.

[157] ANCHEZ-PORTAL D S, ORDEJÓN P, ARTACHO E, et al. Density functional method for very large systems with LCAO basis sets [J]. Int. J. Quantum Chem, 1997,65: 453.

[158] SOLER J M, ARTACHO E, GALE J D, et al. The Siesta method for ab initio order-N materials simulation [J]. J. Phys.: Condens. Matter, 2002,14: 2745.

[159] PERDEW J P, BURKE K, ERNZERHOF M. Generalized gradient approximation made simple [J]. Physical Review Letters, 1996,77: 3865.

[160] ALESSRO M, CARLO G, DANIELE C, et al. Nanostructures: hindering the oxidation of silicene with non-reactive encapsulation[J]. Advanced Functional Materials, 2013, 23(35): 4339.
[161] YU W Y, REN X Y, SUN Q, et al. Grain boundary in phosphorene and its unique roles on C and O doping[J]. Epl, 2015, 109(4): 1-6.
[162] ZHANG R, LI B, YANG J. A first-principles study on electron donor and acceptor molecules adsorbed on phosphorene[J]. Journal of Physical Chemistry C, 2015, 119(5): 2871-2878.
[163] QIN G, YAN Q B, QIN Z, et al. Anisotropic intrinsic lattice thermal conductivity of phosphorene from first principles[J]. Physical Chemistry Chemical Physics, 2014, 17(7): 4854-4858.
[164] WU Q, SHEN L, YANG M, et al. Electronic and transport properties of phosphorene nanoribbons[J]. Physical Review B, 2015, 92(3): 35436.
[165] LIU T H, CHANG C C. Anisotropic thermal transport in phosphorene: effects of crystal orientation.[J]. Nanoscale, 2015, 7(24): 10648-10654.
[166] CAI Y, KE Q, ZHANG G, et al. Energetics, charge transfer, and magnetism of small molecules physisorbed on phosphorene[J]. Journal of Physical Chemistry C, 2016, 119: 3102-3110.
[167] LIU X, WEN Y, CHEN Z, et al. A first-principles study of sodium adsorption and diffusion on phosphorene[J]. Physical Chemistry Chemical Physics, 2015, 17(25): 16398-16404.
[168] POLITANO A, VITIELLO M S, VITI L, et al. Unusually strong lateral interaction in the CO overlayer in phosphorene-based systems[J]. Nano Research, 2016: 1-8.
[169] SHULENBURGER L, BACZEWSKI A D, ZHU Z , et al. The nature of the interlayer interaction in bulk and few-layer phosphorus[J]. Nano Letters, 2015, 15 (12): 8170-8175.
[170] DAS S, ZHANG W, DEMARTEAU M, et al. Tunable transport gap in phosphorene[J]. Nano Letters, 2014, 14(10): 5733-5739.
[171] DAI J, ZENG X C. Bilayer phosphorene: effect of stacking order on bandgap and its potential applications in thin-film solar cells[J]. Journal of Physical Chemistry Letters, 2014, 5(7): 1289-1293.
[172] SEIFERT G, HERNÁNDEZ E. Theoretical prediction of phosphorus nanotubes[J]. Chemical Physics Letters, 2000, 318(4-5): 355-360.

[173] NOVOSELOV K S, GEIM A K, MOROZOV S V. et al. Two-dimensional gas of massless dirac fermions in graphene[J]. Nature, 2014,1(2)：438-444.
[174] CASTRO E V, NOVOSELOV K S, MOROZOV S V, et al. Electronic properties of a biased graphene bilayer[J]. J Phys Condens Matter, 2010, 22(17)：1060-1065.
[175] PADOVA P D, QUARESIMA C, OTTAVIANI C, et al. Evidence of graphene-like electronic signature in silicene nanoribbons[J]. Applied Physics Letters, 2010, 96(26)：261905.
[176] VOGT P, DE P P, QUARESIMA C, et al. Silicene：compelling experimental evidence for graphenelike two-dimensional silicon[J]. Physical Review Letters, 2012, 108(15)：155501.
[177] FLEURENCE A, FRIEDLEIN R, OZAKI T, et al. Experimental evidence for epitaxial silicene on diboride thin films[J]. Physical Review Letters, 2012, 108(24)：245501.
[178] JOSE D, DATTA A. Structures and chemical properties of silicene：unlike graphene[J]. Accounts of Chemical Research, 2014, 47(2)：593.
[179] HOUSSA M, SCALISE E, SANKARAN K, et al. Electronic properties of hydrogenated silicene and germanene[J]. Applied Physics Letters, 2011, 98(22)：183.
[180] KOU L, DU A, CHEN C, et al. Strain engineering of selective chemical adsorption on monolayer MoS_2[J]. Nanoscale, 2014, 6(10)：5156-5161.
[181] ZHANG Y, LIU C, HAO F, et al. CO2, adsorption and separation from natural gason phosphorene surface：combining DFT and GCMC calculations[J]. Applied Surface Science, 2016, 397.
[182] HE Q, ZENG Z, YIN Z, et al. Fabrication of flexible MoS2 thin-film transistor arrays for practical gas-sensing applications[J]. Small, 2012, 8(19)：2994-2999.
[183] LIU B, CHEN L, LIU G, et al. High-performance chemical sensing using schottky-contacted chemical vapor deposition grown monolayer MoS2 transistors[J]. Acs Nano, 2014, 8(5)：5304.
[184] MEHMOOD F, PACHTER R. Density functional theory study of chemical sensing on surfaces of single-layer MoS2, and graphene[J]. Journal of Applied Physics, 2014, 115(16)：164302.

[185] ZHU Y, LI X, CAI Q, et al. Quantitative analysis of structure and bandgap changes in graphene oxide nanoribbons during thermal annealing[J]. Journal of the American Chemical Society, 2012, 134(28): 11774-11780.

[186] HE Y, XIA F, SHAO Z, et al. Surface charge transfer doping of monolayer phosphorene via molecular adsorption[J]. Journal of Physical Chemistry Letters, 2015, 6(23): 4701.

[187] YOON Y, GANAPATHI K, SALAHUDDIN S. How good can monolayer MoS2 transistors be?[J]. Nano Letters, 2011, 11(9): 3768-3773.

[188] SEIXAS L, CARVALHO A, NETO A H C. Atomically thin dilute magnetism in co-doped phosphorene[J]. Physical Review B, 2015, 91(15): 155138.

[189] LIU H, DU Y, DENG Y, et al. Cheminform abstract: semiconducting black phosphorus: synthesis, transport properties and electronic applications[J]. Chemical Society Reviews, 2015, 44(9): 2732-2743.

[190] PENG X, WEI Q, COPPLE A. Strain engineered direct-indirect band gap transition and its mechanism in 2D phosphorene[J]. Physical Review B, 2014, 90(8): 85402.

[191] KOENIG S P, DOGANOV R A, SCHMIDT H, et al. Electric field effect in ultrathin black phosphorus[J]. Applied Physics Letters, 2014, 104(10): 10451.

[192] CAI Y, ZHANG G, ZHANG Y W. Layer-dependent band alignment and work function of few-layer phosphorene[J]. Sci Rep, 2014, 4: 6677.

[193] PERKINS F K, FRIEDMAN A L, COBAS E, et al. Chemical vapor sensing with monolayer MoS2[J]. Nano Letters, 2013, 13(2): 668-673.

[194] PERDEW J P, BURKE K, ERNZERHOF M. Perdew, burke, and ernzerhof reply[J]. Physical Review Letters, 1998, 80(4): 891.

[195] FENG, DING, BORIS, et al. Challenges in hydrogen adsorptions: from physisorption to chemisorption[J]. Frontiers of Physics, 2011, 6(2): 142-150.

[196] ZHOU B, ZHOU B, ZHOU X, et al. Even-odd effect on the edge states for zigzag phosphorene nanoribbons under a perpendicular electric field[J]. Journal of Physics D Applied Physics, 2017, 50(4): 45106.

[197] LIU B, CHEN L, LIU G, et al. High-performance chemical sensing using schottky-contacted chemical vapor deposition grown monolayer MoS2 transistors[J]. Acs Nano, 2014, 8(5): 5304.
[198] HUANG M, CHO K. Density functional theory study of CO hydrogenation on a MoS2 surface[J]. Journal of Physical Chemistry C, 2015, 113(13): 5238-5243.
[199] CROWTHER A C, GHASSAEI A, JUNG N, et al. Strong charge-transfer doping of 1 to 10 layer graphene by NO2[J]. Acs Nano, 2012, 6(2): 1865.
[200] LEENAERTS O, PARTOENS B, PEETERS F M. Adsorption of H2O, NH3, CO, NO2, and NO on graphene: a first-principles study[J]. Physical Review B, 2008, 77(12): 125416.
[201] GUO H, LU N, DAI J, et al. Phosphorene nanoribbons, phosphorus nanotubes, and van der waals multilayers[J]. Journal of Physical Chemistry C, 2014, 118(25): 14051-14059.
[202] SORENSEN H H B, HANSEN P C, DAN E P, et al. Efficient wave function matching approach for quantum transport calculations[J]. Physical Review B, 2009, 79(20): 205322.
[203] KOHN W, SHAM L J. Self-consistent equations including exchange and correlation effects[J]. Physical Review, 2008, 140(4A): 1133-1138.
[204] BLÖCHL P E. Projector augmented-wave method[J]. Physical Review B Condensed Matter, 1994, 50(24): 17953.
[205] BROWN A, RUNDQVIST S. Refinement of the crystal structure of black phosphorus[J]. Acta Crystallographica, 1965, 19(4): 684-685.
[206] QIAO J, KONG X, HU Z X, et al. Few-layer black phosphorus: emerging 2D semiconductor with high anisotropic carrier mobility and linear dichroism[J]. Nature Communications, 2014, 5: 4475.
[207] GIAN G GUZMAN-VERRI, VOON L. Electronic structure of silicon-based nanostructures[J]. Physical Review, 2011, 76(7): 75131.1-75131.10.
[208] ZHANG D, LONG M, CUI L,et al. Perfect spin-filtering and switching functions in zigzag silicene nanoribbons with hydrogen modification[J]. Organic Electronics, 2018, 62: 253-260.
[209] SONG L, CI L, LU H, et al. Large scale growth and characterization

of atomic hexagonal boron nitride layers[J]. Nano Letters, 2010, 10(8): 3209-3215.

[210] KOU L, DU A, CHEN C, et al. Strain engineering of selective chemical adsorption on monolayer MoS2[J]. Nanoscale, 2014, 6(10): 5156.

[211] DONG Y, BOWEN Z, XIAO J, et al. Effect of sulphur vacancy and interlayer interaction on the electronic structure and spin splitting of bilayer MoS2[J]. Journal of Physics Condensed Matter, 2018, 30(12): 125302.

[212] KHANDELWAL A, MANI K, KARIGERASI M H , et al. Phosphorene - the two-dimensional black phosphorous: properties, synthesis and applications[J]. Materials Ence and Engineering, 2017, 221: 17-34.

[213] ISLAND J O, STEELE G A, ZANT H S J V D, et al. Environmental instability of few-layer black phosphorus[J]. 2D Materials, 2015, 2(1): 011002.

[214] DOGANOV R A, FARRELLO, EOIN C T, et al. Transport properties of pristine few-layer black phosphorus by van der Waals passivation in an inert atmosphere[J]. Nature Communications, 2015, 6: 6647.

[215] JI J, SONG X, LIU J, et al. Two-dimensional antimonene single crystals grown by van der Waals epitaxy[J]. Nature Communications, 2016, 7: 13352.

[216] KOU L, CHEN C, SMITH S C. Phosphorene: fabrication, properties, and applications[J]. Journal of Physical Chemistry Letters, 2015, 6(14): 2794-2805.

[217] DAI J, ZENG X C. Bilayer phosphorene: effect of stacking order on bandgap and its potential applications in thin-film solar cells[J]. Journal of Physical Chemistry Letters, 2014, 5(7): 1289-1293.

[218] LI L, KIM J, JIN C, et al. Direct observation of the layer-dependent electronic structure in phosphorene[J]. Nature Nanotechnology, 2016,12: 21-25.

[219] LIU H , NEAL A T , ZHU Z , et al. Phosphorene: an unexplored 2D semiconductor with a high hole mobility[J]. Acs Nano, 2014, 8(4): 4033-4041.

[220] LI L, YU Y, YE G J, et al. Black phosphorus field-effect

transistors[J]. Nat.Nanotechnol, 2014,9: 372-377.
[221] XIA F, WANG H, JIA Y. Rediscovering black phosphorus as an anisotropic layered material for optoelectronics and electronics[J]. Nature Communications, 2014, 5: 4458.
[222] KOENIG S P, DOGANOV R A, SCHMIDT H, et al. Electric field effect in ultrathin black phosphorus[J]. Applied Physics Letters, 2014, 104(10): 103106.
[223] DENG Y, LUO Z, CONRAD N J, et al. Black phosphorus-monolayer MoS2 van der waals heterojunction P-N diode[J]. ACS Nano, 2014, 8(8): 8292-8299.
[224] HU T, HONG J. First-principles study of metal adatom adsorption on black phosphorene[J]. Journal of Physical Chemistry C, 2015, 119(15): 8199-8207.
[225] SAITO R, FUJITA M, DRESSELHAUS G, et al. Electronic structure of chiral graphene tubules[J]. Applied Physics Letters, 1992, 60(18): 2204.
[226] KLEIN D J. Graphitic polymer strips with edge states[J]. Chemical Physics Letters, 1994, 217(3): 261-265.
[227] WAGNER P, EWELS C P, ADJIZIAN J J, et al. Band gap engineering via edge-functionalization of graphene [J]. Journal of Physical Chemistry C, 2013,117(50): 26790-26796.
[228] CAO C, CHEN L N, LONG M Q, et al. Electronic transport properties on transition-metal terminated zigzag graphene nanoribbons[J]. Journal of Applied Physics, 2012, 111(11): 113708.
[229] GUO H Y. Phosphorene nanoribbons, phosphorus nanotubes, and van der Waals multilayers[J]. The Journal of Physical Chemistry C, 2014,118,(25): 14051-14059.
[230] GENG W, ZHANG L, ZHANG Y N, et al. First-principles study of lead iodide perovskite tetragonal and orthorhombic phases for photovoltaics[J].The Journal of Physical Chemistry C,2014, 118(34): 19565-19571.
[231] XIE F, FAN Z Q, ZHANG X J, et al. Tuning of the electronic and transport properties of phosphorene nanoribbons by edge types and edge defects[J]. Organic Electronics, 2017, 42: 21-27.
[232] ZHU Z, LI C, YU W, et al. Magnetism of zigzag edge phosphorene

nanoribbons[J]. Applied Physics Letters, 2014, 105(11): 113105.1-113105.4.

[233] MENG Y S, ZHI Y W, JUN C J, et al. Modulating the electronic properties and magnetism of bilayer phosphorene with small gas molecules adsorbing[J]. Journal of Superconductivity and Novel Magnetism,2018, 31(8): 2529-2537.

[234] CHEN N, WANG Y, MU Y, et al. A first-principles study on zigzag phosphorene nanoribbons passivated by iron group atoms[J]. Physical Chemistry Chemical Physics, 2017, 19(37): 25441.

[235] PERKINS F K , FRIEDMAN A L , COBAS E , et al. Chemical vapor sensing with monolayer MoS2[J]. Nano Letters, 2013, 13(2): 668-673.

[236] PERDEW J P, BURKE K, ERNZERHOF M. Generalized gradient approximation made simple[J]. Physical Review Letters, 1996, 77(18): 3865-3868.

[237] KOU L, MA Y, SMITH S C, et al. Anisotropic ripple deformation in phosphorene[J]. Journal of Physical Chemistry Letters, 2015, 6(9): 1509-1513.

[238] LIU Y, XU F, ZHANG Z, et al. Two-dimensional mono-elemental semiconductor with electronically inactive defects: the case of phosphorus[J]. Nano Letters, 2014, 14(12): 6782.

[239] DU Y, LIU H, DENG Y, et al. Device perspective for black phosphorus field-effect transistors: contact resistance, ambipolar behavior, and scaling[J]. Acs Nano, 2014, 8(10): 10035-10042.

[240] BUSCEMA M, GROENENDIJK D J, BLANTER S I , et al. Fast and broadband photoresponse of few-layer black phosphorus field-effect transistors[J]. Nano Letters, 2014, 14(6): 3347-3352.

[241] XIAO J, LONG M, ZHANG X, et al. First-principles prediction of the charge mobility in black phosphorus semiconductor nanoribbons[J]. Journal of Physical Chemistry Letters, 2015, 6: 4141-4147.

[242] QIAO J, KONG X, HU Z X, et al. High-mobility transport anisotropy and linear dichroism in few-layer, black phosphorus[J]. Nature Communications, 2014, 5: 4475.

[243] KIM J, BAIK S S, RYU S H, et al. ChemInform abstract: observation of tunable band gap and anisotropic dirac semimetal

state in black phosphorus[J]. Cheminform, 2015, 46(46): 723-726.

[244] GUAN J, ZHU Z, TOMÁNEK D. Phase coexistence and metal-insulator transition in few-layer, phosphorene: a computational study[J]. Physical Review Letters, 2014, 113(4): 46804.

[245] LI P, APPELBAUM I. Electrons and holes in phosphorene[J]. Physical Review B,2014, 90(11): 115439.

[246] CAKIR D, SAHIN H, PEETERS F M. Tuning of the electronic and optical properties of single-layer black phosphorus by strain[J]. Physical. Review. B 2014, 90: 205421.

[247] PENG X, WEI Q, COPPLE A. Strain-engineered direct-indirect band gap transition and its mechanism in two-dimensional phosphorene[J]. Physical Review B, 2014, 90(8): 85402.

[248] BUSCEMA M, GROENENDIJK D J, STEELE G A , et al. Photovoltaic effect in few-layer black phosphorus PN junctions defined by local electrostatic gating[J]. Nature Communications, 2014, 5: 4651.

[249] ZHANG X, XIE H, LIU Z, et al. Black phosphorus quantum dots[J]. Angewandte Chemie International Edition in English, 2015, 127(12): 3653-3657.

[250] HUANG B, LI Z, LIU Z, et al. Adsorption of gas molecules on graphene nanoribbons and its implication for nanoscale molecule sensor[J]. Journal of Physical Chemistry C, 2008, 112: 13442-13446.

[251] LIUC, LIU C S, YAN X. Arsenene as a promising candidate for NO and NO2 sensor: a first-principles study[J]. Physics Letters A, 2017, 381(12): 1092-1096.

[252] SUN S, HUSSAIN T, ZHANG W, et al. Blue phosphorene monolayers as potential nano sensors for volatile organic compounds under point defects[J]. Applied Surface Science, 2019, 486: 52-57.

[253] WEI J, HU Y, LIANG Y, et al. Nitrogen-doped nanoporous carbon/graphenenano-sandwiches: synthesis and application for efficient oxygenreduction[J]. Adv. Funct. Mater, 2015, 25: 5768-5777.

[254] JIANG Q G, AO Z M, LI S, et al. Density functional theory calculations on the CO catalytic oxidation on Al-embedded grapheme[J]. RSC Adv, 2014, 4: 20290-20296.

[255] ZHANG T, XUE Q, SHAN M, et al. Adsorption and catalytic activation of O2 molecule on the surface of Au-doped graphene under an external electric field[J]. Journal of Physical Chemistry C, 2012, 116: 19918-19924.

[256] KOU L, FRAUENHEIM T, CHEN C. Phosphorene as a superior gas sensor: selective adsorption and distinct I-V response[J]. Journal of Physical Chemistry Letters 2014,5: 2675-2681.

[257] YONGQING, CAI, QINGQING, et al. Energetics, charge transfer, and magnetism of small molecules physisorbed on phosphorene[J]. Journal of Physical Chemistry C, 2015, 119: 3102-3110.

[258] YANG A J, WANG D W, WANG X H, et al. Phosphorene: a promising candidate for highly sensitive and selective SF6 decomposition gas sensors[J].IEEE Electron Device Letters,2017, 38(7): 963-966.

[259] SRIVASTAVA A , KHAN M S , GUPTA S K , et al. Unique electron transport in ultrathin black phosphorene: ab-initio study[J]. Applied Surface Science,2015,356(30): 881-887.

[260] YANG Q , MENG R S , JIANG J K , et al. First-principles study of sulfur dioxide sensor based on phosphorenes[J]. IEEE Electron Device Letters, 2016, 37(5): 660-662.

[261] GUO S, YUAN L, LIU X, et al. First-principles study of SO2 sensors based on phosphorene and its isoelectronic counterparts: GeS, GeSe, SnS, SnSe[J]. Chemistry Physical Letters,2017 , 686: 83-87.

[262] NAGARAJAN V, CHANDIRAMOULI R. Adsorption of NO2 molecules on armchair phosphorene nanosheet for nano sensor applications-a first-principles study[J]. J. Mol. Graph. Model, 2017, 75: 365-374.

[263] LALITHA M, NATARAJ Y, LAKSHMIPATHI S . Calcium decorated and doped phosphorene for gas adsorption[J]. Applied Surface Science, 2016, 377: 311-323.

[264] SUVANSINPAN N, HUSSAIN F, ZHANG G, et al. Substitutionally doped phosphorene: electronic properties and gas sensing[J]. Nanotechnology,2016,27(6): 65708.

[265] ZHANG H P, DU A, SHI Q B, et al. Adsorption behavior of CO2,

on pristine and doped phosphorenes: a dispersion corrected DFT study[J]. Journal of CO2 Utilization, 2018, 24: 463-470.

[266] THANAYUT K, LAPPAWAT N, PAIROT M, et al. Drastic improvement in gas sensing characteristics of phosphorene nanosheets under vacancy defects and elemental functionalization[J]. Journal of Physical Chemistry C, 2018, 122: 20186-20193.

[267] GUO C, WANG T, XIA C, et al. Modulation of electronic transport properties in armchair phosphorene nanoribbons by doping and edge passivation[J]. Scientific Reports, 2017, 7(1): 12799.

[268] JOSÉM, SOLER. The SIESTA method for ab initio order-N materials simulation[J]. Journal of Physics Condensed Matter. 2002, 14: 2745-2779.

[269] KRESSE G, FURTHMÜLLER J. Efficient iterative schemes for ab initio total-energy calculations using a plane-wave basis set[J]. Physical Review B (Condensed Matter), 1996, 54(16): 11169-11186.

[270] ZHAI C, DAI X, LI W, et al. Strain tuning of magnetism in transition-metal atom doped phosphorene[J]. Superlattices and Microstructures, 2017, 101: 49-56.

[271] FENG D, YAKOBSON B I. Challenges in hydrogen adsorptions: from physisorption to chemisorption[J]. Frontiers of Physics, 2011, 6(2): 142-150.

[272] NOVOSELOV K S, GEIM A K, MOROZOV S V, et al. Two-dimensional gas of massless Dirac fermions in graphene[J]. Nature, 2005, 438(7065): 197-200.

[273] HOUSSA M, SCALISE E, SANKARAN K, et al. Electronic properties of hydrogenated silicene and germanene[J].Applied Physics Letters, 2011, 98(22): 183.

[274] KAUSHIK N, MACKENZIE D M A, THAKAR K, et al. Reversible hysteresis inversion in MoS2 field effect transistors[J]. 2D Materials and Applications, 2017, 1(1): 34.

[275] ZHENG-HAI L, YING L, CAN C, et al. First-principles study of electronic and sodium-ion transport properties of transition-metal dichalcogenides[J]. International Journal of Modern Physics B, 2018: 1850215.

[276] FENG B, ZHANG J, ZHONG Q, et al. Experimental realization of

two-dimensional boron sheets[J]. Nature Chemistry, 2016, 8(6): 563-568.

[277] DIAS R F, MARTINS J D R, CHACHAM H, et al. Nanoporous graphene and H-BN from BCN precursors: first-principles calculations[J]. The Journal of Physical Chemistry C, 2018, 122(7): 3856-3864.

[278] MENG L, WANG Y, ZHANG L, et al. Buckled silicene formation on Ir(111)[J]. Nano Letters, 2013,13(2): 685-690.

[279] OUGHADDOU H, ENRIQUEZ H, TCHALALA M R, et al. Silicene, a promising new 2D material[J]. Progress in Surface Science, 2015, 90(1): 46-83.

[280] LIU H, NEAL A T, ZHU Z, et al. Phosphorene: an unexplored 2D semiconductor with a high hole mobility[J].Acs Nano, 2014, 8(4): 4033-4041.

[281] MA R, GENG H, DENG W Y, et al. Effect of the edge states on the conductance and thermopower in Zigzag Phosphorene Nanoribbons[J]. Physical Review B, 2016, 94(12): 125410.1-125410.7.

[282] TRAN V, SOKLASKI R, LIANG Y, et al. Layer-controlled band gap and anisotropic excitons in few-layer black phosphorus[J]. Physical Review B, 2014, 89(23): 817-824.

[283] LIU H, NEAL A T, ZHU Z, et al. Phosphorene: an unexplored 2D semiconductor with a high hole mobility[J].Acs Nano, 2014, 8(4): 4033-4041.

[284] WANG L, HAI Y, JIN H, et al. Plasma-assisted fabrication of monolayer phosphorene and its Raman characterization[J]. Nano Research, 2014, 7(6): 853-859.

[285] PENG X, WEI Q, COPPLE A. Strain engineered direct-indirect band gap transition and its mechanism in 2D phosphorene[J]. Physical Review B, 2014, 90(8): 85402.

[286] FEI R, YANG L. Strain-engineering the anisotropic electrical conductance of few-layer black phosphorus[J]. Nano Letters, 2014, 14(5): 2884-2889.

[287] WANG G, PANDEY R, KARNA S P. Effects of extrinsic point defects in phosphorene: B, C, N, O, and F adatoms[J]. Applied

Physics Letters, 2015, 106(17): 173104.

[288] WEI H, YANG J. Defect in phosphorene[J]. The Journal of Physical Chemistry C, 2015, 119(35): 20474-20480.

[289] ZILETTI A, CARVALHO A, CAMPBELL D K, et al. Oxygen defects in phosphorene[J]. Physical Review Letters, 2015, 114(4): 46801.

[290] TAHIR M, VASILOPOULOS P, PEETERS F M. Magneto-optical transport properties of monolayer phosphorene[J]. Physical Review B, 2015, 92(4): 45420.

[291] TRAN V, YANG L. Scaling laws for the band gap and optical response of phosphorene nanoribbons[J]. Physical Review B, 2014, 89(24): 106-114.

[292] GUO H, NING L, DAI J, et al. Phosphorene nanoribbons, phosphorus nanotubes, and van der waals multilayers[J]. Physics, 2014, 118(25): 14051-14059.

[293] CHEN H Z, GANG X, MU L, et al. Homostructured negative differential resistance device based on zigzag phosphorene nanoribbons[J]. RSCAdv, 2015, 5(50): 40358-40362.

[294] WU Q, SHEN L, YANG M, et al. Electronic and transport properties of phosphorene nanoribbons[J]. Physical Review B, 2015, 92(3): 35436.1-35436.9.

[295] HAN X, STEWART H M, SHEVLIN S A, et al. Strain and orientation modulated bandgaps and effective masses of phosphorene nanoribbons[J]. Nano Letters, 2014, 14(8): 4607-4614.

[296] QIAO J, KONG X, HU Z X, et al. High-mobility transport anisotropy and linear dichroism in few-layer black phosphorus[J]. Nature Communications, 2014, 5: 4475.

[297] SWAROOP R, BHATIA P, KUMAR A. Electronic properties and mechanical strength of β -phosphorene nano-ribbons[C]. International Conference on Condensed Matter &Applied Physics, 2016.

[298] NOVOSELOV K S, GEIM A K, MOROZOV S V, et al. Electric field effect in atomically thin carbon films[J]. Science, 2004, 306(5696): 666-669.

[299] NOVOSELOV K S, JIANG Z, ZHANG Y, et al. Room-temperature quantum hall effect in graphene[J]. Science, 2007, 315(5817): 1379.

[300] MOLITOR, FRANÇOISE. Electronic properties of graphene nanostructures[J]. J Phys Condens Matter, 2013, 23(24): 243201.

[301] CASTRO NETO A H, NOVOSELOV K. New directions in science and technology: two-dimensional crystals[J]. Reports on Progress in Physics, 2011, 74(8): 82501-82509.

[302] LI M, ZHANG D, GAO Y, et al. Half-metallicity and spin-polarization transport properties in transition-metal atoms single-edge-terminated zigzag α-graphyne nanoribbons[J]. Org. Electron, 2017,44: 168-175.

[303] HU S, LOZADAHIDALGO M, WANG F C, et al. Proton transport through one-atom-thick crystals[J]. Nature, 2014, 516(7530): 227-230.

[304] VOGT P, DE P P, QUARESIMA C, et al. Silicene: compelling experimental evidence for graphenelike two-dimensional silicon[J]. Physical Review Letters, 2012, 108(15): 155501.

[305] BEHERA H, MUKHOPADHYAY G. First-principles study of structural and electronic properties of germanene[J]. AIP Conf. Proc, 2011, 1349(1): 823-824.

[306] JIA J. Epitaxial growth of two-dimensional stanene[J]. Nature Materials, 2015, 14(10): 1020-1025.

[307] LI L, YU Y, YE G J, et al. Black phosphorus field-effect transistors[J]. Nat. Nanotechnol, 2014, 9: 372-377.

[308] WANG Q H, KALANTARZADEH K, KIS A, et al. Electronics and optoelectronics of two-dimensional transition metal dichalcogenides.[J]. Nature Nanotechnology, 2012, 7(11): 699-712.

[309] MANNIX A J, XIANG F Z, KIRALY B, et al. Synthesis of borophenes: anisotropic, two-dimensional boron polymorphs[J]. Science, 2016, 350(6267): 1513-1516.

[310] PENG B, ZHANG H, SHAO H, et al. Electronic, optical, and thermodynamic properties of borophene from first-principle calculations[J]. Journal of Materials Chemistry C, 2016, 4(16): 3592-3598.

[311] GARCÍA F A, CARRETE J, VEGA A, et al. What will freestanding borophene nanoribbons look like? An analysis of their possible structures, magnetism and transport properties[J]. Physical

Chemistry Chemical Physics, 2016, 19(2): 1054-1061.

[312] FENG B, ZHANG J, ZHONG Q, et al. Experimental realization of two-dimensional boron sheets[J]. Nature Chemistry, 2016, 8(6): 563-568.

[313] XU L C, DU A, KOU L. Hydrogenated borophene as a stable two-dimensional Dirac material with an ultrahigh Fermi velocity[J]. Physical Chemistry Chemical Physics, 2016, 18(39): 27284-27289.

[314] NAGARAJAN V, CHANDIRAMOULI R. Borophene nanosheet molecular device for detection of ethanol: A first-principles study[J]. Computational & Theoretical Chemistry, 2017, 1105: 52-60.

[315] LE M Q, MORTAZAVI B, RABCZUK T. Mechanical properties of borophene films: a reactive molecular dynamics investigation[J]. Nanotechnology, 2017, 27(44): 445709.

[316] XIAO R C, SHAO D F, LU W J, et al. Enhanced superconductivity by strain and carrier-doping in borophene: afirst principles prediction[J].Applied Physics Letters, 2016, 109(12): 666.

[317] GAO M, LI Q Z, YAN X W, et al. Prediction of phonon-mediated superconductivity in borophene[J]. Physical Review. B, 2017, 95(2): 24505.

[318] PADILHA J E, MIWA R H, FAZZIO A. Directional dependence of the electronic and transport properties of 2D borophene and borophane[J]. Physical Chemistry Chemical Physics, 2016, 18(36): 2549-25496.

[319] ORDEJON P, ARTACHO E, SOLER J M. Density-functional calculations for very large systems[J]. Physical Review B, 1996, 53(16): 10441-10444.

[320] SOLER J M, ARTACHO E, GALE J D, et al. The SIESTA method for ab initio order-N materials simulation[J]. Physics, 2001, 14(11): 2745-2779.

[321] PERDEW J P, BURKE K , ERNZERHOF M. Generalized gradient approximation made simple[J]. Physical Review Letters, 1996, 77(18): 3865-3868.

[322] CHADI D J, COHEN M L. Special points in the brillouin zone[J]. Physical Review, 1973, 8(8): 5747-5753.

[323] BRANDBYGE M. Density-functional method for nonequilibrium

electron transport[J]. Physical Review B, 2002, 65(16): 165401.

[324] DATTA S. Electronic transport in mesoscopic systems[J]. Physics Today, 1996, 49(5): 70.

[325] ZHANG X, HU J, CHENG Y, et al. Borophene as an extremely high capacity electrode material for Li-ion and Na-ion batteries[J]. Nanoscale, 2016, 8(33): 15340-15347.

[326] MORTAZAVI B, DIANAT A, RAHAMAN O, et al. Borophene as an anode material for Ca, Mg, Na or Li ion storage: a first-principle study[J]. Journal of Power Sources, 2016, 329: 456-461.

[327] PEI L, CAO Y, BO T, et al. Is borophene a suitable anode material for sodium ion battery?[J]. Journal of Alloys & Compounds, 2017, 704: 152-159.

[328] HAN X, STEWART H M, SHEVLIN S A, et al. Strain and orientation modulated bandgaps and effective masses of phosphorene nanoribbons[J]. Nano Letters, 2014, 14(8): 4607-4614.

[329] WEI Q, PENG X. Superior mechanical flexibility of phosphorene and few-layer black phosphorus[J].Applied Physics Letters, 2014, 104(25): 372-398.

[330] FENG B, SUGINO O, LIU R Y, et al. Dirac fermions in borophene[J]. Physical Review Letters, 2017,118(9): 96401.

[331] SAMUEL R E. Phosphorene excites materials scientists[J]. Nature, 2014, 506(7486): 19.

[332] NOVOSELOV K S, JIANG D, SCHEDIN F, et al. Two-dimensional atomic crystals[J]. Proceedings of the National Academy of Sciences, 2005, 102(30): 10451-10453.

[333] BERGER C, SONG Z, LI T, et al. Ultrathin epitaxial graphite: 2D electron gas properties and a route toward graphene-based nanoelectronics[J]. The Journal of Physical Chemistry B, 2004, 108(52): 19912-19916.

[334] PONOMARENKO L A, GORBACHEV R V, YU G L, et al. Cloning of dirac fermions in graphene superlattices[J]. Nature, 2013, 497(7451): 594-597.

[335] YOO H, ENGELKE R, CARR S, et al. Atomic and electronic reconstruction at the van der Waals interface in twisted bilayer graphene[J]. Nature Materials, 2019, 18(5): 448-453.

[336] NAGARAJAN V, CHANDIRAMOULI R. Adsorption behavior of NH3 and NO2 molecules on stanene and stanane nanosheets：a density functional theory study[J]. Chemical Physics Letters, 2018, 695：162-169.

[337] SORKIN V, CAI Y, ONG Z, et al. Recent advances in the study of phosphorene and its nanostructures[J]. Critical Reviews in Solid State and Materials Sciences, 2017, 42(1)：1-82.

[338] LIU H, HU K, YAN D, et al. Recent advances on black phosphorus for energy storage, catalysis, and sensor applications[J]. Advanced Materials, 2018, 30(32)：1800295.

[339] DONG Y L, ZENG B, XIAO J, et al. Effect of sulphur vacancy and interlayer interaction on the electronic structure and spin splitting of bilayer MoS2[J]. Journal of Physics：Condensed Matter, 2018, 30(12)：125302.

[340] ZENG B, DONG Y L, YI Y G, et al. Electronic structure, carrier mobility and strain modulation of CH (SiH, GeH) nanoribbons[J]. Journal of Physics：Condensed Matter, 2019, 31(16)：165502.

[341] XIAO J, LONG M Q, LI X M, et al. Effects of van der Waals interaction and electric field on the electronic structure of bilayer MoS2[J]. Journal of Physics：Condensed Matter, 2014, 26(40)：405302.

[342] WANG J, XU Y, ZHANG S C. Two-dimensional time-reversal-invariant topological superconductivity in a doped quantum spin-hall insulator[J]. Physical Review B, 2014, 90(5)：54503.

[343] XU Y, GAN Z, ZHANG S C. Enhanced thermoelectric performance and anomalous Seebeck effects in topological insulators[J]. Physical Review Letters, 2014, 112(22)：226801.

[344] CAI B, ZHANG S, HU Z, et al. Tinene：a two-dimensional dirac material with a 72 meV band gap[J]. Physical Chemistry Chemical Physics, 2015, 17(19)：12634-12638.

[345] FADAIE M, SHAHTAHMASSEBI N, ROKNABAD M R, et al. First-principles investigation of armchair stanene nanoribbons[J]. Physics Letters A, 2018, 382(4)：180-185.

[346] LI Y, CHEN Z. Tuning electronic properties of germanane layers by external electric field and biaxial tensile strain：a computational

study[J]. The Journal of Physical Chemistry C, 2014, 118(2): 1148-1154.

[347] CAO H, ZHOU Z, ZHOU X, et al. Tunable electronic properties and optical properties of novel stanene/ZnO heterostructure: first-principles calculation[J]. Computational Materials Science, 2017, 139: 179-184.

[348] CHEN X, MENG R, JIANG J, et al. Electronic structure and optical properties of graphene/stanene heterobilayer[J]. Physical Chemistry Chemical Physics, 2016, 18(24): 16302-16309.

[349] WU L, LU P, BI J, et al. Structural and electronic properties of two-dimensional stanene and graphene heterostructure[J]. Nanoscale Research Letters, 2016, 11(1): 1-9.

[350] FADAIE M, SHAHTAHMASSEBI N, ROKNABAD M R. Effect of external electric field on the electronic structure and optical properties of stanene[J]. Optical and Quantum Electronics, 2016, 48(9): 1-12.

[351] MAO Y, LONG L, XU C, et al. First-principles study on the structure and electronic properties of stanane under electric fields[J]. Materials Research Express, 2018, 5(6): 65023.

[352] CHEN X, TAN C, YANG Q, et al. Ab initio study of the adsorption of small molecules on stanene[J]. The Journal of Physical Chemistry C, 2016, 120(26): 13987-13994.

[353] CUI H, ZHANG X, LI Y, et al. First-principles insight into Ni-doped InN monolayer as a noxious gases scavenger[J]. Applied Surface Science, 2019, 494: 859-866.

[354] CUI H, YAN C, JIA P, et al. Adsorption and sensing behaviors of SF6 decomposed species on Ni-doped C3N monolayer: a first-principles study[J]. Applied Surface Science, 2020, 512: 145759.

[355] SOLER J M, ARTACHO E, GALE J D, et al. The SIESTA method for ab initio order-N materials simulation[J]. Journal of Physics: Condensed Matter, 2002, 14(11): 2745.

[356] HOHENBERG P, KOHN W. Inhomogeneous electron gas[J]. Physical Review, 1964, 136(3B): 864.

[357] PERDEW J P, BURKE K, ERNZERHOF M. Generalized gradient approximation made simple[J]. Physical Review Letters, 1996,

77(18)：3865.

[358] TROULLIER N, MARTINS J L. Efficient pseudopotentials for plane-wave calculations[J]. Physical Review B, 1991, 43(3)：1993.

[359] KHAN I, SON J, HONG J. Metal adsorption on monolayer blue phosphorene：a first principles study[J]. Physics Letters A, 2018, 382(4)：205-209.

[360] BALENDHRAN S, WALIA S, NILI H, et al. Elemental analogues of graphene：silicene, germanene, stanene, and phosphorene[J]. Small, 2015, 11(6)：640-652.

[361] CHAN K T, NEATON J B, COHEN M L. First-principles study of metal adatom adsorption on graphene[J]. Physical Review B, 2008, 77(23)：235430.

[362] LUO Y, REN C, WANG S, et al. Adsorption of transition metals on black phosphorene：a first-principles study[J]. Nanoscale Research Letters, 2018, 13(1)：1-9.

[363] LI X, WU X, LI Z, et al. Bipolar magnetic semiconductors：a new class of spintronics materials[J]. Nanoscale, 2012, 4(18)：5680-5685.

[364] ZHANG H P, KOU L, JIAO Y, et al. Strain engineering of selective chemical adsorption on monolayer black phosphorous[J]. Applied Surface Science, 2020, 503：144033.

[365] CAO C, CHEN L N, LONG M Q, et al. Electronic transport properties on transition-metal terminated zigzag graphene nanoribbons[J]. Journal of Applied Physics, 2012, 111(11)：113708.

[366] CUI L L, YANG B C, LI X M, et al. Effects of symmetry and spin configuration on spin-dependent transport properties of iron-phthalocyanine-based devices[J]. Journal of Applied Physics, 2014, 116(3)：33701.

[367] YANG K W, LI M J, ZHANG X J, et al. Spin-dependent transport characteristics of nanostructures based on armchair arsenene nanoribbons[J]. Chinese Physics B, 2017, 26(9)：98509.

[368] CHOWDHURY C, JAHIRUDDIN S, DATTA A. Pseudo-Jahn-Teller distortion in two-dimensional phosphorus：origin of black and blue phases of phosphorene and band gap modulation by molecular charge transfer[J]. The Journal of Physical Chemistry Letters, 2016,

7(7)：1288-1297.
[369] ZHU Z, TOMÁNEK D. Semiconducting layered blue phosphorus：a computational study[J]. Physical Review Letters, 2014, 112(17)：176802.
[370] ZHANG J L, ZHAO S, HAN C, et al. Epitaxial growth of single layer blue phosphorus：a new phase of two-dimensional phosphorus[J]. Nano Letters, 2016, 16(8)：4903-4908.
[371] XU J P, ZHANG J Q, TIAN H, et al. One-dimensional phosphorus chain and two-dimensional blue phosphorene grown on Au (111) by molecular-beam epitaxy[J]. Physical Review Materials, 2017, 1(6)：61002.
[372] HAN N, GAO N, ZHAO J. Initial growth mechanism of blue phosphorene on Au (111) surface[J]. The Journal of Physical Chemistry C, 2017, 121(33)：17893-17899.
[373] CHURCHILL H O H, JARILLO H P. Phosphorus joins the family[J]. Nature Nanotechnology, 2014, 9(5)：330-331.
[374] XU W, ZHAO J, XU H. Adsorption induced indirect-to-direct band gap transition in monolayer blue phosphorus[J]. The Journal of Physical Chemistry C, 2018, 122(27)：15792-15798.
[375] LIU Y, XU F, ZHANG Z, et al. Two-dimensional mono-elemental semiconductor with electronically inactive defects：the case of phosphorus[J]. Nano Letters, 2014, 14(12)：6782-6786.
[376] HU W, YANG J. Defects in phosphorene[J]. The Journal of Physical Chemistry C, 2015, 119(35)：20474-20480.
[377] HU T, DONG J. Geometric and electronic structures of mono- and di-vacancies in phosphorene[J]. Nanotechnology, 2015, 26(6)：65705.
[378] EREMENTCHOUK M, KHAN M A, LEUENBERGER M N. Optical signatures of states bound to vacancy defects in monolayer MoS2[J]. Physical Review B, 2015, 92(12)：121401.
[379] NAGARAJAN V, CHANDIRAMOULI R. Adsorption studies of alcohol molecules on monolayer MoS2 nanosheet-a first-principles insights[J]. Applied Surface Science, 2017, 413：109-117.
[380] FAN Z Q, JIANG X W, LUO J W, et al. In-plane Schottky-barrier field-effect transistors based on 1T/2H heterojunctions of transition-

metal dichalcogenides[J]. Physical Review B, 2017, 96(16): 165402.
[381] NAGARAJAN V, CHANDIRAMOULI R. Investigation on electronic properties of functionalized arsenene nanoribbon and nanotubes: a first-principles study[J]. Chemical Physics, 2017, 495: 35-41.
[382] CUI H, LIU T, ZHANG Y, et al. Ru-InN monolayer as a gas scavenger to guard the operation status of SF6 insulation devices: a first-principles theory[J]. IEEE Sensors Journal, 2019, 19(13): 5249-5255.
[383] GUO G C, WANG R Z, MING B M, et al. Trap effects on vacancy defect of C3N as anode material in Li-ion battery[J]. Applied Surface Science, 2019, 475: 102-108.
[384] JING Y, MA Y, LI Y, et al. GeP3: a small indirect band gap 2D crystal with high carrier mobility and strong interlayer quantum confinement[J]. Nano Letters, 2017, 17(3): 1833-1838.
[385] CHAE S J, GÜNEŞ F, KIM K K, et al. Synthesis of large - area graphene layers on poly - nickel substrate by chemical vapor deposition: wrinkle formation[J]. Advanced Materials, 2009, 21(22): 2328-2333.
[386] ZHANG Q, LI X, WANG T, et al. Band structure engineering of SnS2/polyphenylene van der Waals heterostructure via interlayer distance and electric field[J]. Physical Chemistry Chemical Physics, 2019, 21(3): 1521-1527.
[387] JANG M S, KIM H, SON Y W, et al. Graphene field effect transistor without an energy gap[J]. Proceedings of the National Academy of Sciences, 2013, 110(22): 8786-8789.
[388] VU T V, HIEU N V, PHUC H V, et al. Graphene/WSeTe van der Waals heterostructure: controllable electronic properties and schottky barrier via interlayer coupling and electric field[J]. Applied Surface Science, 2020, 507: 145036.
[389] GUO Z, MIAO N, ZHOU J, et al. Strain-mediated type- Ⅰ / type- Ⅱ transition in MXene/blue phosphorene van der waals heterostructures for flexible optical/electronic devices[J]. Journal of Materials Chemistry C, 2017, 5(4): 978-984.
[390] REN C C, FENG Y, ZHANG S F, et al. The electronic properties of

the stanene/MoS2 heterostructure under strain[J]. RSC Advances, 2017, 7(15)：9176-9181.

[391] XIONG W, XIA C, DU J, et al. Band engineering of the MoS2/ stanene heterostructure：strain and electrostatic gating[J]. Nanotechnology, 2017, 28(19)：195702.

[392] WONG J H, WU B R, LIN M F. Strain effect on the electronic properties of single layer and bilayer graphene[J]. The Journal of Physical Chemistry C, 2012, 116(14)：8271-8277.

[393] FLEURENCE A, FRIEDLEIN R, OZAKI T, et al. Experimental evidence for epitaxial silicene on diboride thin films[J]. Physical Review Letters, 2012, 108(24)：245501.

[394] WEN J, XIE J, CHEN X, et al. A review on g-C3N4-based photocatalysts[J]. Applied Surface Science, 2017, 391：72-123.

[395] BAFEKRY A, FARJAMI SHAYESTEH S, PEETERS F M. C3N monolayer：exploring the emerging of novel electronic and magnetic properties with adatom adsorption, functionalizations, electric field, charging, and strain[J]. The Journal of Physical Chemistry C, 2019, 123(19)：12485-12499.

[396] KAR M, SARKAR R, PAL S, et al. Two-dimensional CP3 monolayer and its fluorinated derivative with promising electronic and optical properties：a theoretical study[J]. Physical Review B, 2020, 101(19)：195305.

[397] KAUR S, KUMAR A, SRIVASTAVA S, et al. Monolayer, bilayer, and heterostructures of green phosphorene for water splitting and photovoltaics[J]. The Journal of Physical Chemistry C, 2018, 122(45)：26032-26038.

[398] LI Y, ZHOU Z, YU G, et al. CO catalytic oxidation on iron-embedded graphene：computational quest for low-cost nanocatalysts[J]. The Journal of Physical Chemistry C, 2010, 114(14)：6250-6254.

[399] LIU H, NEAL A T, ZHU Z, et al. Phosphorene：an unexplored 2D semiconductor with a high hole mobility[J]. ACS nano, 2014, 8(4)：4033-4041.

[400] APPALAKONDAIAH S, VAITHEESWARAN G, LEBEGUE S, et al. Effect of van der Waals interactions on the structural and elastic

properties of black phosphorus[J]. Physical Review B, 2012, 86(3): 35105.

[401] BUSCEMA M, GROENENDIJK D J, STEELE G A, et al. Photovoltaic effect in few-layer black phosphorus PN junctions defined by local electrostatic gating[J]. Nature Communications, 2014, 5(1): 1-6.

[402] GHOSH B, PURI S, AGARWAL A, et al. SnP3: a previously unexplored two-dimensional material[J]. The Journal of Physical Chemistry C, 2018, 122(31): 18185-18191.

[403] CHOI W, CHOUDHARY N, HAN G H, et al. Recent development of two-dimensional transition metal dichalcogenides and their applications[J]. Materials Today, 2017, 20(3): 116-130.

[404] GULLMAN J, OLOFSSON O. The crystal structure of SnP3 and a note on the crystal structure of GeP3[J]. Journal of Solid State Chemistry, 1972, 5(3): 441-445.

[405] FENG L P, LI A, WANG P C, et al. Novel two-dimensional semiconductor SnP3 with high carrier mobility, good light absorption, and strong interlayer quantum confinement[J]. The Journal of Physical Chemistry C, 2018, 122(42): 24359-24367.

[406] WU S, SHEN Y, GAO X, et al. The novel two-dimensional photocatalyst SnN3 with enhanced visible-light absorption for overall water splitting[J]. Nanoscale, 2019, 11(40): 18628-18639.

[407] LIU J, SHEN Y, GAO X, et al. GeN3 monolayer: a promising 2D high-efficiency photo-hydrolytic catalyst with High carrier mobility transport anisotropy[J]. Applied Catalysis B: Environmental, 2020, 279: 119368.

[408] GRIMME S. Semiempirical GGA - type density functional constructed with a long - range dispersion correction[J]. Journal of Computational Chemistry, 2006, 27(15): 1787-1799.

[409] HAMANN D R, SCHLÜTER M, CHIANG C. Norm-conserving pseudopotentials[J]. Physical Review Letters, 1979, 43(20): 1494.

[410] MONKHORST H J, PACK J D. Special points for Brillouin-zone integrations[J]. Physical Review B, 1976, 13(12): 5188.

[411] TOGO A, TANAKA I. First principles phonon calculations in materials science[J]. Scripta Materialia, 2015, 108: 1-5.

[412] MARTYNA G J, KLEIN M L, TUCKERMAN M. Nosé-hoover chains: the canonical ensemble via continuous dynamics[J]. The Journal of Chemical Physics, 1992, 97(4): 2635-2643.

[413] KARA A, ENRIQUEZ H, SEITSONEN A P, et al. A review on silicene-new candidate for electronics[J]. Surface Science Reports, 2012, 67(1): 1-18.

[414] PENG B, MORTAZAVI B, ZHANG H, et al. Tuning thermal transport in C3N monolayers by adding and removing carbon atoms[J]. Physical Review Applied, 2018, 10(3): 034046.

[415] CAHANGIROV S, TOPSAKAL M, AKTÜRK E, et al. Two-and one-dimensional honeycomb structures of silicon and germanium[J]. Physical Review Letters, 2009, 102(23): 236804.

[416] MOLINA-SANCHEZ A, WIRTZ L. Phonons in single-layer and few-layer MoS2 and WS2[J]. Physical Review B, 2011, 84(15): 155413.

[417] KU W, BERLIJN T, LEE C C. Unfolding first-principles band structures[J]. Physical Review Letters, 2010, 104(21): 216401.

[418] SAHA S, SINHA T P, MOOKERJEE A. Electronic structure, chemical bonding, and optical properties of paraelectric BaTiO3[J]. Physical Review B, 2000, 62(13): 8828.

[419] GAJDOŠ M, HUMMER K, KRESSE G, et al. Linear optical properties in the projector-augmented wave methodology[J]. Physical Review B, 2006, 73(4): 045112.

[420] LU N, ZHUO Z, GUO H, et al. CaP3: a new two-dimensional functional material with desirable band gap and ultrahigh carrier mobility[J]. The journal of physical chemistry letters, 2018, 9(7): 1728-1733.

[421] MARENKIN S F, KOCHURA A V, IZOTOV A D, et al. Manganese pnictides MnP, MnAs, and MnSb are ferromagnetic semimetals: preparation, structure, and properties[J]. Russian Journal of Inorganic Chemistry, 2018, 63(14): 1753-1763.

致 谢

在撰写本书的过程中，不管在科研工作方面，还是在日常生活中，笔者都得到学校和学院许多领导和同事们的无私关爱和帮助。首先要特别感谢理学院的院长肖剑荣教授、副院长张富文教授和副院长李明教授，他们在笔者撰写本专著的过程中给予了许多关心和指导；也要感谢学校和学院在经费方面的支持，以及在撰写和排版方面同事的帮助。正是他们给予本书的这些帮助，笔者才能搞好自己的科研工作并顺利完成本书的全部撰写工作。尤其要感谢笔者指导的已毕业硕士研究生赵亚运、孙梦瑶、金俊超、杨帅和陈京金同学，他们在本书的撰写过程中付出了辛勤的工作，贡献了各自的智慧，谢谢他们，希望他们在未来的学习和工作中取得更大的进步。

笔者也要感谢家人在工作和生活中给予的无私帮助和理解，让笔者能够全身心投入本书的撰写，笔者将更加努力来回报他们的付出。

本书的工作得到了国家自然科学基金项目（项目编号：11564008）、广西自然科学基金（项目编号：2021GXNSFAA075014）和广西高校中青年教师科研基础能力提升项目（项目编号：2021KY0267）的资助。